「演算法
× 數學」

數學」
全彩圖解
學習全指南

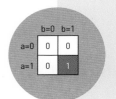
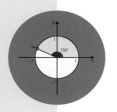

從基礎開始,
一次學會24種必學演算法
與背後的關鍵數學知識及應用

米田優峻——著　馬毓晴——譯

● 重要網址統整 ●

本書支援頁面

https://gihyo.jp/book/2022/978-4-297-12521-9

有關本書記載資訊的修正、訂正、補充，會在上述支援頁面進行。

作者GitHub頁面

https://github.com/E869120/math-algorithm-book
中文版 https://github.com/facespublications/math-algorithm-book_tw

例題、演練題的解答程式在書面上只記載了C++的範例。在上述GitHub頁面中，除了C++的程式，還記載了Python、Java、C的程式。此外，演練題的解答也同樣記載在上述頁面。

自動評分系統

https://atcoder.jp/contests/math-and-algorithm

針對本書探討的程式問題，用來判斷程式是否正確的自動評分系統。在提出程式之前，必須註冊AtCoder（免費註冊）。有關註冊，請參考第1.3節。

・紅階碼者親授，提升競程、AtCoder的指南【初級篇：開始競程吧】
https://qiita.com/e869120/items/f1c6f98364d1443148b3

■購書前須知

- 本書記載的內容僅以提供資訊為目的。因此，請務必根據客戶自己的責任和判斷，來進行使用本書的開發、製作、運用。對於依這些資訊進行的開發、製作、運用的結果，出版社及作者不承擔任何責任。
- 本書記載了截至 2021 年 11 月的資訊。網際網路的網址等在使用時可能會有變更。
- 除非另有說明，否則關於軟體的描述是根據 2021 年 11 月的最新版本。軟體可能會升級，功能內容等可能會與本書的說明不同。
- 本書的目的之一是解說演算法，但並非所有演算法都列在內。請注意，本書並沒有特地囊括包含在資格考試（基本資訊技術者考試、應用資訊技術者考試等）的出題範圍內的演算法。關於本書中列舉的演算法，請參閱第 1.4 節。
- 本書以小學算術知識為背景。為了正確理解難度較高的章節，最好擁有中學數學程度的知識。另外，最好接觸過程式設計，掌握 1 種以上程式語言的基礎語法。詳情請參閱第 1.3.3 項。

請在同意以上注意事項的基礎上來使用本書。出版社和作者無法應對在未閱讀這些注意事項下的詢問，先予敘明。

序 言

　　大家聽到「電腦」會有什麼印象呢？現代社會在很多場合都受益於電腦，因此可能會有「計算很快、萬能」的印象。但實際上，並非再怎麼大量的計算處理都能在瞬間完成。

　　因此，解決問題的步驟，也就是演算法是非常重要的。瞭解演算法後，可以用更少的計算處理來解決各種問題，因此筆者希望更多的人瞭解演算法。另一方面，為了從原理上理解並應用演算法，以數學知識及思考為基礎的思考能力也很重要。

　　因此，本書採用了可以同時學習演算法和數學的結構。雖然還有很多其他探討演算法的書籍，但類似的書幾乎要不是以學完高中數學為前提，就是僅止於在表面描寫大部分的演算法而不深入。但是，本書的最大特徵是不會止於介紹著名演算法，還會詳細地講解與其相關的數學知識，以及可應用於演算法效率化的數學思考。

　　本書的內容可利用於兩種目的，第一種是「雖然對數學感到困擾，但希望藉此機會學習數學和演算法，以便能應用於程式設計等」，第二種是「雖然數學不差，但希望以至今為止學到的數學知識為基礎，以可應用的形式來理解演算法」，並透過以下 3 個方法實現：

- 採用連初學者也容易讀懂的方法，如使用許多圖解等。
- 刊載了共 200 道例題、演練題，幫讀者更容易掌握知識。
- 關於數學的知識，從中學到大學程度的範圍中，只說明對演算法重要的部分。

　　此外，本書也可以充分利用於擬定程式競賽的對策等目的。無論如何，讀完本書的時候，各位一定都能得到有用的知識。希望這本書在今後能以某種形式對大家有所幫助，而且閱讀時能樂在其中是最重要的。

　　那麼，我們開始吧。

2021 年 12 月 2 日　米田優峻

目次

第1章　演算法與數學的密切關聯 1

第2章　用於演算法的數學基本知識 13

演算法與數學的
密切關聯

1.1 演算法是什麼？

演算法是「解決問題的步驟」。只看「演算法」這 3 個字，可能會覺得抽象而困難，但它其實是身邊十分常見的事物。舉個例子，讓我們思考將 1 到 100 的所有整數全部相加的答案。

1.1.1 演算法例①：一個一個相加

最單純的方法是如下圖「1+2=3」、「3+3=6」、「6+4=10」……這樣一個一個相加的方法。雖然只是反覆進行小學 3 年級所學的加法，但也是很好的演算法。不過，請嘗試不使用計算機來計算看看。由於需要進行 99 次的加法，即使是擅長計算的人也要花 5 分鐘以上。

1	+	2	=	3	351	+	27	=	378	1326	+	52	=	1378	2926	+	77	=	3003
3	+	3	=	6	378	+	28	=	406	1378	+	53	=	1431	3003	+	78	=	3081
6	+	4	=	10	406	+	29	=	435	1431	+	54	=	1485	3081	+	79	=	3160
10	+	5	=	15	435	+	30	=	465	1485	+	55	=	1540	3160	+	80	=	3240
15	+	6	=	21	465	+	31	=	496	1540	+	56	=	1596	3240	+	81	=	3321
21	+	7	=	28	496	+	32	=	528	1596	+	57	=	1653	3321	+	82	=	3403
28	+	8	=	36	528	+	33	=	561	1653	+	58	=	1711	3403	+	83	=	3486
36	+	9	=	45	561	+	34	=	595	1711	+	59	=	1770	3486	+	84	=	3570
45	+	10	=	55	595	+	35	=	630	1770	+	60	=	1830	3570	+	85	=	3655
55	+	11	=	66	630	+	36	=	666	1830	+	61	=	1891	3655	+	86	=	3741
66	+	12	=	78	666	+	37	=	703	1891	+	62	=	1953	3741	+	87	=	3828
78	+	13	=	91	703	+	38	=	741	1953	+	63	=	2016	3828	+	88	=	3916
91	+	14	=	105	741	+	39	=	780	2016	+	64	=	2080	3916	+	89	=	4005
105	+	15	=	120	780	+	40	=	820	2080	+	65	=	2145	4005	+	90	=	4095
120	+	16	=	136	820	+	41	=	861	2145	+	66	=	2211	4095	+	91	=	4186
136	+	17	=	153	861	+	42	=	903	2211	+	67	=	2278	4186	+	92	=	4278
153	+	18	=	171	903	+	43	=	946	2278	+	68	=	2346	4278	+	93	=	4371
171	+	19	=	190	946	+	44	=	990	2346	+	69	=	2415	4371	+	94	=	4465
190	+	20	=	210	990	+	45	=	1035	2415	+	70	=	2485	4465	+	95	=	4560
210	+	21	=	231	1035	+	46	=	1081	2485	+	71	=	2556	4560	+	96	=	4656
231	+	22	=	253	1081	+	47	=	1128	2556	+	72	=	2628	4656	+	97	=	4753
253	+	23	=	276	1128	+	48	=	1176	2628	+	73	=	2701	4753	+	98	=	4851
276	+	24	=	300	1176	+	49	=	1225	2701	+	74	=	2775	4851	+	99	=	4950
300	+	25	=	325	1225	+	50	=	1275	2775	+	75	=	2850	4950	+	100	=	5050
325	+	26	=	351	1275	+	51	=	1326	2850	+	76	=	2926					

計算次數 **99** 次

第 **1** 章｜演算法與數學的密切關聯

演算法例②：進行變形並一口氣計算

　　接著，來想想有沒有別的演算法（計算的步驟）吧。1 到 100 的數字可分解為「1 和 100」、「2 和 99」、「3 和 98」⋯⋯「50 和 51」這樣「合計為 101 的 50 個配對」。如此，就可以簡單地知道所求的答案為 101 × 50 = 5050。用算術的「算式」形式來表示如下。

$$1 + 2 + 3 + 4 + \cdots + 100$$
$$= (1 + 100) + (2 + 99) + (3 + 98) + (4 + 97) + \cdots + (50 + 51)$$
$$= 101 + 101 + 101 + 101 + \cdots + 101$$
$$= 101 \times 50$$
$$= 5050$$

　　由於可以將演算法例①中需要 99 次計算的部分，削減為只有「101×50」的 1 次計算，因此可以說此演算法是**效率更高的演算法**。

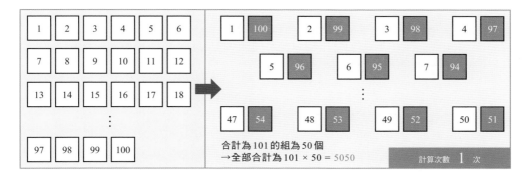

合計為 101 的組為 50 個
→全部合計為 101 × 50 = 5050

計算次數 **1** 次

有解決各種問題的演算法

　　前面所探討的是簡單的計算問題，但演算法的適用範圍更為寬廣。例如以下所示，可以解決生活中存在的各種問題。

- 求出從東京站到新大阪站的最短路徑（➡ **第 4.5 節**）
- 求出以 500 日圓以內購買食品時，攝取最多熱量的買法（➡ **第 3.7 節**）
- 高速地計算一定期間中遊樂園的合計入場人數（➡ **第 4.2 節**）
- 將期末考試的結果按成績順序重新排列（➡ **第 3.6 節**）
- 求出用最少張數的紙幣支付款項的方法（➡ **第 5.9 節**）
- 求出盡可能看最多電影的方法（➡ **第 5.9 節**）
- 在字典中查詢 "technology" 的意思（➡ **第 2.4 節**）

特別是最後的字典例子很常見。例如，從第一頁開始，依次按照「a → aardvark → a back → abacus → abalone → abandon →……」這樣逐一查找單詞的話，找到 technology 需要花幾十分鐘。因此，為了有效率地查詢，可以使用「預測一定程度的位置，將搜尋範圍一邊縮小，一邊進行查詢」等手法。

1.1.4 改良演算法很重要

為了解決世上的問題，演算法是必要的，但並不是什麼演算法都是好的。例如像本節開頭的「演算法例①」這樣較低效率的演算法，在處理大量資料上會很耗費時間。

現代的電腦可以進行比人類快得多的計算，但也是有限度的。例如，使用標準家用電腦的情況，（取決於測量方法和運算類型）每秒最多能計算 10 億次左右。如果能計算得這麼快，似乎任何解決方法都可以在一瞬間解決，但其實並不一定是那樣。

計算次數的「爆發」

舉以下問題作為計算次數非常大的例子。單純的解法就是按順序嘗試所有挑選方法。

某家便利商店販賣以下 60 件商品。用 500 日圓以內來進行購物時，最多能攝取多少熱量？

商品	商品 1	商品 2	商品 3	…	商品 60
價格	120 日圓	164 日圓	128 日圓	…	277 日圓
熱量	144 大卡	174 大卡	211 大卡	…	319 大卡

因為在第 2.4 節會探討同樣的問題，所以現在還不用理解，但只要增加 1 件商品數量，挑選方法的數量就會變成 2 倍。然後，商品達到 60 件的話，挑選方法將達到 115 京個（1 兆的 1150000 倍）以上，如果要全部調查是很費力的。

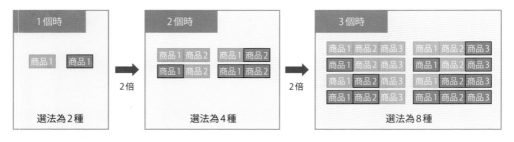

改良成更好的演算法很重要

這樣的問題很容易會超過電腦計算速度的極限，因此會需要有將演算法改良成以較少的計算次數獲得相同結果。而由於世界上大多數問題都是應用已知的演算法而有效地解決，因此學習典型的演算法是很重要的。

1.2 為什麼演算法需要數學？

第 1.1 節介紹了演算法及其重要性。但是，為了學習演算法，背景的數學知識、數學思考也很重要。本節分為 3 個重點，說明數學重要的原因。

1.2.1 演算法的理解及數學

首先，為了理解演算法本身，數學是必要的。舉個常見的例子，思考「以盡可能高的準確度求出圓周率 $\pi \fallingdotseq 3.14$ 的值」的問題。

實際上，在邊長為 1 cm 的正方形區域上隨機標記點，然後將進入到以左下角為中心的半徑 1 cm 圓中的點的比例乘以 4，可以計算圓周率的近似值。例如，在下圖中，20個中有 16 個進入圓內，計算出的值為 16÷20×4=3.2，幾乎是正確的。

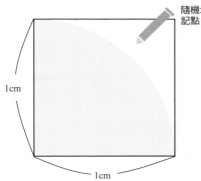

隨機地標
記點

1cm

1cm

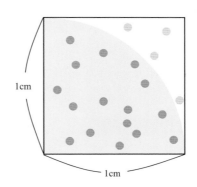

1cm

1cm

但是，為什麼這麼簡單的演算法能計算出幾乎正確的值呢？為了理解其理由，必須瞭解數學領域之一的統計學基礎。本書所學習的其他演算法也相同。例如，動態規劃法（➡ **第 3.7 節**）的背景是「數列的遞迴式」，廣度優先搜尋（➡ **第 4.5 節**）的背景是「圖論」。

1.2.2 演算法性能評價與數學

接著，為了估計演算法的性能，「計算次數」或「計算複雜度」的概念很重要，為了理解這些概念也需要數學。

例如，第 1.1 節中提出了「請將 1 到 100 的所有整數全部相加」的問題，然後說明了逐個相加的話需要 99 次計算，效率很低。如果改為「請將 1 到 1000 的整數全部相加」的問題時，則一個一個加起來需要 999 次計算。

但是，很多程式設計的問題中，不僅是 100 或 1000，而是要求在任何情況下都能夠正確動作，因此也會將 100 或 1000 等數字以文字 N 替換，並把問題寫成「請將 1 到 N的整數全部相加」這樣的形式。此時，若以 N 的數式表示計算次數的話，則為 N-1 次，

此時使用了在中學所學習的代數式和函數（➡ **第 2.1 節 / 第 2.3 節**）。

此外，雖然目前無需理解，但如第 1.1.4 項所介紹的，根據演算法不同，計算次數可能為 2^N 的指數函數，或是 $\log N$ 的對數函數（➡ **第 2.4 節**）。這些是高中所學的內容，若想熟練使用演算法，也必須理解增加速度等個別特徵。

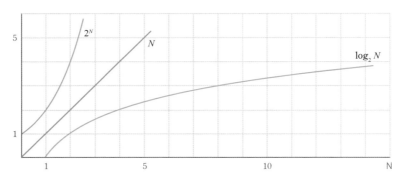

1.2.3 邏輯思維能力與數學

最後，為了提升想出更好演算法的能力，需要有條不紊地思考事物的邏輯思考能力和思考能力。例如，在第 1.1 節中介紹的計算問題中，需要進行「分割成合計為 101 的配對」的思考。此外，也可如下圖所示，使用將數視為塊，進行適當的等積變形等思考。

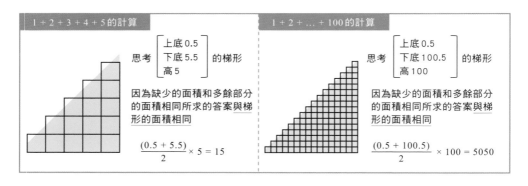

從這些內容，除了可以粗略地學習並掌握一定程度的數學之外，還能理解使用演算法解決問題時典型的思考途徑，例如以下耳熟能詳的內容：

- 考慮規律性（➡ **第 5.2 節**）
- 分解為幾個簡單的問題（➡ **第 5.6 節**）
- 適當地轉換條件（➡ **第 5.10 節**）
- 考慮狀態數（➡ **第 5.10 節**）

本書不僅涉及數學知識，還有關於這樣的「數學思考」。敬請期待。

1.3 關於本書的結構與學習內容

在此，簡單介紹本書第 2 章以後的內容，並提出推薦的閱讀方法。第 2 章以後的內容如下。

1.3.1 本書的結構

本書為同時學習數學和演算法的結構，除了第 5 章的數學思考篇外，是依照難度的順序排列。

第 2 章

第 2 章將整理學習演算法所需的基礎數學知識。例如，舉出編寫程式時重要的 2 進制和位元運算、估計程式計算次數時重要的指數函數和對數函數、成為表示演算法性能之標準的蘭道大 O 記法等。

第 3 章、第 4 章

第 3 章、第 4 章將介紹二元搜尋、排序、蒙地卡羅法、動態規劃法、圖形搜尋、輾轉相除法、埃拉托斯特尼篩法、數值計算、計算幾何等各種演算法。作為背景的數學知識，在必要時會用圖進行詳細解說，因此，特別是第 3 章，即使對數學感到困擾的人也能放心推進閱讀。

第 5 章

在第 5 章中，將典型的數學思考模式分成 9 個要點進行整理。為了能夠使用演算法解決問題，僅靠增加數學知識或理解各種演算法是不夠的，想到解法的能力也很重要。本章使用幾個具體示例，介紹演算法中的王道思路。

最終確認問題

在最後，以 30 道「最終確認問題」來回顧一下本書所學到的內容。

1.3.2 本書的學習順序

本書有多種學習順序可以考慮，筆者推薦的 3 個例子如次頁的圖所示。

第 3 章和第 4 章雖然同樣在「介紹演算法」，不過數學的難度是第 5 章比第 4 章更容易，因此建議對數學感到困擾的人先閱讀第 5 章。

另一方面，對於擅長數學的人來說，從中學數學程度開始解說的第 2 章應該很簡單。因此，也可以先跳過第 2 章，在必要時當成詞典來使用。但是，第 2.4 節的「估計計算次數」並非數學知識，而是與演算法直接相關的知識，因此建議閱讀。

另外，第 3、4 章和第 5 章的大部分內容是獨立的，因此沒有必要非得按順序閱讀不可。

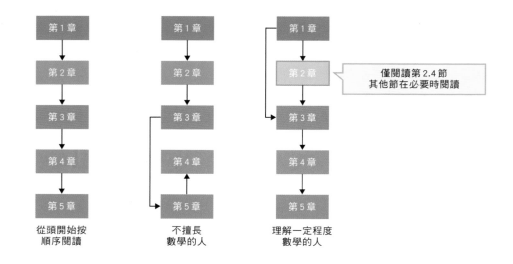

從頭開始按
順序閱讀

不擅長
數學的人

理解一定程度
數學的人

僅閱讀第 2.4 節
其他節在必要時閱讀

1.3.3 ─ 背景知識

　　本書以理解小學算術知識為基本前提。在第 2 章中，雖然會從中學一年級程度的數學開始詳細解說，但是，要熟悉代數式等抽象概念需要花一些時間，因此如果想充分理解第 4 章等難度較高的章節的話，最好有中學數學程度的知識。

　　此外，由於本書中刊載了多個原始碼，涉及程式設計，最好掌握 1 種程式語言以上的基本語法。具體而言，一種標準是能夠編寫包含以下內容的基本程式：

- 輸入輸出
- 基本型態（整數、小數、字串）
- 基本運算（+、-、*、/、= 等）
- 條件分支（if 敘述）
- 反覆處理（for 敘述、while 敘述）
- 陣列、二維陣列

　　如果是不懂程式設計基本語法的讀者，建議在閱讀本書之前，到以下的練習用網站學習（均可免費註冊）。

APG4b（https://atcoder.jp/contests/APG4b）（日文）

　　這是日本最大的程式設計比賽網站 AtCoder 提供的 C++ 學習用內容。特點是準備了非常詳細的解說。以此內容學習時，學到第 1 章、第 2.01 節、第 2.02 節、第 2.03 節（共 4 章中）就能掌握充分的背景知識。

ITP1（https://onlinejudge.u-aizu.ac.jp/courses/lesson/2/ITP1/all）（英文）

　　這是會津大學線上評判 AOJ 提供的程式設計入門用內容。其特點是，除了 C++ 之外，也準備了 Python、Java 等解說。以此內容學習時，學到主題 #9（共 11 個主題中）就能掌握充分的背景知識。

例題、節末問題、最終確認問題

本書所探討的問題的形式

本書所探討的問題有不使用程式而用手解答的「手動計算問題」和編寫會輸出正確答案的程式的「程式設計問題」2 種。程式設計問題原則上以以下形式書寫。

問題 ID：001

> 有 5 個蘋果，N 個橘子。給定整數 N，請寫出輸出蘋果和橘子加起來有多少個的程式。
>
> **條件：** 整數 N 為 1 以上 100 以下（$1 \leq N \leq 100$）
>
> **執行時間限制：** 1 秒

此外，各項有以下資訊。

- **條件：** 表示處理多大程度的資料。詳情請參閱第 2.1.3 項～第 2.1.5 項「關於本書的問題敘述形式」。
- **執行時間限制：** 表示要求程式在幾秒鐘內完成運行。詳情請參閱第 2.4 節「估計計算次數」。
- **問題 ID：** 表示與本書對應的自動評分系統中的問題編號（001～104）。詳細內容請參照後述的「關於自動評分系統」。

節末問題、最終確認問題

為了理解演算法和數學相關內容，重要的是實際動手來解決問題。本書除了在每節準備數題「節末問題」外，本書最後還刊載了 30 題「最終確認問題」，請務必充分利用。由於頁數關係，演練題的答案會刊登在以下 GitHub 頁面上。

- https://github.com/facespublications/math-algorithm-book_tw

問題的難度

節末問題、最終確認問題分為以下 6 個難度。到 2 星為止的題目，即使是演算法初學者也請一定要作答。5 星以上的問題約占總數的 10%，以「†」表示的問題約占總數的 2%。

難度	難度標準
★	確認基本公式的理解的問題。在五分鐘內結束。
★★	確認對說明內容的理解的問題。程式設計問題的難度會在此之上。
★★★	對於初學者來說，從這裡開始變得非常困難。
★★★★	能解開這個難度的問題的話，代表對所解說主題的理解極為深入。
★★★★★	即使是熟悉數學和演算法的人，也得苦戰一番的難題。
†	尚未解決的問題。

1.3

關於本書的結構與 學習內容

自動評分系統

　　對本書中探討的「程式設計問題」，以下備有用於判斷自己的程式是否正確的自動評分系統。網址如下所示。歡迎利用。

- https://atcoder.jp/contests/math-and-algorithm

　　自動評分系統基本上如下圖所示使用。請注意，在提交程式之前，必須先在 AtCoder 中註冊（可免費註冊）。註冊方法請參閱筆者投稿的 Web 筆記《紅階碼者親授，提升競程的指南》的第 1.3 節。

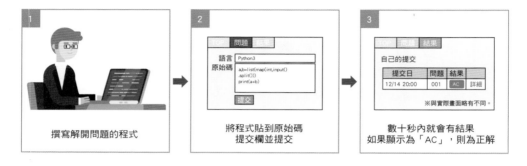

撰寫解開問題的程式

將程式貼到原始碼
提交欄並提交

數十秒內就會有結果
如果顯示為「AC」，則為正解

1.3.5 關於本書中刊載的原始碼

　　由於頁數關係，本書僅刊載了 C++ 的原始碼。想用其他程式語言學習演算法的人也不少，所以作者的 GitHub 中刊載了 C++、Python、Java、C 這 4 種程式語言的實作範例（節末問題的解答程式也一樣）。網址如下所示。

- https://github.com/facespublications/math-algorithm-book_tw

　　此外，由於使用的功能僅限於基本功能，因此使用 C++、Python、Java、C 以外的語言寫程式的人也能輕鬆閱讀。

1.3.6 完成本書後

　　本書著重於簡單易懂地解說演算法和數學，並沒有囊括所有的演算法。讀完本書後，請藉由閱讀難度更高的書或解答演算法問題來提升技巧。詳細請參考書末的「推薦書目」。

　　期待各位以本書為契機，進入到愉快的演算法世界，並獲得各式各樣的知識。

1.3.7 注意事項

　　本書記載了演算法和數學兩方面的內容。請注意，雖然數學被普遍認為是嚴謹討論的學問，但本書著重於對初學者的易懂性，因此多少有些不嚴謹的部分。另外，需要特別注意的部分會用注腳等做適當說明。

1.4 本書探討的演算法

全搜尋　44頁

二元搜尋　48頁

組合全搜尋　66頁

質數判定法　71頁

因數列舉　72頁

輾轉相除法　75頁

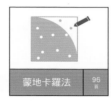
蒙地卡羅法　96頁

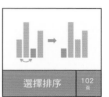
選擇排序　102頁

遞迴函式　105頁

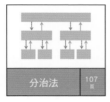
分治法　107頁

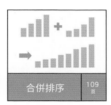
合併排序　109頁

動態規劃法　117頁

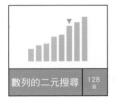
數列的二元搜尋　128頁

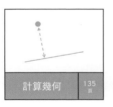
計算幾何　135頁

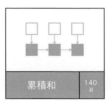
累積和　140頁

牛頓法　148頁

埃拉托斯特尼篩法　153頁

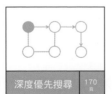
深度優先搜尋　170頁

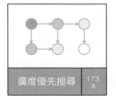
廣度優先搜尋　173頁

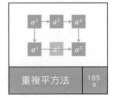
重複平方法　185頁

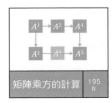
矩陣乘方的計算　195頁

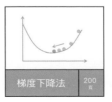
梯度下降法　200頁

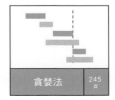
貪婪法　245頁

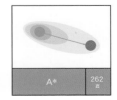
A*　262頁

1.4

本書探討的演算法

11

1.5 本書探討的 數學知識與數學思考

第1章 ── 演算法與數學的密切關聯

數的分類 14頁	代數式 15頁	二進制、三進制 18頁	乘方、方根 23頁	位元運算 25頁
一次函數 33頁	二次函數 33頁	多項式函數 34頁	指數函數 36頁	對數函數 36頁
蘭道大O符號法 50頁	質數 55頁	最大公因數 最小公倍數 55頁	數列基礎 56頁	集合基礎 57頁
必要條件和 充分條件 59頁	絕對誤差和 相對誤差 59頁	求和符號 60頁	反證法 71頁	乘積定律 80頁
階乘和 二項式係數 81頁	機率和期望值 88頁	期望值的 線性關係 89頁	平均和標準差 97頁	常態分布 98頁
遞迴定義 103頁	數列遞增式 115頁	平面向量 132頁	微分法 145頁	積分法 155頁
圖論 162頁	同餘式 180頁	模倒數 181頁	佇列 192頁	三角函數 198頁
考慮規律性 208頁	著眼於奇偶 213頁	考慮餘事件 217頁	排容原理 219頁	考慮極限 223頁
分解為小問題 227頁	考慮相加的次數 231頁	考慮上限 240頁	只考慮下一步 245頁	誤差和溢出 250頁
分配律 252頁	使用對稱性 254頁	使用不失一般性 的性質 255頁	條件的轉換 256頁	考慮狀態數 258頁

第 **2** 章

用於演算法的
數學基本知識

2.1 數的分類、代數式、二進制

2.1.1 — 整數、有理數、實數

首先，記住以下 5 種數字的種類吧。

種類	說明	例
整數	沒有小數點的數	$-29, 0, 36, \dfrac{1}{7}, \dfrac{2}{3}, \dfrac{141}{100}, \pi$
有理數	可以表示成「整數 ÷ 整數」形式的數	$-29, 0, 36, \dfrac{1}{7}, \dfrac{2}{3}, \dfrac{141}{100}, \pi$
實數	可以表示在數軸上的所有數（參照下圖）	$-29, 0, 36, \dfrac{1}{7}, \dfrac{2}{3}, \dfrac{141}{100}, \pi$
正數	大於 0 的數	$-29, 0, 36, \dfrac{1}{7}, \dfrac{2}{3}, \dfrac{141}{100}, \pi$
負數	小於 0 的數	$-29, 0, 36, \dfrac{1}{7}, \dfrac{2}{3}, \dfrac{141}{100}, \pi$

請注意，有理數包含整數，實數包含整數和有理數。例如，整數 36 也可以表示為 36/1 的形式。此外，通常將不為負的整數稱為**非負整數**，正整數稱為**自然數**[注 2.1.1]。因為在程式設計的文章脈絡中也經常出現，請牢記在心。

此外，非實數的數的舉例有 2i、–5i 等虛數，但本書沒有涉及。目前為止已經介紹了很多用語，讓我們以下圖來確認一下印象吧。

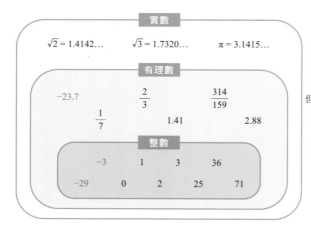

圓周率 π 不能用整數 ÷ 整數表示，因此不是有理數，但是由於可以表示在數軸上，所以是實數

※√2這樣的標記請參照第2.2節
※紅字為負數

2.1.2 — 代數式

當蘋果有 5 個，橘子有好幾個時，試著用公式來表示橘子個數和水果合計個數的關係吧。例如，橘子為 2 個時，5+2=7 個，橘子為 4 個時，5+4=9 個。但是這樣下去，只

<section></section> 注 2.1.1　初中、高中數學中「1 以上視為自然數」，但大學數學以後，也有將 0 包含在自然數中的情況。

有在知道橘子的具體個數的情況下，才能表示出關係。

　　因此，如果把橘子的個數設為 x，合計個數就可以表示為 $5 + x$ 個。不懂的人請回憶小學算術中使用○等的符號來表示成 $5 + ○$ 個。

　　像這樣使用 x、y、z、a、b 等文字表示的式子稱為「代數式」。使用代數式不僅可以一眼看出事物的關係，而且將具體的值代入（放入）到文字的話，可以計算各種情況下的答案。

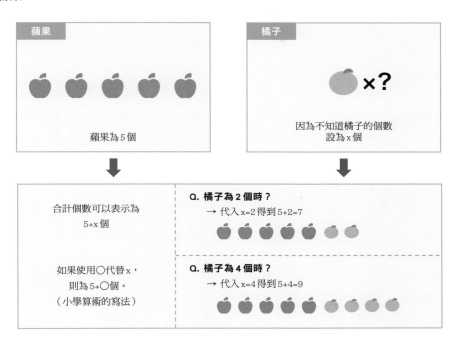

　　舉其他代數式的範例如下：

$50 + x$　　　$100 - y$　　　$a + b$　　　$100a$　　　$2a + 3b$　　　$x + y + z$　　　xyz

寫這樣的代數表達式時，請記住有以下「寫法的規則」^{注 2.1.2}。

- **規則 1**：省略乘法符號 ×
  例）表示「a 乘以 b」時，〔×〕$a × b$　　〔○〕ab
- **規則 2**：數字和文字的乘法先寫數字
  例）表示「a 乘 2」時，〔×〕$a2$　　　　〔○〕$2a$
- **規則 3**：1 和文字的乘法只寫文字
  例）表示「a 乘 1」時，〔×〕$1a$　　　　〔○〕a
- **規則 4**：−1 和文字的乘法在文字前附上減號
  例）表示「a 乘 −1」時，〔×〕$-1a$　　　〔○〕$-a$

注 2.1.2　另外，請注意，這是不使用程式設計來書寫數學式時的規則，例如式設計中通常為 **2*x** 這樣的標記。此外，在本書中寫數學式時，根據情況，有時也會像「$a × b$」這樣使用 ×。

15

關於本書的問題敘述形式①

要設計解決問題的演算法，不僅是要對一個案例求出答案，而是要設計出能對各種案例提供求得正確答案的步驟。

因此，為了明確記述作為對象的案例範圍，包括本書在內的很多教材中，可能會使用以下文字表達式寫出問題敘述。

有 5 個蘋果，N 個橘子。給定整數 N，請寫出輸出蘋果和橘子加起來有多少個的程式。

條件：整數 N 為 1 以上 100 以下（$1 \leq N \leq 100$）

執行時間限制：1 秒

該問題敘述的意思是「請寫出接收整數 N 作為輸入，並輸出 $5 + N$ 的值的程式」。例如：

- 輸入 $N = 2$ 時，程式必須輸出 $5 + 2 = 7$
- 輸入 $N = 4$ 時，程式必須輸出 $5 + 4 = 9$
- 無論輸入任何滿足 1 以上 100 以下條件的整數 N，都必須進行正確的輸出

假設有任何一種情況會輸出錯誤的答案，本書對應的自動評分系統（➡ 1.3 節）就會給予非正解（不正確的程式）的評價。

程式碼 2.1.1 作為解決該問題的程式的範例 [注2.1.3]。雖然可能是令人不太習慣的問題敘述形式，但在閱讀本書的過程中自然會漸漸熟悉。

程式碼 2.1.1 輸出橘子和蘋果合計個數的程式

```
#include <iostream>
using namespace std;

int main() {
    int N;
    cin >> N; // 輸入部分
    cout << 5 + N << endl; // 輸出部分
    return 0;
}
```

關於本書的問題敘述形式②

第 2.1.2 項中介紹了使用 x、y、z、a、b 等的代數式，但處理的代數數量較多時，可以如數列（➡ **第 2.5.4 項**）般編號以 A_1、A_2、A_3 來區分。思考看看接下來的句子吧。

- 太郎有 A_1 個，次郎有 A_2 個，三郎有 A_3 個，四郎有 A_4 個蘋果。合計有 $A_1 + A_2 + A_3 + A_4$ 個蘋果。

注 2.1.3　1 如第 1.3 節所述，本書因頁數關係僅刊載了 C++ 的程式，但在 GitHub 中也可以看到 Python、Java、C 的程式。

第 **2** 章 用於演算法的數學基本知識

這段句子的含義與下列句子相同。

- 太郎有 a 個，次郎有 b 個，三郎有 c 個，四郎有 d 個蘋果。總共有 $a+b+c+d$ 個蘋果。

這在程式設計問題上也一樣。對於輸入大量值的問題，可能會用以下形式撰寫的問題敘述：

給定三個整數 A_1、A_2 和 A_3。
請作出輸出 $A_1+A_2+A_3$ 的程式。

條件：整數 A_1、A_2、A_3 為 1 以上 100 以下（$1 \leq A_1$、A_2、$A_3 \leq 100$）

執行時間限制：1 秒

此問題是要求寫出如**程式碼 2.1.2** 的程式，無論作為輸入所接收的 3 個整數是 1 到 100 之間的哪一種情況，都要輸出 3 個整數總和 $A_1+A_2+A_3$。例如，$A_1=10$、$A_2=20$、$A_3=50$ 時，必須輸出 10+20+50=80。此外，不提供 $A_1=101$、$A_2=50$、$A_3=-20$ 等違反限制的輸入。

程式碼 2.1.2　輸出 3 個整數的總和的程式

```
#include <iostream>
using namespace std;

int main() {
    int A[4];
    cin >> A[1] >> A[2] >> A[3]; // 輸入部分
    cout << A[1] + A[2] + A[3] << endl; // 輸出部分
    return 0;
}
```

2.1.5　關於本書的問題敘述形式③

為了熟悉本書的問題形式，再舉一個例子吧。在此有 A_1、A_2、$\cdots$、A_N 的記述，不過將中間部分省略。例如 N=5 時，是指「給定 A_1、A_2、A_3、A_4、A_5，請輸出 $A_1+A_2+A_3+A_4+A_5$」。

給定整數 N 和 N 個整數 A_1、A_2、$\cdots$、A_N。
請作出輸出 $A_1+A_2+\cdots+A_N$ 的程式。

條件：$1 \leq N \leq 50$
　　　　整數 A_1、A_2、$...$、A_N 為 1 以上 100 以下（$1 \leq A_i \leq 100$）

執行時間限制：1 秒

此問題是要求寫出如程式碼 2.1.3 的程式，首先接收輸入的整數 N，然後輸入

N 個整數，再輸出它們的總和。例如 N=5，$(A_1, A_2, A_3, A_4, A_5) = (3,1,4,1,5)$ 時，必須輸出 3+1+4+1+5=14。

可能也有人好奇條件欄的 $1 \leq A_i \leq 100$ 這樣的記述的意思，在此是表示「對所有 i 的 A_i 都是 1 以上 100 以下」，也就是說 A_1、A_2、$\cdots$、A_N 全部在 1 以上 100 以下。本書中探討的程式設計問題的條件部分中，有時會使用類似的記述，基本上可以認為「與此代數相關的所有輸入都滿足 $\leq$ 等被表示的條件」。

程式碼 2.1.3 輸出 N 個整數的總和的程式

```cpp
#include <iostream>
using namespace std;

int main() {
    int N, A[59];
    int Answer = 0;
    cin >> N;
    for (int i = 1; i <= N; i++) {
        cin >> A[i];
        Answer += A[i];
    }
    cout << Answer << endl;
    return 0;
}
```

另外，為了簡化文章，在以後的問題敘述中可能不會明確表示「給定整數 A_1、A_2、A_3」等，但原則上可以認為要給定所有相關變數。有關輸入形式的細節，請參閱本書對應的自動評分系統（➡ **第 1.3 節**）的網站。

2.1.6 二進制是什麼？

接著對二進制進行說明。大家每天使用的十進制是用從 0 到 9 的 10 種數字來表示數字，但在電腦內部，使用只用 0 和 1 兩種數字來表示數字的**二進制**進行計算。十進制中為「10」時發生進位，而二進制中為「2」時發生進位。例如：

- 「10001」加上 1，則「10010」（最後 1 個數位進位）
- 「10101」加上 1，則「10110」（最後 1 個數位進位）
- 「10111」加上 1，則「11000」（最後 3 個數位進位）
- 「11111」加上 1，則「100000」（最後 5 個數位進位）

這些與以下十進制中的加法類似。將二進制中，從右開始連續為 1 的部分全部換成 9 的話，應該很容易理解。

- 「10009」加 1 等於「10010」
- 「10109」加 1 等於「10110」
- 「10999」加 1 等於「11000」
- 「99999」加 1 等於「100000」

依照此規則，如下一頁的表算出從 0 到 119 的數字。

十進制	二進制	十進制	二進制	十進制	二進制	十進制	二進制	十進制	二進制
0	0	24	11000	48	110000	72	1001000	96	1100000
1	1	25	11001	49	110001	73	1001001	97	1100001
2	10	26	11010	50	110010	74	1001010	98	1100010
3	11	27	11011	51	110011	75	1001011	99	1100011
4	100	28	11100	52	110100	76	1001100	100	1100100
5	101	29	11101	53	110101	77	1001101	101	1100101
6	110	30	11110	54	110110	78	1001110	102	1100110
7	111	31	11111	55	110111	79	1001111	103	1100111
8	1000	32	100000	56	111000	80	1010000	104	1101000
9	1001	33	100001	57	111001	81	1010001	105	1101001
10	1010	34	100010	58	111010	82	1010010	106	1101010
11	1011	35	100011	59	111011	83	1010011	107	1101011
12	1100	36	100100	60	111100	84	1010100	108	1101100
13	1101	37	100101	61	111101	85	1010101	109	1101101
14	1110	38	100110	62	111110	86	1010110	110	1101110
15	1111	39	100111	63	111111	87	1010111	111	1101111
16	10000	40	101000	64	1000000	88	1011000	112	1110000
17	10001	41	101001	65	1000001	89	1011001	113	1110001
18	10010	42	101010	66	1000010	90	1011010	114	1110010
19	10011	43	101011	67	1000011	91	1011011	115	1110011
20	10100	44	101100	68	1000100	92	1011100	116	1110100
21	10101	45	101101	69	1000101	93	1011101	117	1110101
22	10110	46	101110	70	1000110	94	1011110	118	1110110
23	10111	47	101111	71	1000111	95	1011111	119	1110111

2.1.7 二進制→十進制的轉換

接著，如何將二進制轉換為十進制呢？如第 2.1.6 項般從零開始逐個增加數字很花時間，但事實上，使用位的性質，可以有效地進行轉換。

在此，讓我們從十進制的結構開始解釋。在十進制中，從最低開始依序將數位編為個位、十位、百位、千位，「位與該位數字的乘法運算」的總和為原來的整數。下圖表示 314 和 2037 的範例。

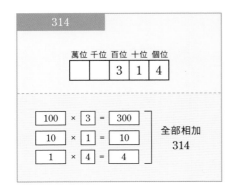

二進制也以同樣的結構運行。如果將 1 加倍，則 1 → 2 → 4 → 8 →…，因此思考將數位編為 1 位、2 位、4 位、8 位。此時，「位與該位數字的乘法運算」的總和為將二進

制轉換為十進制後的值。例如，將 1011 轉換為十進制值為 11，將 11100 轉換為十進制值為 28。

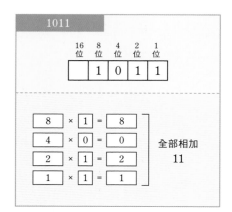 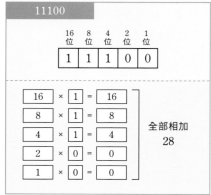

2.1.8 — 有關三進制等

第 2.1.6 項、2.1.7 項探討了有關十進制和二進制，而其他狀況（三進制、四進制）也是同樣的。

首先，三進制是以 0、1、2 的組合來表示數值的方法，變為「3」時會發生進位。因此，如果將 1 不斷乘以 3 的話，會變成 $1 \rightarrow 3 \rightarrow 9 \rightarrow 27 \rightarrow 81 \rightarrow \cdots$，因此思考將數位以 1 位、3 位、9 位、27 位的規則來編位。此時，「位與該位數字的乘法運算」的總和為將三進制轉換為十進制後的值。

例如，將三進制 1212 轉換為 10 進制後的值為 50。此外，將 3 進制中以「abc」表示[注 2.1.4]的數字轉換為十進制後的值為 $9a+3b+c$。

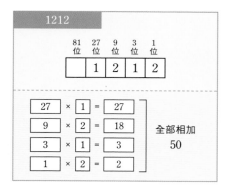

十進制	三進制		十進制	三進制
0	0		13	111
1	1		14	112
2	2		15	120
3	10		16	121
4	11		17	122
5	12		18	200
6	20		19	201
7	21		20	202
8	22		21	210
9	100		22	211
10	101		23	212
11	102		24	220
12	110		25	221

接著，四進制是以 0、1、2、3 的組合來表示數值的方法，變為「4」時會發生進位。因此，如果將 1 不斷乘以 4 的話，會變成 $1 \rightarrow 4 \rightarrow 16 \rightarrow 64 \rightarrow 256 \rightarrow \cdots$，因此思考將數位以 1 位、4 位、16 位、64 位的規則來編位。此時，「位與該位數字的乘法運算」的總和為將四進制轉換為十進制後的值。

注 2.1.4　此處不是指代數式的乘積 a×b×c，而是指 a、b、c 的數字按其順序排列的數值。

第 2 章 用於演算法的數學基本知識

例如，將四進制 2231 轉換為十進制後的值為 173。五進制、六進制等也可以照樣來定義，且用相同的方法轉換為十進制。

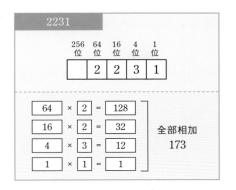

十進制	四進制		十進制	四進制
0	0		13	31
1	1		14	32
2	2		15	33
3	3		16	100
4	10		17	101
5	11		18	102
6	12		19	103
7	13		20	110
8	20		21	111
9	21		22	112
10	22		23	113
11	23		24	120
12	30		25	121

2.1.9 從十進制轉換成二進制等

如下圖所示，「在數字變為零之前，將數字持續除以 2 並寫出餘數，再從底下開始讀取」，可將十進制轉換為二進制。

將十進制轉換為二進制以外時也可使用同樣的方法。例如，如果是三進制，在數字變為零之前，將數字持續除以 3 並寫出餘數，然後從底下開始讀即可。如下圖右側的範例所示，將十進制轉換為相同的十進制時也能順利進行。

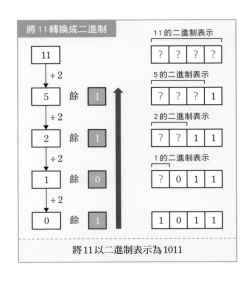

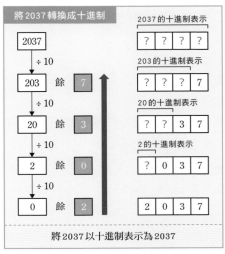

雖然有點困難，但是如果專注於二進制的未計算部分的話，就很容易理解這個方法可以順利進行的理由。以下依序說明上圖左側的範例。

- 最開始，計算 11÷2 為 5，餘 1，用二進制表示 11 的值「1011」的前 3 位與用

二進制表示 5 的值「101」一致

- 接著，計算 5÷2 為 2，餘 1，用二進制表示 11 的值「1011」的前兩位與用二進制表示 2 的值「10」一致
- 接著，計算 2÷2 為 1，餘 0，用二進制表示 11 的值「1011」的第一位與用二進制表示 1 的值「1」一致

最後，思考程式碼 2.1.4 作為輸入十進制整數 N，並輸出轉換為二進制整數的值的程式範例。在此，如果將 *N%2* 和 *N/2* 等「2」的值全部更改為「3」且適當地區分情況，也可轉換為三進制整數。四進制等其他情況也一樣。

程式碼 2.1.4 將十進制轉換為二進制的程式

```cpp
#include <iostream>
#include <string>
using namespace std;

int N;
string Answer = ""; // string 為字串型別

int main() {
    cin >> N; // 輸入部分
    while (N >= 1) {
        // N % 2 為 N 除以 2 的餘數（例如：N=13 時為 1）
        // N / 2 為 N 除以 2 的值的整數部分（例如：N=13 時為 6）
        if (N % 2 == 0) Answer = "0" + Answer;
        if (N % 2 == 1) Answer = "1" + Answer;
        N = N / 2;
    }
    cout << Answer << endl; // 輸出部分
    return 0;
}
```

節末問題

問題 2.1.1 ★
請在下列數字中選出所有整數。此外，請選出所有正整數。

$$100 \quad 20 \quad 1.333 \quad 0 \quad 1 \quad \pi \quad \frac{84}{11} \quad 12.25 \quad 70$$

問題 2.1.2 ★
設 A=25、B=4、C=12。請計算 A+B+C 的值、ABC 的值。

問題 2.1.3 ▶ 問題 ID：004 ★★
請作出以下程式：輸入 1 以上 100 以下的整數 A_1、A_2、A_3，輸出 $A_3 A_2 A_3$ 的值。
例如，A_1=2、A_2=8、A_3=8 時，輸出 128 即為正確答案。

問題 2.1.4 ★
請以手算解出以下問題。
1. 請將 1001（二進制表示）轉換為十進制。
2. 請將 127（十進制表示）轉換為二進制、三進制。

2.2 基本的運算與符號

大家應該在小學裡學過四則運算（＋、－、×、÷），但除此之外還有很多運算和符號。著名的例子有餘數、絕對值、乘方、根等。另外，由於電腦是電力運作的，因此將 on/off 的資訊（位元）當作資訊的最小單位，使用二進制進行計算。因此，按照位元進行邏輯運算的 AND、OR、XOR 等「位元運算」會很重要。本節將對這些內容進行解說。

2.2.1 — 餘數（mod）

a 除以 b 的餘數寫成 $a \bmod b$。例如：

- $8 \bmod 5 = 3$（$8 \div 5$ 為 1 餘 3）
- $869 \bmod 120 = 29$（$869 \div 120$ 為 7 餘 29）

在 C++、Python 等語言中，如下一頁的**程式碼 2.2.1** 所示，可以使用 a%b 的形式進行計算。

2.2.2 — 絕對值（abs）

消除 a 的符號（正、負）的部分的數稱為 a 的絕對值，寫成 $|a|$。也就是當 a 為 0 以上時 $|a|=a$，a 為負時 $|a|=-a$。例如：

- $|-20| = 20$
- $|-45| = 45$
- $|15| = 15$
- $|0| = 0$

在 C++、Python 等語言中，如**程式碼 2.2.1** 所示，可以使用 abs(a) 進行計算。

2.2.3 — 乘方（pow）

將 a 乘上 b 次的值稱為 a 的 b 次方，寫成 a^b。例如：

- $10^2 = 10 \times 10 = 100$
- $10^3 = 10 \times 10 \times 10 = 1000$
- $10^4 = 10 \times 10 \times 10 \times 10 = 10000$
- $3^2 = 3 \times 3 = 9$
- $3^3 = 3 \times 3 \times 3 = 27$
- $3^4 = 3 \times 3 \times 3 \times 3 = 81$

特別是，a 的平方為 $a^2 = a \times a$。在 C++ 中，如**程式碼 2.2.1** 所示，可以使用 pow(a,b) 進行計算，在 Python 中，可以使用 $a**b$ 進行計算。

2.2.4 — 方根（sqrt）

對於 0 以上的實數 a，使 $x^2 = a$ 的非負實數 x 稱為 a 的根，寫成 $\sqrt{a}$ [注 2.2.1]。換句話說，面積 a 的正方形的一邊長度為 $\sqrt{a}$。例如：

- $\sqrt{4} = 2$（因為面積為 4 的正方形的一邊的長度為 2）
- $\sqrt{9} = 3$（因為面積為 9 的正方形的一邊的長度為 3）
- $\sqrt{1.96} = 1.4$（因為面積 1.96 的正方形的一邊長度為 1.4）
- $\sqrt{2} = 1.414213...$（因為面積 2 的正方形的一邊長度約為 1.414213）

如最後一個例子所示，請注意 $\sqrt{a}$ 的值可能不是有理數（➡ **第 2.1.1 項**）。在 C++ 中，如**程式碼 2.2.1** 所示，可以使用 sqrt(a) 進行計算，在 Python 中可以使用 math.sqrt(a) 進行計算。

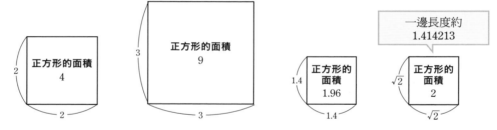

另外，方根可以擴展到 3 次方以上，對於 0 以上的實數 a、自然數 b，使 $x^b = a$ 的非負實數 x 寫成 $\sqrt[b]{a}$ [注 2.2.2]。具體例子如下。

- $\sqrt[3]{8} = 2$（因為 $2^3 = 8$）
- $\sqrt[4]{16} = 2$（因為 $2^4 = 16$）
- $\sqrt[5]{32} = 2$（因為 $2^5 = 32$）
- $\sqrt[3]{343} = 7$（因為 $7^3 = 343$）

程式碼 2.2.1　mod、abs、pow、sqrt 的實作

```cpp
#include <iostream>
#include <cmath>
using namespace std;

int main() {
    // 四則運算
```

續下頁

注 2.2.1　作為補充說明，使 $x^2 = a$ 的數稱為「a 的平方根」。請注意雖然概念類似於方根，但平方根還包含負數。例如，9 的平方根是 -3 和 3。

注 2.2.2　嚴格來說，b 為奇數時也可以定義 a 為負數，但本書不詳述。另外，使 $x^b = a$ 的數 x 稱為「a 的 b 次方根」。

```
printf("%d\n", 869 + 120); // 輸出 989
printf("%d\n", 869 - 120); // 輸出 749
printf("%d\n", 869 * 120); // 輸出 104280
printf("%d\n", 869 / 120); // 輸出 7（注意在此只輸出整數部分）

// 餘數（mod）
printf("%d\n", 8 % 5); // 輸出 3
printf("%d\n", 869 % 120); // 輸出 29

// 絕對值（abs）
printf("%d\n", abs(-45)); // 輸出 45
printf("%d\n", abs(15)); // 輸出 15

// 乘方（pow）
printf("%d\n", (int)pow(10.0, 2.0)); // 輸出 100
printf("%d\n", (int)pow(3.0, 4.0)); // 輸出 81

// 方根（sqrt）
printf("%.5lf\n", sqrt(4.0)); // 輸出 2.00000
printf("%.5lf\n", sqrt(2.0)); // 輸出 1.41421
return 0;
}
```

2.2.5 — 在位元運算之前：邏輯運算是什麼？

進入位元運算前，首先解說基礎的邏輯運算。

邏輯運算是在 0（FALSE）或 1（TRUE）的值之間進行的運算，以下是 3 種著名的運算。

- a AND b：a、b 雙方皆為 1 時為 1，否則為 0
- a OR b：a、b 中至少一方為 1 時為 1，否則為 0
- a XOR b：a、b 中只有一方為 1 時為 1，否則為 0

下圖表示邏輯運算的示意圖。AND 要成為 1 的條件最嚴格。

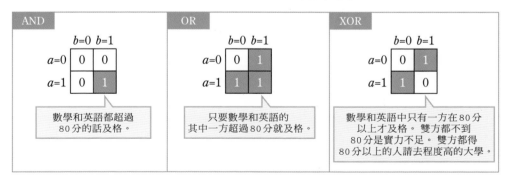

2.2.6 — 位元運算的流程

接著說明本節的主要議題「**位元運算**」。位元運算是主要在電腦上進行的運算之

一，AND 運算、OR 運算、XOR 運算這 3 種運算按照以下流程進行計算。

1. 將整數（通常為十進制）轉換為二進制
2. 對每一數位（1 位、2 位、4 位、8 位…）進行邏輯運算
3. 將邏輯運算的結果轉換為整數（通常為十進制）

從第 2.2.7 項到第 2.2.9 項，來介紹幾個具體的例子。

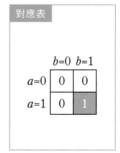

2.2.7 — 位元運算例①：AND 運算

AND 運算是對二進制表示的各個數位進行邏輯運算的 AND。例如，11 AND 14 的值是像下述來進行計算。

- 將 11 轉換為二進制時為「1011」
- 將 14 轉換為二進制時為「1110」
- 對 1 位（倒數第 1 數位）AND：1 AND 0=0
- 對 2 位（倒數第 2 數位）AND：1 AND 1=1
- 對 4 位（倒數第 3 數位）AND：0 AND 1=0
- 對 8 位（倒數第 4 數位）AND：1 AND 1=1
- 將計算結果從高位的數位開始依序整合為「1010」，將其變換為十進制時為 10
- 因此，11 AND 14=10

其他具體範例和計算的圖示如下圖。請注意，在位元運算中，不會發生像一般加法運算的進位處理。

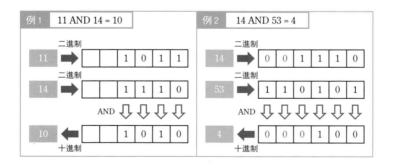

2.2.8 — 位元運算例②：OR 運算

OR 運算是對二進制表示的各個數位進行邏輯運算的 OR。例如，11 OR 14=15。計算的圖示如下圖。

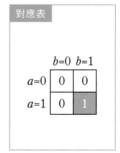

第2章
用於演算法的數學基本知識

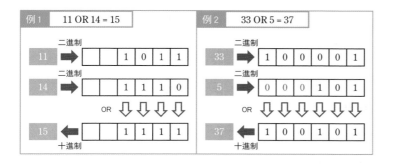

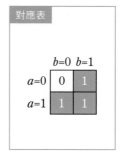

位元運算例③：XOR 運算

XOR 運算是對二進制表示的各個數位進行邏輯運算的 XOR。例如，11 XOR 14=5。計算的圖示如下圖。

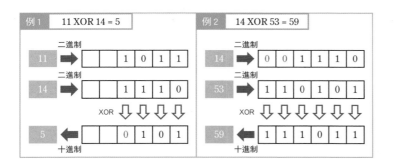

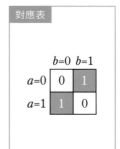

實作位元運算

程式語言（如 C++）不需要特地將十進制轉換為二進制來進行位元運算。與四則運算相同，如下表所示，可以透過使用 1 個符號來實作。

AND	OR	XOR
&	|	^
例：(11 & 14) = 10	例：(11 | 14) = 15	例：(11 ^ 14) = 5

程式碼 2.2.2 是一種程式，可輸入整數 a、b，在第一行輸出 a AND b，在第二行輸出 a OR b，在第三行輸出 a XOR b。例如，如果輸入 a=11、b=14，則從第一行開始依次輸出「10、15、5」。

程式碼 2.2.2 位元運算的實作

```
#include <iostream>
using namespace std;

int main() {
```

續下頁

```
    int a, b;
    cin >> a >> b; // 輸入 a 及 b
    cout << (a & b) << endl; // 輸出 a AND b 的值
    cout << (a | b) << endl; // 輸出 a OR b 的值
    cout << (a ^ b) << endl; // 輸出 a XOR b 的值
    return 0;
}
```

2.2.11 3 個以上的 AND、OR、XOR

第 2.2.6 項到第 2.2.10 項中介紹了 2 個整數的 AND、OR、XOR，但也可以計算 3 個整數以上的 AND、OR、XOR。具體的步驟如下頁所示。

對 3 個整數進行運算時

對 3 個整數 a、b、c 的 AND、OR、XOR 按照「首先對兩個值進行位元運算，再對其結果和剩下的一個值進行位元運算」的流程來計算。使用公式是如下表示：

- a AND b AND c = (a AND b) AND c = a AND (b AND c)
- a OR b OR c = (a OR b) OR c = a OR (b OR c)
- a XOR b XOR c = (a XOR b) XOR c = a XOR (b XOR c)

在此，無論按何種順序計算，計算結果都不會改變。例如，當 a=11、b=27、c=40 時，如下圖所示所有結果都相同。

AND 時	OR 時	XOR 時
❶ (11 AND 27) AND 40 = 11 AND 40 = 8	❶ (11 OR 27) OR 40 = 27 OR 40 = 59	❶ (11 XOR 27) XOR 40 = 16 XOR 40 = 56
❷ 11 AND (27 AND 40) = 11 AND 8 = 8	❷ 11 OR (27 OR 40) = 11 OR 59 = 59	❷ 11 XOR (27 XOR 40) = 11 XOR 51 = 56

對 4 個以上的整數進行運算時

對 4 個整數以上的運算也是，不論以哪種順序計算，計算結果都不會改變。因此，對 N 個整數 $A_1, A_2, A_3, ... , A_N$ 的位元運算，例如可以依照下述方式進行。

- AND 運算：$(((A_1$ AND $A_2)$ AND $A_3)$ AND $A_4)$ AND $\cdots A_N$
- OR 運算：$(((A_1$ OR $A_2)$ OR $A_3)$ OR $A_4)$ OR $\cdots A_N$
- XOR 運算：$(((A_1$ XOR $A_2)$ XOR $A_3)$ XOR $A_4)$ XOR $\cdots A_N$

當然，以其他順序計算也會得到相同的結果。例如，12 XOR 23 XOR 34 XOR 45 的值可用五種方法計算，但計算結果皆為 20。

1		2		3	
((12 XOR 23) XOR 34) XOR 45		(12 XOR 23) XOR (34 XOR 45)		(12 XOR (23 XOR 34)) XOR 45	
= (27 XOR 34) XOR 45		= 27 XOR (34 XOR 45)		= (12 XOR 53) XOR 45	
= 57 XOR 45		= 27 XOR 15		= 57 XOR 45	
= 20		= 20		= 20	

4		5	
12 XOR ((23 XOR 34) XOR 45)		12 XOR (23 XOR (34 XOR 45))	
= 12 XOR (53 XOR 45)		= 12 XOR (23 XOR 15)	
= 12 XOR 24		= 12 XOR 24	
= 20		= 20	

3 個以上 AND、OR、XOR 的性質

對 3 個以上的整數進行 AND、OR、XOR 運算時,對於各數位,以下的有趣性質會成立。

- **AND 運算**:如果所有數的該數位為 1,則計算結果為 1;否則為 0
- **OR 運算**:如果某個數的該數位為 1,則計算結果為 1;否則為 0
- **XOR 運算**:如果該數位為 1 的數有奇數個,則計算結果為 1;否則為 0

例如 12 XOR 23 XOR 34 XOR 45 時,只有 4 位、16 位有奇數個 1。而計算結果的 20 也只有 4 位、16 位為 1。

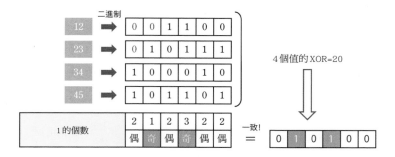

2.2.12 — 位元運算例④:左移和右移

左移運算、右移運算是對整數 a、b 的運算,將 a 用二進制表示時的位元向左 / 右偏移 b 個。

移位運算的規格因程式語言而異,例如 C++ 時,如下表所示,1 個資料(int 型別等)的位數定為二進制的 8~64 位數。因此,執行移位運算會產生「溢出位元」,請注意這些位元將被刪除。下頁的圖顯示了 8 位數的二進制整數 00101110 的移位運算例。

整數型態	C++ 的例子	二進制的位數	〈參考〉有符號時的範圍
8 位元整數	char 型別	8 位數	2^7 以上 $2^7 - 1$ 以下
16 位元整數	short 型別	16 位數	2^{15} 以上 $2^{15} - 1$ 以下
32 位元整數	int 型別	32 位數	2^{31} 以上 $2^{31} - 1$ 以下
64 位元整數	long long 型別	64 位數	2^{63} 以上 $2^{63} - 1$ 以下

在 C++ 中，左移可以用 (*a*<<*b*) 的形式，右移用 (*a*>>*b*) 的形式實現。例如，(46<<1)=92、(46>>2)=11。此外，(1<<N) 表示 2^N，使用於組合的全搜尋（➡**專欄 2**）和重複平方法（➡**第 4.6.8 項**）等[注 2.2.3]。

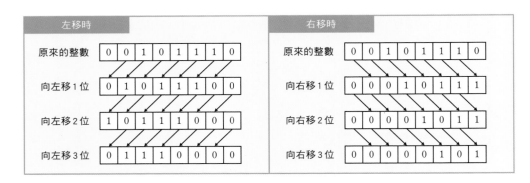

▌節末問題

問題 2.2.1 ★

1 萬、1 億、1 兆分別是 10 的幾次方？

問題 2.2.2 ★

1．請計算 $\sqrt{841}$ 的值。另外，請計算 29^2 的值。
2．請計算 $\sqrt[5]{1024}$ 的值。另外，請計算 4^5 的值。

問題 2.2.3 ★

1．請分別計算 13 AND 14、13 OR 14、13 XOR 14。
2．請計算 8 OR 4 OR 2 OR 1。

問題 2.2.4 ▶ 問題 ID：005 ★★

給定 N 個整數 a_1、a_2、a_3、……、a_N。請製作輸出（$a_1+a_2+a_3+ ... +a_N$）mod 100 值的程式。

注 2.2.3　有號整數是將符號表示在最高位，因此即使對例如 int 型別等 32 位元有號整數進行 (1<<31) 的運算，也不會變成 2^{31} = 2147483648，而是成為 –2147483648。另外，嚴格來說，移位方法有邏輯移位，算術移位兩種，但本書不詳細介紹。此外，在 C++，沒有定義進行所有位元溢出的左移、右移時的行為。

2.3 各式各樣的函數

在學習演算法時，瞭解函數非常重要。例如，演算法的計算次數有時會出現「多項式函數」、「指數函數」、「對數函數」等。在本節中，會說明函數到底是什麼，並會列出在演算法中重要的函數。

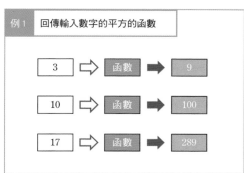

2.3.1 函數是什麼？

函數是指「當輸入確定後，輸出值就會決定為 1 個值」的關係。它的形象類似一台機器，當輸入某個數時，就會輸出與其對應的數。例如，下圖的例 1 是回傳輸入數字的平方的函數。輸入 3 的話會回傳 9，輸入 10 的話回傳 100。

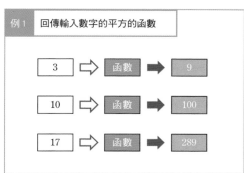

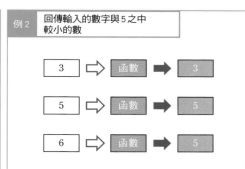

數學上是將例 1 的函數寫為 $y = x^2$。以 x 表示輸入機器的數，以 y 表示輸出的數。也就是表示「輸入 x 後回傳 y」的關係。

另外，有時會使用 $f(x)$ 來代替 y，寫成 $f(x) = x^2$。此時，也會寫成將具體的數值填入 x 的形式，例如 $f(10)=100$，$f(17)=289$。本書將根據情況分別使用。

2.3.2 函數的例子：注入水槽的水量

函數也用於身邊的場景。例如，有容積為 5 公升的水槽，以每分鐘 1 公升的比率注水。開始注水後經過 5 分鐘前水不會溢出，設經過時間為 x 分鐘時，會注入 x 公升的水。另一方面，5 分鐘後水會溢出而停止在 5 公升。

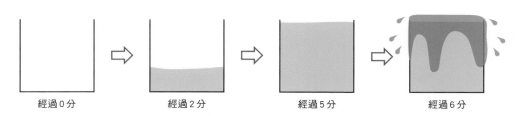

經過 0 分　　　　　經過 2 分　　　　　經過 5 分　　　　　經過 6 分

各式各樣的函數

31

因此，將開始注水後經過的時間設為 x 分鐘，水量設為 y 公升時，表示它們關係的函數為 $y=\min(x,5)$。下表顯示了水量相對於經過時間的變化。

另外，$\min(a,b)$ 是回傳 a 和 b 中較小一方的函數。類似的函數有回傳 a 和 b 中較大一方的函數 $\max(a,b)$。

經過時間 x	0	1	2	3	4	5	6	7	8	9	⋯
水量 y	0	1	2	3	4	5	5	5	5	5	⋯

2.3.3 — 在函數圖形之前：什麼是座標平面？

在函數圖形之前，先解說一下作為背景知識的座標平面。

座標平面是用座標來表示點位置的平面，照以下步驟製作：

* 首先，在橫向上畫一條數軸，設為 x 軸
* 接著，在縱向上畫一條數軸，設為 y 軸。此時 x 軸和 y 軸相交成直角
* x 軸和 y 軸的交點設為「原點」

因此，將從原點向右前進 a 後，向上前進 b 的點設為**座標** (a,b)。例如：

* 座標 (4,5) 是從原點向右前進 4 後，向上前進 5 的點
* 座標 (3,-3) 是從原點向右前進 3 後，向下前進 3 的點
* 座標 (-5,-1) 為從原點向左前進 5 後，向下前進 1 的點

請注意，如果 a、b 為負數，方向會反轉。

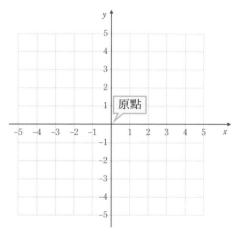
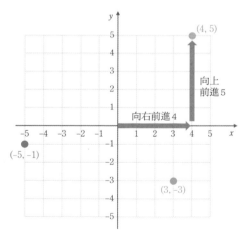

2.3.4 — 函數圖形

將 x、y 的關係表示在座標平面上稱為函數圖形。例如，在第 2.3.2 項介紹過的水槽範例的函數 $y=\min(x,5)$，用圖形表示此函數的關係的話，會形成下一頁的圖。例如，當

x=3 時，y=3，因此該圖形通過座標 (3,3)。

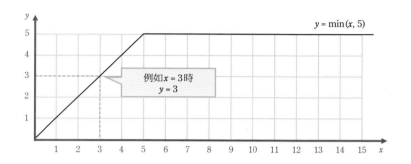

2.3.5 各式各樣的函數①：一次函數

接下來到第 2.3.11 項為止，介紹幾個演算法和程式設計中使用的函數。首先，如下以 y=ax+b 形式表示的函數稱為一次函數：

- $y = x + 1$
- $y = 3x$
- $y = 314x - 159$

如下圖所示，一次函數的圖形為直線。而且，x 的值增加 1 時，y 的值一定會增加 a，這個特徵稱為「一次函數的斜率是 a」。例如，函數 $y=3x$ 的斜率為 3（$3x$ 等代數式的寫法請回到➡ **第 2.1 節**進行確認）。

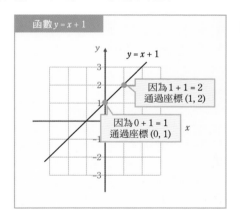

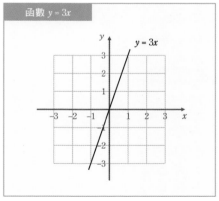

2.3.6 各式各樣的函數②：二次函數

接著，以下以 $y=ax^2+bx+c$ 的形式表示的函數稱為二次函數。如果不知道 x^2 這樣的乘方表示法，請回到➡ **第 2.2 節**進行確認。

- $y = x^2$
- $y = x^2 - 1$
- $y = 0.1x^2$
- $y = -31x^2 + 41x - 59$

　　下圖表示二次函數的圖形範例。通常，當 a 的值為正時，二次函數與投擲物體時的軌跡（拋物線）上下顛倒。也就是說，y 值會減少到一定程度，但隨後將轉為增加。請注意，$a = 0$ 時為一次函數。

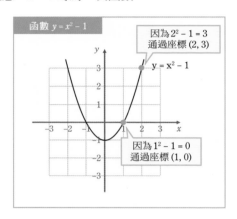

函數 $y = x^2 - 1$

因為 $2^2 - 1 = 3$
通過座標 $(2, 3)$

$y = x^2 - 1$

因為 $1^2 - 1 = 0$
通過座標 $(1, 0)$

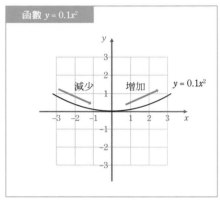

函數 $y = 0.1x^2$

減少　增加

$y = 0.1x^2$

2.3.7 — 各式各樣的函數③：多項式和多項式函數

　　一次函數最多出現到 x，二次函數最多出現到 x^2，而下述範圍擴大到 x^3 以上的函數稱為**多項式函數**。另外，去掉「$y=$」的部分，以代數式的形式表示的部分稱為**多項式**。其中，$y=x^3$ 或 $y=314\,x^4$ 等沒用到加號來寫的多項式特別被稱為**單項式**[注2.3.1]。

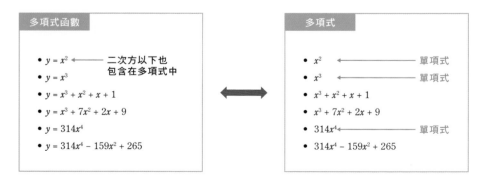

多項式函數

- $y = x^2$ ←── 二次方以下也
  包含在多項式中
- $y = x^3$
- $y = x^3 + x^2 + x + 1$
- $y = x^3 + 7x^2 + 2x + 9$
- $y = 314x^4$
- $y = 314x^4 - 159x^2 + 265$

多項式

- x^2 ←────── 單項式
- x^3 ←────── 單項式
- $x^3 + x^2 + x + 1$
- $x^3 + 7x^2 + 2x + 9$
- $314x^4$ ←───── 單項式
- $314x^4 - 159x^2 + 265$

　　如果用數學式表示，對於非負整數 n，多項式可以用次式表示。

注 2.3.1　嚴格來說，也有如 $(2i+1)x^2$ 這樣使用複數加法的單項式，但本書不詳述。

$$\bigcirc \; x^n + \cdots + \bigcirc \; x^3 + \bigcirc \; x^2 + \bigcirc \; x + \bigcirc$$

接著來整理有關多項式的術語。首先，構成多項式的每一個單項式稱為**項**，包含 x^k 的項稱為 **k 次項**。特別的是 0 次項稱為**常數項**，次數[注 2.3.2] 最大的項（n 次項）稱為**最高次項**。

此外，從各個項中僅取出數字的部分稱為**係數**。對於如 x^3 這樣沒有附上數字的項的情況，係數為 1。因為到現在為止已經使用了很多術語，所以利用下圖來加深理解印象。以下顯示了多項式 x^3+7x^2+2x+9 的例子。

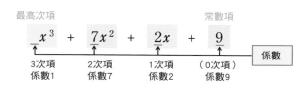

2.3.8 在指數函數之前：乘冪的擴展

第 2.2 節中，以「a^b 是 a 乘以 b 次的數」說明了 b 為自然數時的乘方（乘冪），如果使用以下公式，b 為負數或小數時也可以計算乘冪。

- **公式 1：** 對於非負整數 n，$a^{-n} = \dfrac{1}{a^n}$
  例：$10^{-2} = \dfrac{1}{10^2} = \dfrac{1}{100}$
- **公式 2：** 對於自然數 n、m，$a^{\frac{n}{m}} = \sqrt[m]{a^n}$
  例：$32^{0.4} = \sqrt[5]{32^2} = \sqrt[5]{1024} = 4$

可能有些人看到這裡還是不太理解，所以讓我們來直觀地說明。

公式 1 的直觀說明

例如，在計算 10^n 時，乘以 10 時，n 的值會增加 1，而除以 10 時，n 的值會減少 1（例如：$10^2 \times 10 = 10^3$、$10^3 \div 10 = 10^2$）。因此，$10^1 = 10$ 除以 10 時，會變成 $10^0 = 1$，再除以 10 時，會變成 $10^{-1} = 0.1$。另外，從 10^0 到 10 除以 n 次等於 10^{-n}，該值與 $\dfrac{1}{10^n}$ 一致（請參見下頁圖）。

公式 2 的直觀說明

乘冪是與乘法相關的運算，乘以相同的數時，指數（乘冪右上的縮小部分）會增加相同的數。例如，如果 2^1 持續乘以 4，則指數將以 2 遞增，即 $2^1 \rightarrow 2^3 \rightarrow 2^5 \rightarrow 2^7 \rightarrow \cdots$。即使指數不是整數也是一樣。

例如，$32^0 \rightarrow 32^{0.2} \rightarrow 32^{0.4} \rightarrow 32^{0.6} \rightarrow 32^{0.8} \rightarrow 32^1$ 的指數以 0.2 遞增，因此預期這是持續乘以固定值 a 的做法。此時，32^0 (=1) 連續乘以 5 次 a，則變為 32^1 (=32)，因此 $a^5 = 32$，即 $a = \sqrt[5]{32} = 2$。由此可計算出 $32^{0.2} = 2$、$32^{0.4} = 4$ 等。

注 2.3.2　乘上去的文字的個數。例如，$3x^5$ 為乘以 5 次 x，因此次數為 5。

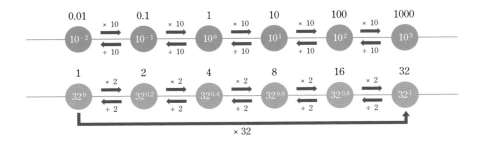

2.3.9 — 各式各樣的函數④：指數函數

以 $y = a^x$ 形式表示的函數稱為**指數函數**，a 稱為指數函數的**底數**，x 稱為**指數**。下圖為函數 $y = 2^x$ 的圖形，比如當 $x=3$ 時，$2^x=8$，因此通過座標 $(3,8)$。此圖形還有當 x 值增加時 y 值也會增加，也就是「單調增加」的性質。

另外，x 不是自然數時的 a^x 值如第 2.3.8 項所述（x 為無理數時，雖然無法從第 2.3.8 項的 2 個公式來進行計算，但自然會被定義以使函數圖形變得平滑）。

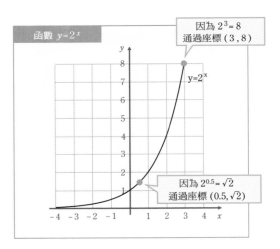

接下來，在指數函數中，以下 4 個重要的公式（指數定律）成立。可以使用在估計計算次數等演算法的各種場合，所以請記起來。特別是第 1 個公式，對應第 2.3.8 項所述的「乘以相同的數時，指數增加相同的數的性質」。

- **公式 1**：$a^m \times a^n = a^{m+n}$
  - 例）$2^5 \times 2^4 = 2^9$
- **公式 2**：$a^m \div a^n = a^{m-n}$
  - 例）$2^9 \div 2^5 = 2^4$
- **公式 3**：$(a^m)^n = a^{mn}$
  - 例）$(2^5)^3 = 2^5 \times 2^5 \times 2^5 = 2^{15}$
- **公式 4**：$a^m b^m = (ab)^m$

例）$2^5 \times 3^5 = 6^5$

2.3.10 各式各樣的函數⑤：對數函數

首先，對數 $log_a b$ 是指數的反轉，表示 a 乘以多少次會變成 b。例如，如果將 10 乘以 3 次等於 $10 \times 10 \times 10 = 1000$，因此 $log_{10} 1000 = 3$。其他具體例子如下所示。

- 因為 $2^0 = 1$，$log_2 1 = 0$
- 因為 $2^1 = 2$，$log_2 2 = 1$
- 因為 $2^2 = 4$，$log_2 4 = 2$
- 因為 $2^3 = 8$，$log_2 8 = 3$
- 因為 $2^4 = 16$，$log_2 16 = 4$
- 因為 $2^5 = 32$，$log_2 32 = 5$
- 因為 $10^{030102999\cdots} = 2$，$log_{10} 2 = 0.30102999 \cdots$

$log_a b$ 的 a 稱為 **底數**，b 稱為 **真數**。只有底數為 1 以外的正數，且真數為正數時，才能計算對數。

底數經常使用 10 和 2。底數為 10 的對數 $log_{10} x$ 稱為 **常用對數**，表示用十進制表示 x 時的大致位數。底數為 2 的對數 $log_2 x$ 在二元搜尋法（➡ **第 2.4.7 項**）的計算次數等演算法的脈絡中頻繁出現。

接著，以 $y = log_a x$ 形式表示的函數稱為 **對數函數**。下圖顯示了 $y = log_{10} x$ 的圖形，有即使 x 值增加，y 值也不會增加太多的特徵。

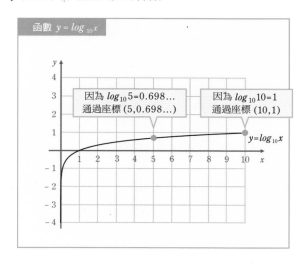

函數 $y = log_{10} x$

因為 $log_{10} 5 = 0.698\ldots$
通過座標 $(5, 0.698\ldots)$

因為 $log_{10} 10 = 1$
通過座標 $(10, 1)$

$y = log_{10} x$

對數函數中，以下 4 個重要公式成立。因為也可以用於第 2.4 節中介紹的計算複雜度階的分析，請務必記起來。如果無法想像，請嘗試用電腦的計算機等代入各種值來計算。公式 4 稱為底數的變換公式。

- **公式 1**：$\log_a MN = \log_a M + \log_a N$
  - 例）$\log_{10} 1000 = \log_{10} 100 + \log_{10} 10$
- **公式 2**：$\log_a \frac{M}{N} = \log_a M - \log_a N$
  - 例）$\log_{10} 100 = \log_{10} 1000 - \log_{10} 10$
- **公式 3**：$\log_a M^r = r \log_a M$
  - 例）$\log_2 1000 = 3 \log_2 10$
- **公式 4**：$\log_a b = \log_c b \div \log_c a$（$c > 0, c \neq 1$）
  - 例）$\log_4 128 = \log_2 128 \div \log_2 4$

2.3.11 各式各樣的函數⑥：取底函數、取頂函數、高斯符號

取底函數 $\lfloor x \rfloor$ 是回傳 x 以下的最大整數 y 的函數，例如，$\lfloor 6.5 \rfloor$=6、$\lfloor 10 \rfloor$=10、$\lfloor -2.1 \rfloor$=-3。有時取底函數也會使用高斯符號 $[x]$ 來書寫。

另一方面，取頂函數 $\lceil x \rceil$ 是回傳 x 以上最小整數 y 的函數，例如 $\lceil 6.5 \rceil$=7、$\lceil 10 \rceil$=10、$\lceil -2.1 \rceil$=-2。請注意，當 x 為負數時，取底函數和取頂函數不是單純將小數點以下捨去或進位。

接著，每個函數的圖形呈階梯狀。如下圖所示。綠色圓圈（●）表示包含邊界，白色圓圈（○）表示不包含邊界。

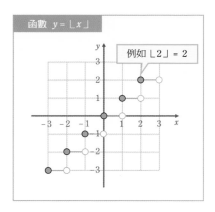

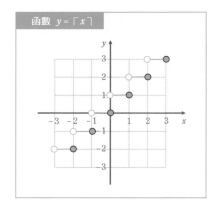

2.3.12 注意點：與程式的函數的差異

指數函數、對數函數和三角函數等數學中的函數，是將輸入值 x 與輸出值 y 互相對應。另一方面，在包括 C++ 等的許多程式語言中，請注意可能有缺少輸入的狀況，例如**程式碼 2.3.1** 的 func1，或者即使輸入相同，答案仍會改變的狀況，例如 func2。

程式碼 2.3.1 程式中的函數的範例

```
#include <iostream>
using namespace std;

int cnt = 1000;
```

續下頁

```
int func1() {
    return 2021;
}
int func2(int pos) {
    cnt += 1;
    return cnt + pos;
}
int main() {
    cout << func1() << endl; // 輸出「2021」
    cout << func2(500) << endl; // 輸出「1501」
    cout << func2(500) << endl; // 輸出「1502」
    return 0;
}
```

2.3.13 — 在 desmos.com 上畫出圖形吧！

本節處理了各式各樣的函數，為了更深入地理解函數的性質，熟悉是最重要的。有一個叫做 desmos.com 的網站，輸入數式後會自動繪製圖形，因此，讓我們來玩一玩各種圖形吧。

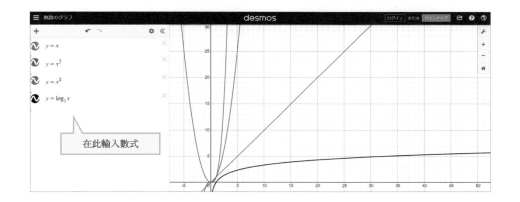

▎節末問題

問題 2.3.1 ★
有一函數以 $f(x) = x^3$ 表示。請分別計算 $f(1)$、$f(5)$ 和 $f(10)$ 的值。

問題 2.3.2 ★
1. 請計算 $log_2 8$。
2. 請計算 $100^{1.5}$。
3. 請計算 $\lfloor 20.21 \rfloor$、$\lceil 20.21 \rceil$。

問題 2.3.3 ★
請畫出下列函數的圖形。

1. $y = 2x + 3$
2. $y = 10^x$
3. $y = log_4 \text{ x}$
4. $y = \frac{log_2 x}{2}$

問題 2.3.4　★★

1. 當函數 $f(x) = 2^x$，請計算 $f(20)$ 的值。
2. 由於 $2^{10} = 1024$ 接近 1000，請確認 2^{20} 的值約為 10^6。也可使用指數定律（➡ **第 2.3.9 項**）。

問題 2.3.5　★★

1. 當函數 $g(x) = log_{10} x$ 時，請計算 $g(1000000)$ 的值。
2. 請使用對數函數的公式（➡ **第 2.3.10 項**），計算 $log_2 16N - log_2 N$ 的值。其中，N 設為正整數。

問題 2.3.6　★★

地震的規模是以對數表示地震能量大小的值。已知規模每增加 1，能量會變為約 32 倍（準確地說是 $\sqrt{1000}$ 倍）。

在此，假設規模每增加 1，能量正好變為 32 倍，請回答以下問題。

1. 規模 6.0 地震的能量是規模 5.0 地震的幾倍？
2. 規模 7.3 地震的能量是規模 5.3 地震的幾倍？
3. 規模 9.0 地震的能量是規模 7.2 地震的幾倍？

問題 2.3.7　★★★

將正整數 x 用二進制（➡ **第 2.1.6 項**）表示時的位數設為 y。請將 y 以 x 的數式來表示。

問題 2.3.8　★★★★

在 desmos.com 上繪製各種圖形，找出一個函數 $y=f(x)$ 滿足以下所有條件。

● 對於所有實數 a，$0 < f(a) < 1$。
● $f(x)$ 是單調遞增的函數。

2.4 估計計算次數
～全搜尋和二元搜尋～

第 2.3 節學習了多項式函數、指數函數、對數函數等各式各樣的函數。到目前為止都是以數學話題為主，但終於到了進入演算法話題的時候。本節將對計算複雜度（計算次數等）的估計方法進行說明，並在計算複雜度的評價中導入重要的「大Ｏ記法」概念。

2.4.1 引言：計算複雜度的重要性

大家聽到「電腦」這個詞，會浮現什麼樣的印象呢？應該很多人會覺得電腦是計算速度壓倒性地快於人類，可以解決各種問題的萬能機器。實際上，人類花費 1 個小時的計算，電腦只需 100 萬分之 1 秒這樣非常短的時間即可完成。

但是，電腦的計算速度也是有極限的，一般家用電腦每秒只能計算約 10 億次（10^9 次[注 2.4.1]）。如果使用第 2.4.6 項所述的「效率差的演算法」，稍微增加資料大小的話，計算次數就會輕鬆超過 1 京次（10^{16} 次），可惜的是，即使等待幾個小時，也不會產生計算結果。到那個時候，努力寫好的長篇程式就白費了（➡ **第 1.1 節**）。

因此，在編寫程式之前，評估「計算次數達到什麼程度」、「實際運行後計算會在多長時間內完成」變得很重要。

2.4.2 計算次數是什麼？

計算次數是「在答案出來前進行的運算次數」。例如，將 1 + 2 + 3 + 4 + 5 + 6 簡單地用逐個相加的方法進行計算，因為要進行以下 5 次加法，計算次數為 **5 次**。

• $1 + 2 = 3$　　• $3 + 3 = 6$　　• $6 + 4 = 10$　　• $10 + 5 = 15$　　• $15 + 6 = 21$

另外，以同樣方法計算 1+2+3+4+5+6+7+8 時，進行 **7 次** 加法，計算 1+2+3+4+5+6+7+8+9+10 時，進行 **9 次** 加法。

注 2.4.1　根據執行環境和程式語言的不同，可能會有數倍至數十倍的差異，在本書的自動評分系統或作者作業環境的情況下，C++
每秒可進行 10^9 次左右的簡單運算。

再來，讓我們用代數式來把問題普遍化。如果知道整數 N，則需要計算多少次才能求出將 1 到 2N 的所有整數相加的值？

如果用與上例相同的逐個增加的方法進行計算，則會進行 $2N-1$ 次計算。對於各 N 的計算次數如下所示。

N	1	2	3	4	5	6	7	...
計算次數	1	3	5	7	9	11	13	...

如果是這樣的簡單問題，或許能知道正確的計算次數，但現實中的程式問題更加複雜，很難正確地估計 $2N-1$ 的「-1」或「附加於 N 的 2」等細節部分。而且，除了想要將程式高速化到極限的狀況外，$2N$ 次和 $3N$ 次的差異並沒有那麼重要。

因此，有了「大約進行 N 次的計算」這樣只估計大概計算次數的想法。這和本節後半部分介紹的「蘭道大 O 記法」有關。

2.4.3 計算次數例①：常數時間

接下來到第 2.4.7 項為止，為了熟悉計算次數這一概念，會介紹幾個具體的例子。首先思考以下問題。

給定整數 N。請編寫程式以輸出 2N+3 的值。
例如 N=100 時，輸出 203 即為正確答案。

條件：$1 \leq N \leq 100$

執行時間限制：1 秒

這個問題是透過編寫如**程式碼 2.4.1** 的程式，輸入整數 N，並輸出 $2*N+3$ 的值來解決。然後讓我們來估計一下程式的計算次數。除了輸入輸出外，程式會進行如下的計算處理。

1. 首先計算 2 * N
2. 然後，將 1. 的結果和 3 相加

共進行了 2 次計算，但在只考慮大約的次數時，2 次、1 次的差異並不大，因此計算次數可稱為「**大約 1 次**」。這種計算次數的演算法稱為**常數時間**，具有執行時間不受輸入資料影響等特徵。

程式碼 2.4.1 輸出 2N+3 的值的程式

```
#include <iostream>
using namespace std;

int main() {
    int N;
    cin >> N;
    cout << 2 * N + 3 << endl;
```

```
    return 0;
}
```

2.4.4 ─ 計算次數例②：線性時間 ──────────────────

接著思考以下問題。

給定整數 N、X、Y。請編寫程式，輸出 N 以下的正整數中，X 的倍數或 Y 的倍數的個數。
例如，N=15、X=3、Y=5 時，15 以下的正整數中，3 的倍數或 5 的倍數為 3、5、6、9、10、12、15 這 7 個，因此，輸出 7 即為正確答案。

條件： $1 \le N \le 10^6, 1 \le X < Y \le 10^6$

執行時間限制： 1 秒

解決此問題的方法可以考慮逐一查找，例如「1 是否為 X 或 Y 的倍數」、「2 是否為 X 或 Y 的倍數」……「N 是否為 X 或 Y 的倍數」。此演算法可以實作成**程式碼 2.4.2**。

再來從理論上來估計計算次數。由於 for 敘述迴圈的下標 i 可取的值為 1、2、3、…、N 的 N 種，因此可以說是「計算次數大約為 N 次」註 2.4.2。

這種計算次數的演算法（關於 N）稱為**線性時間**，具有輸入資料的大小增加 10 倍、100 倍時，執行時間增加約 10 倍、100 倍的特徵。另外，單層 for 敘述迴圈經常會是這樣的計算次數。

程式碼 2.4.2　輸出 X 或 Y 的倍數個數的程式

```cpp
#include <iostream>
using namespace std;

int main() {
    // 輸入
    int N, X, Y;
    cin >> N >> X >> Y;

    // 求解
    int cnt = 0;
    for (int i = 1; i <= N; i++) {
        if (i % X == 0 || i % Y == 0) cnt++; // mod 的計算參照第 2.2 節
    }

    // 輸出
    cout << cnt << endl;
    return 0;
}
```

註 2.4.2　嚴格來說，由於在 1 次的迴圈裡會進行 i%X、i%Y 這 2 個計算，因此也可以將計算次數估計為 2N 次，但無論哪種情況，均為「大約 N 次」這點是不變的。

接著思考以下問題。

紅、藍的卡片各有一張，您要在每張卡上寫下一個 1 以上 N 以下的整數。請編寫程式，輸出有幾種寫法使卡片上的整數總和為 S 以下。

例如，$N=3$、$S=4$ 時，輸出 6 即為正確答案。如下圖所示，共有 9 種書寫方法，其中總和為 4 以下的有 6 種。

條件： $1 \leq N \leq 1000, 1 \leq S \leq 2000$

執行時間限制： 2 秒

來介紹一下解決此問題的一個重要知識。通常，將所有可能的模式一個不漏地進行調查的方法稱為「全搜尋」。全搜尋是最簡單的演算法之一，因此在解決問題時，先研究即使進行全搜尋是否也能在現實時間內完成執行是很重要的。

接著，思考以全搜尋來解決這次的兩張卡片的問題。將卡片寫法的模式數用 N 的數式表示的話是 N^2 種，因此計算次數可以說是「大約為 N^2 次」。N^2 種的原因如下圖所示，將卡片的寫法想成是排列成正方形時的大小 $N \times N$ 的話，就很容易理解。

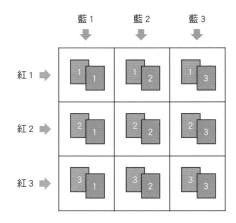

在此，本問題的條件為 $N \leq 1000$，因此最多需要進行 $1000 \times 1000 = 10^6$ 次的計算。另一方面，家用電腦的計算速度為每秒 10^9 次左右，因此，如果如**程式碼 2.4.3** 來進行實作，程式的執行會在本問題的執行時間限制 2 秒以內結束。程式執行時間可以用這種方法來估計。

```cpp
#include <iostream>
using namespace std;

int N, S;
long long Answer = 0;

int main() {
    // 輸入
    cin >> N >> S;

    // 求解
    for (int i = 1; i <= N; i++) {
        for (int j = 1; j <= N; j++) {
            if (i + j <= S) Answer += 1;
        }
    }

    // 輸出
    cout << Answer << endl;
    return 0;
}
```

　　計算次數為大約 N^2 次的演算法具有輸入一資料的大小增加 10、100 倍時執行時間增加約 100、10000 倍的特徵。下表顯示了相對於 N 的 N^2 的值，10^6 以上的部分塗成黃色，10^9 以上的部分塗成紅色。考慮到電腦的計算速度，$N=10000$ 左右的話，計算在 1 秒以內完成，但 $N=100000$ 以上時，則需要花費許多時間。另外，雙重 for 敘述迴圈經常會是這樣的計算次數。

N	搜尋模式數	N	搜尋模式數	N	搜尋模式數
1	1	21	441	41	1,681
2	4	22	484	42	1,764
3	9	23	529	43	1,849
4	16	24	576	44	1,936
5	25	25	625	45	2,025
6	36	26	676	46	2,116
7	49	27	729	47	2,209
8	64	28	784	48	2,304
9	81	29	841	49	2,401
10	100	30	900	50	2,500
11	121	31	961	100	10,000
12	144	32	1,024	200	40,000
13	169	33	1,089	500	250,000
14	196	34	1,156	1,000	1,000,000
15	225	35	1,225	3,000	9,000,000
16	256	36	1,296	10,000	100,000,000
17	289	37	1,369	30,000	900,000,000
18	324	38	1,444	100,000	10,000,000,000
19	361	39	1,521	300,000	90,000,000,000
20	400	40	1,600	1,000,000	1,000,000,000,000

2.4.6 — 計算次數例④：全搜尋與指數時間

接著，稍微改變設定並思考以下問題。

> **問題 ID：009**
>
> 從左數來第 i 張 $(1 \leq i \leq N)$ 的卡片上寫了整數 A_i。有沒有辦法從卡片中選擇幾張，使總和正好成為 S 呢？
> 例如輸入如下時，選擇卡片 1、3 的話總和為 11，所以答案是 Yes。
>
> - $N = 3$
> - $S = 11$
> - $(A_1, A_2, A_3) = (2, 5, 9)$
>
> **條件**：$1 \leq N \leq 60, 1 \leq A_i \leq 10000, 1 \leq S \leq 10000$
>
> **執行時間限制**：1 秒

因此，與第 2.4.5 項相同，考慮對卡片的選擇方法進行全搜尋。此時，需要調查的模式數是多少呢？讓我們實際數數看吧。

例如，$N=1$ 時，調查「選擇卡 1」、「不選擇卡 1」這 2 種即可。此外，如下圖所示，$N=2$ 時需要調查 4 種，$N=3$ 時需要調查 8 種。如果是這種程度的搜尋模式數，即使是手動計算也能輕易地解決問題。

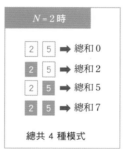
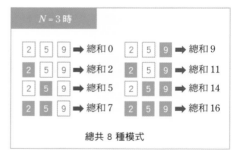

但是，當卡片數稍微增加時，模式數就會急遽增加。下頁的圖顯示了 $N=4$、5 時的選擇方法的範例，$N=4$ 時需要檢查 16 種，$N=5$ 時需要檢查 32 種。在這個時候，用手動計算解決問題會十分麻煩吧。

那麼將搜尋模式數量用 N 的數式表示看看吧。因為 N 以 1 遞增時，模式數為 $2 \rightarrow 4 \rightarrow 8 \rightarrow 16 \rightarrow 32 \rightarrow \cdots$ 這樣成倍增加，因此對於 N 的模式數由下式表示。

$$2 \times 2 \times 2 \times \cdots \times 2 = 2^N$$

因此，以全搜尋解決該問題時的計算次數可以稱為「大約 2^N 次」[注 2.4.3]。另外，2^N 種的理由可以理解為適用乘法原理（**→ 第 3.3.2 項**），但在第 2 章中不詳細說明。

注 2.4.3　例如專欄 2 中刊載的位元全搜尋等，根據實作情況，計算次數為大約 $N \times 2^N$ 次。

第 2 章　用於演算法的數學基本知識

N = 4 時

N = 5 時

總共 16 種模式

總共 32 種模式

電腦可以進行非常高速的計算，因此 32 種左右的話完全沒問題。但是再增加 N 會怎麼樣呢？搜尋模式數如下所示，在 N=30 以上時，就算是電腦，在「指數函數」前也難以應對。

N	搜尋模式數	N	搜尋模式數	N	搜尋模式數
1	2	21	2,097,152	41	2,199,023,255,552
2	4	22	4,194,304	42	4,398,046,511,104
3	8	23	8,388,608	43	8,796,093,022,208
4	16	24	16,777,216	44	17,592,186,044,416
5	32	25	33,554,432	45	35,184,372,088,832
6	64	26	67,108,864	46	70,368,744,177,664
7	128	27	134,217,728	47	140,737,488,355,328
8	256	28	268,435,456	48	281,474,976,710,656
9	512	29	536,870,912	49	562,949,953,421,312
10	1,024	30	1,073,741,824	50	1,125,899,906,842,624
11	2,048	31	2,147,483,648	51	2,251,799,813,685,248
12	4,096	32	4,294,967,296	52	4,503,599,627,370,496
13	8,192	33	8,589,934,592	53	9,007,199,254,740,992
14	16,384	34	17,179,869,184	54	18,014,398,509,481,984
15	32,768	35	34,359,738,368	55	36,028,797,018,963,968
16	65,536	36	68,719,476,736	56	72,057,594,037,927,936
17	131,072	37	137,438,953,472	57	144,115,188,075,855,872
18	262,144	38	274,877,906,944	58	288,230,376,151,711,744
19	524,288	39	549,755,813,888	59	576,460,752,303,423,488
20	1,048,576	40	1,099,511,627,776	60	1,152,921,504,606,846,976

那麼具體來說需要花多久時間呢？假設以 1 秒內能夠調查 10^9 個模式來計算的話，則此問題的條件上限 N=60 時，需要如下時間。

$$\frac{2^{60}}{10^9} \fallingdotseq \frac{1.15 \times 10^{18}}{10^9} = 1.15 \times 10^9 \text{ 秒}$$

一年大約是 3200 萬秒，所以執行 36 年後才會完成。懷疑「真的會有這種事嗎」的

人，因為實作方法的解說和範例程式都已刊載於專欄 2 中，請實際將程式寫出來看看。在 $N=40$ 的時候，應該會完全無法回傳答案。在這種情況下，需要提高演算法效率，例如使用動態規劃法（➡ **第 3.7 節**）等。

2.4.7 計算次數例⑤：二元搜尋與對數時間

前項介紹了計算耗時的演算法範例，但事實上也有相反的情況。讓我們思考一下以下問題。

> 太郎想了一個 1 以上 8 以下的整數。你可以提出以下問題：
>
> · 太郎想到的數是 OO 以下嗎？
>
> 請儘量用最少次數的提問來答出太郎想到的數。

馬上想到的方法，是按照「是 1 以下嗎？」、「是 2 以下嗎？」、「是 3 以下嗎？」這樣的順序提問，直到回答「Yes」為止。例如，如果在「是 6 以下嗎？」的問題中第一次回答 Yes，那麼答案就是 6。這個演算法稱為線性搜尋法。

但是這個方法效率很低，例如太郎想到的數是 8 的話，如下圖所示需要 8 次提問。

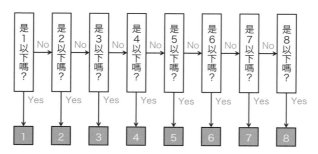

因此，考慮先提出「是 4 以下嗎？」這個從選項的正中間劃分開的問題。此時，無論返回的是 Yes/No，最初有的 8 種選項都會縮小為 4 種。

· Yes 時：可知答案為 1、2、3、4 中的任意一個
· No 時：可知答案是 5、6、7、8 中的任意一個

對第 2 次之後的提問也是，如果像下頁的圖一樣，反覆進行「將選項分成一半的提問」，選項的數量就會以 8 → 4 → 2 → 1 漸漸減少，在任何情況下都可以用 3 次提問來答出答案。這種方法稱為**二元搜尋法**。

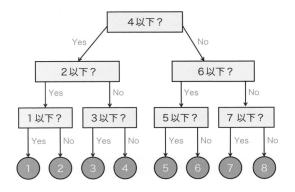

現在，讓我們稍微把問題設定普遍化吧。太郎想了 1 以上 N 以下的整數時的計算次數是多少呢？首先，作為簡單的例子，思考使用非負整數 B 而表示為 $N = 2^B$ 的情況。選項會透過每次提問分為一半，也就是說會如下所示漸漸減少，因此提問次數為 B 次。

$$2^B \rightarrow 2^{B-1} \rightarrow 2^{B-2} \rightarrow \cdots \rightarrow 8 \rightarrow 4 \rightarrow 2 \rightarrow 1$$

$2^B = N$ 表示 $B = log_2 N$（➡ **第 2.3.10 項**），因此用 N 的公式表示提問次數的話，是 $log_2 N$。在本項最開始介紹的 N=8 的例子中，可以確認提問次數為 $log_2 N = 3$ 次。

其次，如果 N 不是以 2^B 的形式表示，會怎麼樣呢？事實上，已知提問次數為「log2 N」次 [注 2.4.4]，則對各 N 的提問次數如下。即使增加到 N=1000000，也只需要 20 次提問。對數函數 $log_2 N$ 增加緩慢，當作計算次數的話效率非常高。

N	提問次數	N	提問次數	N	提問次數
1	0	21	5	41	6
2	1	22	5	42	6
3	2	23	5	43	6
4	2	24	5	44	6
5	3	25	5	45	6
6	3	26	5	46	6
7	3	27	5	47	6
8	3	28	5	48	6
9	4	29	5	49	6
10	4	30	5	50	6
11	4	31	5	100	7
12	4	32	5	200	8
13	4	33	6	500	9
14	4	34	6	1,000	10
15	4	35	6	3,000	12
16	4	36	6	10,000	14
17	5	37	6	30,000	15
18	5	38	6	100,000	17
19	5	39	6	300,000	19
20	5	40	6	1,000,000	20

注 2.4.4　藉由 1 次提問，原有 T 種的選項會變成「T/2」種，這樣想的話就很容易理解了。例如，N=100 時，因為有可能的選項數量最大值會漸減為 100 → 50 → 25 → 13 → 7 → 4 → 2 → 1，所以最多需要 7 次提問。

2.4.8 — 引進蘭道的大 O 符號

目前為止，介紹了各種計算次數，且用過以下表述。。

- 計算次數為大約 N 次
- 計算次數為大約 N^2 次。
- 計算次數為大約 2^N 次

　　即使不用「大約」這個詞，也可以用蘭道大 O 符號來表示。例如，對於第 2.4.2 節中所述的演算法，可以使用「此演算法的計算複雜度為 O(N)」或「此演算法以 O(N) 時間運行」來取代「大約 N 次」。難度相當高，但嚴格來說如下所示。

> 對於資料大小 N 的演算法 A，計算複雜度設為 $T(N)$，$P(N)$ 設為函數。當存在某個常數 c，使得無論 N 多大，$T(N) \leq c \times P(N)$ 都成立時，可以說演算法 A 的計算複雜度是 $O(P(N))$[注2.4.5]。

　　不過，在實際應用中不必考慮這些難題。在大多數情況下，表示計算複雜度 T(N) 時，大 O 符號的內容 P(N) 由以下步驟決定：

1. N 為大數值時，刪除 $T(N)$ 之中最重要的項以外的項
2. 刪除常數倍（例：$7N^2$ 中的 "7"）
3. 最後剩下的就是內容 $P(N)$

　　另外，項的重要度原則上是依以下的順序。其中，$N!=1 \times 2 \times 3 \times \cdots \times N$，是在第 2.5 節中探討的內容。另外，演算法的計算複雜度在下圖中以紅色、土色表示時為指數時間，在下圖中以綠色、藍色、灰色表示時為多項式時間。

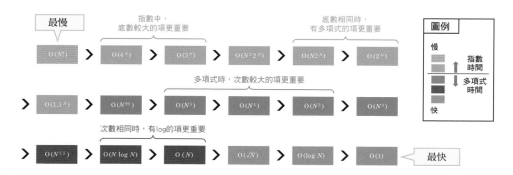

　　代入如 $N = 1000$ 等較大的值，就很容易理解形成這種順序的原因。例如，當計算次數為 $T(N) = N^2 + 5N$，則各項的值如下所示。

注 2.4.5　本書並未進行探討，但大 O 符號有時在估計計算複雜度以外的場合也會使用。

$$N^2 = 1000000$$
$$5N = 5000$$

顯然 N^2 項會變成計算次數的瓶頸。這就是 N^2 的重要度比 N 高的原因。其他情況也是如此[注 2.4.6]。

以下是對 3 個具體例子以大 O 符號表示計算複雜度的過程。另外，在計算複雜度階層的內容中包含有對數函數時，習慣上大多以 $O(\log N)$ 這樣省略底數的形式書寫（參考：節末問題 2.4.3）。

例 A	例 B	例 C
演算法 A 的計算複雜度如下： $T_A(N) = 2N^2 + 5N + 10$ 最重要的項為 $2N^2$ 因此 $2N^2 + 5N + 10$ 〕步驟 1 $2N^2 + 5N + 10$ 〕步驟 2 $2N^2 + 5N + 10$ ➡ 演算法 A 的計算複雜度為 $\underline{O(N^2)}$	演算法 B 的計算複雜度如下： $T_B(N) = 2\log_2 N + 1$ 最重要的項為 $2\log_2 N$ 因此 $2\log_2 N + 1$ 〕步驟 1 $2\log_2 N + 1$ 〕步驟 2 $2\log_2 N + 1$ ➡ 演算法 B 的計算複雜度為 $\underline{O(\log N)}$	演算法 C 的計算複雜度如下： $T_C(N) = 2^N + 5N^3 + 5N^2 + 9$ 最重要的項為 2^N 因此 $2^N + 5N^3 + 5N^2 + 9$ 〕步驟 1 $2^N + 5N^3 + 5N^2 + 9$ 〕步驟 2 $2^N + 5N^3 + 5N^2 + 9$ ➡ 演算法 C 的計算複雜度為 $\underline{O(2^N)}$

2.4.9 計算複雜度和演算法的例子

下表將典型的演算法依照計算複雜度進行統整，也包含本書有探討的演算法。可以得知，存在著具有各種不同性能的演算法。

計算量	演算法
$O(1)$	點與線段距離的計算（➡ **第 4.1 節**）
$O(\log N)$	二進制的轉換（➡ **第 2.1 節**）／二元搜尋法（➡ **第 2.4 節**）／輾轉相除法（➡ **第 3.2 節**）／重複平方方法（➡ **第 4.6 節**）
$O(\sqrt{N})$	質數判定法（➡ **第 3.1 節**）
$O(N)$	線性搜尋法（➡ **第 2.4 節**）／費波那契數的動態規劃法計算（➡ **第 3.7 節**）／累積和（➡ **第 4.2 節**）
$O(N \log \log N)$	埃拉托斯特尼篩法（➡ **第 4.4 節**）
$O(N \log N)$[注 2.4.7]	合併排序（➡ **第 3.6 節**）／區間調度問題（➡ **第 5.9 節**）
$O(N^2)$	選擇排序（➡ **第 3.6 節**）等
$O(N^3)$	矩陣的乘法（➡ **第 4.7 節**）／佛洛伊德演算法等
$O(2^N)$	組合的全搜尋（➡ **第 2.4 節** ／ **專欄 2**）
$O(N!)$	排列全搜尋　※N! 參照第 2.5 節

注 2.4.6　理論上，如圖所示的順序關係會成立，但在實際應用上，根據 N 的大小和程式處理的權重，順序關係可能會發生逆轉。例如，如果是 $N = 10$ 左右的資料，則 $O(N^5)$ 比 $O(2^N)$ 還慢的情況也很多（實際將 $N = 10$ 代入各數式的話，$2^{10} = 1024$、$10^5 = 100000$）。

注 2.4.7　$N \log N$ 表示 $N \times \log N$，$N \log \log N$ 表示 $N \times \log(\log N)$。

── **計算複雜度的比較** ─────────────────

輸入資料的大小 N 與計算次數的大致關係如下。計算次數為 10^6 次以上的部分塗成黃色，10^9 次以上的部分塗成紅色。另外，如果計算次數超過 10^{25} 次，不用說是家用電腦，即使全力運用 2021 年 6 月當時世界上最快的超級電腦「富岳」也不現實，所以塗了紫色。

計算複雜度為 $O(2^N)$ 或 $O(N!)$ 等的指數時間演算法，其計算次數增加得很快，即使 N 為 100 左右也不現實。另一方面，可知 $O(\log N)$ 的計算次數增加較慢。

第 2 章｜用於演算法的數學基本知識

N	$\log N$	$\sqrt{N}$	$N \log N$	N^2	N^3	2^N	$N!$
5	3	3	12	25	125	32	120
6	3	3	16	36	216	64	720
8	3	3	24	64	512	256	40,320
10	4	4	34	100	1,000	1,024	3,628,800
12	4	4	44	144	1,728	4,096	479,001,600
15	4	4	59	225	3,375	32,768	約 10^{12}
20	5	5	87	400	8,000	1,048,576	約 10^{18}
25	5	5	117	625	15,625	33,554,432	約 10^{25}
30	5	6	148	900	27,000	約 10^9	約 10^{32}
40	6	7	213	1,600	64,000	約 10^{12}	約 10^{48}
50	6	8	283	2,500	125,000	約 10^{15}	約 10^{64}
60	6	8	355	3,600	216,000	約 10^{18}	約 10^{82}
100	7	10	665	10,000	1,000,000	約 10^{30}	約 10^{156}
200	8	15	1,529	40,000	8,000,000	約 10^{60}	約 10^{375}
300	9	18	2,469	90,000	27,000,000	約 10^{90}	約 10^{614}
500	9	23	4,483	250,000	125,000,000	約 10^{151}	約 10^{1134}
1,000	10	32	9,966	1,000,000	10^9	約 10^{301}	約 10^{2568}
2,000	11	45	21,932	4,000,000	約 10^{10}	約 10^{602}	約 10^{5736}
3,000	12	55	34,653	9,000,000	約 10^{10}	約 10^{903}	約 10^{9131}
5,000	13	71	61,439	25,000,000	約 10^{11}	約 10^{1505}	約 10^{16326}
10,000	14	100	132,878	100,000,000	10^{12}	約 10^{3010}	約 10^{35659}
20,000	15	142	285,755	400,000,000	約 10^{13}	約 10^{6021}	約 10^{77337}
100,000	17	317	1,660,965	10^{10}	10^{15}	約 10^{30103}	約 10^{456573}
200,000	18	448	3,521,929	約 10^{11}	約 10^{16}	約 10^{60206}	–
500,000	19	708	9,465,785	約 10^{11}	約 10^{17}	約 10^{150515}	–
1,000,000	20	1,000	19,931,569	10^{12}	10^{18}	約 10^{301030}	–
10^9	30	31,623	約 10^{10}	10^{18}	10^{27}	–	–
10^{12}	40	1,000,000	約 10^{14}	10^{24}	10^{36}	–	–
10^{18}	60	10^9	約 10^{20}	10^{36}	10^{54}	–	–

有關計算複雜度的注意要點

在本節最後，記述幾個有關計算複雜度的注意要點。

時間計算複雜度和空間計算複雜度

時間計算複雜度和空間計算複雜度這 2 個種類經常被用來作為計算複雜度的評價方法，時間計算複雜度指的是演算法的計算次數，空間計算複雜度指的是進行處理的記憶體使用量。例如，對於輸入資料的大小 N，使用大約 $4N^2$ 位元組的記憶體時，稱為「該演算法的空間計算複雜度為 $O(N^2)$」。本書中單純提到「計算複雜度」時，是指時間計算複雜度。

最差計算複雜度和平均計算複雜度

即使輸入資料的大小相同，根據情況不同，計算次數也可能完全不同。此外，使用隨機數的演算法（➡ **3.5 節**）時，也可能會因隨機數的運氣而使計算次數產生變化。因此，一般大多估計最壞情況的計算時間，稱為**最差計算複雜度**。另一方面，平均情況下的計算複雜度稱為**平均計算複雜度**。另外，大多數演算法的平均計算複雜度和最差計算複雜度一致。

多個變數成為瓶頸時

計算複雜度也有多個變數成為瓶頸的情況。例如，思考在計算 1 至 N 的總和後，計算 1 至 M 的總和的問題。逐個相加時，計算次數為 $N + M - 2$ 次，由於 N 和 M 均可能成為瓶頸，因此記為 $O(N+M)$ 時間。

▌節末問題

問題 2.4.1　★

當對 N 的計算次數為下述時，請以大 O 符號表示計算複雜度。

1. $T_1(N) = 2021N^3 + 1225N^2$
2. $T_2(N) = 4N + \log N$
3. $T_3(N) = 2^N + N^{100}$
4. $T_4(N) = N! + 100^N$

問題 2.4.2　★★

請以大 O 符號表示以下程式的計算複雜度。

```
for (int i = 1; i <= N; i++) {
    for (int j = 1; j <= N * 100; j++) {
        cout << i << " " << j << endl;
    }
}
```

問題 2.4.3 ★★

請證明 $\log_2 N$ 和 $\log_{10} N$ 之間最多只有常數倍的差異。
這也是蘭道大 O 符號中以省略 $O(\log N)$ 和 log 底數的形式書寫的原因。

問題 2.4.4 ★★

下表表示「N 的大小達到哪個程度時,大概會進行幾次計算」。請完成這張表。另外,不考慮計算次數的常數倍(例:$10N^2$ 的「10」的部分)。log 的底數為 2。

計算次數	執行時間基準	$N \log N$	N^2	2^N
10^6 次以內	0.001 秒以下	N ≤ 60,000	N ≤ 1,000	N ≤ 20
10^7 次以內	0.01 秒以下			
10^8 次以內	0.1 秒以下			
10^9 次以內	1 秒以下			

問題 2.4.5 ★★

用實作演算法 D 的程式,執行 $N =10$、12、14、16、18、20,結果執行時間如下表所示。認為演算法 D 的計算複雜度會是多少呢?其中 N 為資料的大小(例:卡片的張數)。

N	10	12	14	16	18	20
執行時間	0.001 秒	0.006 秒	0.049 秒	0.447 秒	4.025 秒	36.189 秒

問題 2.4.6 ★★

某個辭典按照字母序排列有 100000 個左右的單字。如果想從該辭典中查找特定單字,例如 a → aardvark → aback → abacus → abalone → abandon →…這樣逐個查找單字的話,會很花時間。請思考使用怎樣的方法更有效率(提示:二元搜尋法 ➡ 第 2.4.7 項)。

2.5 其他基本的數學知識

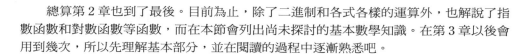

總算第 2 章也到了最後。目前為止，除了二進制和各式各樣的運算外，也解說了指數函數和對數函數等函數，而在本節會列出尚未探討的基本數學知識。在第 3 章以後會用到幾次，所以先理解基本部分，並在閱讀的過程中逐漸熟悉吧。

2.5.1 質數

無法被 1 和自己以外的數整除的 2 以上的整數稱為**質數**，不是質數的其他 2 以上的整數稱為**合數**。如下圖所示，質數為 2、3、5、7、11、13、17、19、…一直持續。快速判定某數是否為質數的方法會在 ➡ **第 3.1 節**中探討。

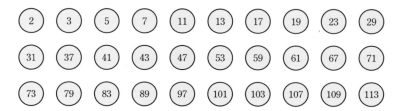

2.5.2 最大公因數、最小公倍數

在 2 個以上正整數間共同的因數（公因數）中，最大的稱為**最大公因數**。例如，6 和 9 的最大公因數為 3。這是因為 6 的因數是「1、2、3、6」，9 的因數是「1、3、9」，共同的最大數是 3。

另一方面，在 2 個以上正整數間共同的倍數（公倍數）中最小的稱為**最小公倍數**。例如，6 和 9 的最小公倍數為 18。這是因為 6 的倍數是 6、12、18、24、30、…，9 的倍數是 9、18、27、36、45、…，共同的最小數是 18。

兩個正整數 a、b 會成立以下性質，因此，只要知道最大公因數和最小公倍數中的一個，就可以簡單地計算另一個。

$a \times b = (a$ 和 b 的最大公因數$) \times (a$ 和 b 的最小公倍數$)$

此外，最大公因數可以透過輾轉相除法（ ➡ **第 3.2 節**）有效率地進行計算。

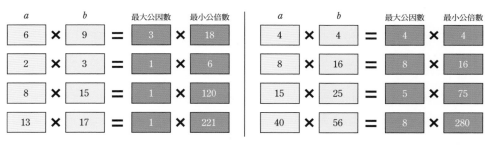

對於正整數 N，從 1 到 N 的乘積 $1 \times 2 \times 3 \times \cdots \times N$ 稱為 N 的**階乘**，寫成 $N!$。例如：

$2! = 1 \times 2 = 2$

$3! = 1 \times 2 \times 3 = 6$

$4! = 1 \times 2 \times 3 \times 4 = 24$

$5! = 1 \times 2 \times 3 \times 4 \times 5 = 120$

下表顯示 $N = 30$ 以下的階乘值，可知階乘是以非常快的速度增加。此外，階乘不僅用於評價計算次數，還可以用於情況數（➡**第 3.3 節**）、列舉問題（➡**第 4.6 節**）、狀態數的估計（➡**第 5.10 節**）。

N	$N!$
1	1
2	2
3	6
4	24
5	120
6	720
7	5,040
8	40,320
9	362,880
10	3,628,800
11	39,916,800
12	479,001,600
13	6,227,020,800
14	87,178,291,200
15	1,307,674,368,000

N	$N!$
16	20,922,789,888,000
17	355,687,428,096,000
18	6,402,373,705,728,000
19	121,645,100,408,832,000
20	2,432,902,008,176,640,000
21	51,090,942,171,709,440,000
22	1,124,000,727,777,607,680,000
23	25,852,016,738,884,976,640,000
24	620,448,401,733,239,439,360,000
25	15,511,210,043,330,985,984,000,000
26	403,291,461,126,605,635,584,000,000
27	10,888,869,450,418,352,160,768,000,000
28	304,888,344,611,713,860,501,504,000,000
29	8,841,761,993,739,701,954,543,616,000,000
30	265,252,859,812,191,058,636,308,480,000,000

2.5.4 數列的基礎

數列是指數的排列。作為簡單範例，以下均為數列：

- 1, 2, 3, 4, 5, 6, 7, …（正整數依從小到大的順序排列）
- 1, 4, 9, 16, 25, 36, 49, …（排列正整數的平方）
- 3, 1, 4, 1, 5, 9, 2, …（排列圓周率的位數）

一般來說，數列 A 從前面數來第 i 個元素稱為第 i 項，寫為 A_i。例如，排列正整數平方的數列 $A = (1,4,9,16,25,\cdots)$，第 4 項 A_4 的值為 16。

等差數列和等比數列

接下來，作為具有特殊規則的數列，等差數列和等比數列是很出名的，等差數列是 2 個相鄰項之間的差會固定，等比數列則是 2 個相鄰項之間的比值會固定。除此之外，

也有例如「將前兩項相加所得」的規則，如 1、1、2、3、5、8、13、…。像這樣，根據前面的項來決定數列的值的關係式稱為**遞迴式**，詳細內容將在 ➡ **第 3.7 節**中進行說明。遞迴式的思維方式與著名的動態規劃法有很深的關聯。

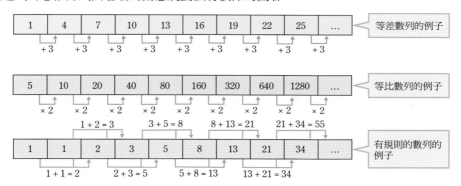

有限數列和無限數列

雖然也有人對數列有「有規則且無限延續」的印象，但請注意，像 $A = $（9，9，8，2，4，4，3，5，3）這樣，不規則且有限的數的排列也是數列的一種。特別是將具有最後一項的數列稱為有限數列，以與項會無限延續的無限數列區別。此外，項數為 N 的數列有時也稱為長度 N 的數列。

有限數列與程式設計中的「陣列」相似，可以認為是單純排列了 N 個數的列。此外，在包括本書在內的許多程式設計問題中，有時使用有限數列項的形式來書寫問題句（➡ **第 2.1.4 項**）。

2.5.5 ── 集合的基礎

集合是指幾個事物的聚集。在高中數學中，例如下圖棒球部的成員這樣，一種組別稱為集合。另外，將屬於集合的一個個事物稱為**元素**，例如稱為「棒球部的成員」集合的元素是 A 同學、B 同學、C 同學這 3 人。

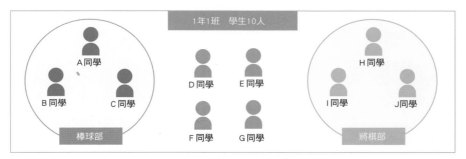

基本上，集合以列舉元素的形式表示，如下頁的例子所示。請注意，集合中的順序是無關的[注 2.5.1]。

注 2.5.1　這種集合的寫法稱為**列舉法**。另外還有描述法，寫法是 $A = \{x|$ 條件 $T\}$。這代表在全集 U 中，滿足條件 T 的元素會被包含在集合 A 中。例如，當 $U = \{1,2,3,4,5,6,7\}$，$A = \{x \mid x$ 為奇數 $\}$ 時，$A = \{1,3,5,7\}$。

- 將棒球部的集合設為 A 時，A = {A 同學，B 同學，C 同學 }
- 將將棋部的集合設為 B 時，B = {H 同學，I 同學，J 同學 }

此外，在探討的問題中考慮到的所有元素稱為**全集**，大多表示為 U。例如，上一頁的圖中，1 年 1 班的 10 名學生形成全集 U。

集合的另一個例子

再舉個數學上的例子。例如，將20 以下的質數集合設為 C 時，由於 C 的元素為 2、3、5、7、11、13、17、19，因此表示為 C = {2,3,5,7,11,13,17,19}。另外，雖然也有「所有整數」和「所有自然數」等元素數並非有限的集合（無限集合），但在演算法的思路中，大多探討元素數為有限的集合。

有關集合的用語

下表整理了有關集合的重要用語和符號。

用語	符號	說明
空集合	{}	不含任何元素的集合
屬於關係	$x \in A$	集合 A 中包含有元素 x
集合 A 的元素數	$|A|$	屬於集合 A 的元素的數量
交集	$A \cap B$	集合 A、B 的共同部分（聚集同時被包含在兩方的元素）
聯集	$A \cup B$	集合 A、B 中至少一方所含的部分
A 為 B 的子集合	$A \subset B$	集合 A 的元素全部被包含在集合 B 中

例如，當 A = {1,2,3,4}、B = {2,3,5,7,11} 時，每個集合的元素數為 $|A|$ = 4、$|B|$ = 5。另外，聯集和交集等如下所示。

- $4 \in A$（4 被包含在集合 A 中）
- $A \cap B$ = {2, 3}
- $A \cup B$ = {1, 2, 3, 4, 5, 7, 11}

下圖表示交集、聯集、子集合的示意圖。另外，集合的知識在數學思考篇的「熟練地處理集合的技巧（➡**第 5.4 節**）」等會使用。

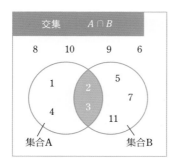
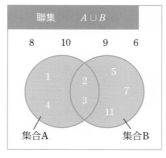
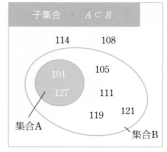

　必要條件和充分條件

為了滿足某個條件 X，絕對必須滿足條件 A 時，條件 A 稱為條件 X 的**必要條件**。例如，「測試分數為 60 分以上」是「測試分數為 80 分以上」的必要條件。

另一方面，只要滿足條件 A 就滿足條件 X 時，條件 A 為條件 X 的**充分條件**。例如，「測試分數在 80 分以上」是「測試分數在 60 分以上」的充分條件。

讓我們舉個數學上的例子。將條件 X 設成「N 為 3 以上的質數」時，以下成立。

- 「N 為奇數」是條件 X 的必要條件
- 「N 為 5 或 11」是條件 X 的充分條件

如下圖所示，範圍較廣的一方為必要條件。

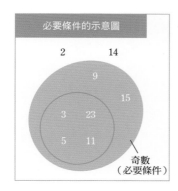
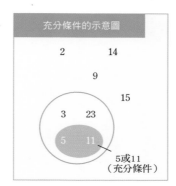

另外，當條件 X 既是條件 Y 的必要條件，也是充分條件時，也稱為「條件 X 為條件 **Y 的充分必要條件**」或「條件 X 與條件 Y 等值」等。

必要條件和充分條件的想法，會在想要證明演算法的正當性時（➡ **第 5.8 節**）、想要轉換問題條件來進行思考時（➡ **第 5.10 節**）等場合使用。

　絕對誤差和相對誤差

評價近似值 a 和理論值 b 的誤差的方法有以下 2 種。

用語	意義	計算式
絕對誤差	數值本身的差	$\|a - b\|$
相對誤差	誤差的比率	$\dfrac{\|a - b\|}{b}$

例如近似值為 103，理論值為 100 的情況下，絕對誤差為 3，相對誤差為 0.03。請注意即使絕對誤差相同，相對誤差也可能不同。

在演算法設計中，誤差的想法非常重要。例如，在蒙地卡羅法（➡ **第 3.5 節**）、浮點數（➡ **第 5.10 節**）等中使用。

2.5.8 — 閉區間、半開區間、開區間

在數學和演算法的脈絡中，使用以下標記來表示區間。

名稱	標記	意義
閉區間	$[l, r]$	l 以上且 r 以下的區間
半開區間	$[l, r)$	l 以上且小於 r 的區間
（半開區間）	$(l, r]$	大於 l 且 r 以下的區間
開區間	(l, r)	大於 l 且小於 r 的區間

特別是像索引的排列這樣，當知道值是整數時，例如半開區間 $[l, r)$ 會包含 l、$l+1$、$\cdots$、$r-1$。下圖為 $l = 2$、$r = 6$ 時的示意圖。

另外，半開區間等的想法在分割統治法、合併排序（➡ **第 3.6 節**）中使用。

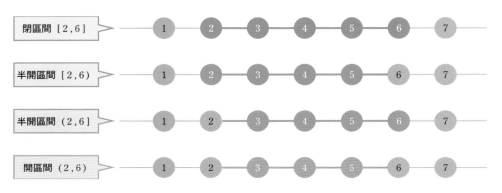

2.5.9 — 求和符號

求和符號（sigma）是表示總和的符號。用數學公式寫的話如下所示。

$$A_L + A_{L+1} + \cdots + A_R = \sum_{i=L}^{R} A_i$$

舉個具體例子吧。例如，$1 + 2 + 3 + 4 + 5 = 15$、$1^2 + 2^2 + 3^2 + 4^2 + 5^2 = 55$，用求和符號表示如下。右邊的式子雖然有點複雜，但也可以思考在 for 敘述中計算 $i = 1$、2、3、4、5 的 i^2 值，以獲得此合計。

$$\sum_{i=1}^{5} i = 15 \qquad \sum_{i=1}^{5} i^2 = 55$$

另外，也可以使用**雙重求和**來寫。例如，以下的式子表示計算 $i + j$ 值時的和，且所有整數組 (i, j) 滿足 $2 \leq i \leq 3$、$4 \leq j \leq 5$（$2 + 4 = 6$、$2 + 5 = 7$、$3 + 4 = 7$、$3 + 5 = 8$，將這些全部相加為 $6 + 7 + 7 + 8 = 28$）。

$$\sum_{i=2}^{3} \sum_{j=4}^{5} (i + j) = 28$$

雖然雙重求和的概念很難，但如下圖所示，想像求矩形區域的總和的話應該就很容易理解。另外，求和符號有時為三重以上（➡ **節末問題 2.5.5**）。求和符號在數學思考篇的「思考相加次數的技巧（➡ **第 5.7 節**）」、「著眼於對稱性的技巧（➡ **第 5.10 節**）」等中使用。

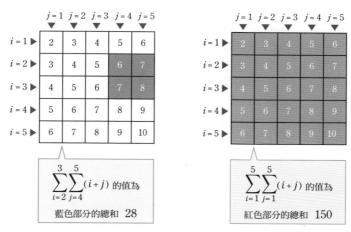

2.5.10　和的公式

　　一部分的求和計算可以如下所示簡單求出。例如，第 1.1 節中介紹的「將 1 到 100 之間的所有整數相加的問題」，用公式計算是 $100 \times 101 \div 2 = 5050$。特別是第 2 個公式很難自己導出，所以在這裡記住吧。

$$\sum_{i=1}^{N} i = 1 + 2 + \cdots + N = \frac{N \times (N+1)}{2}$$

$$\sum_{i=1}^{N} i^2 = 1^2 + 2^2 + \cdots + N^2 = \frac{N \times (N+1) \times (2N+1)}{6}$$

　　另外，c 為小於 1 的正數時，$1 + c + c^2 + c^3 + \cdots$ 的值為 $\frac{1}{1-c}$ 。特別是 $c = \frac{1}{2}$ 時，$1 + \frac{1}{2} + \frac{1}{4} + \frac{1}{8} + \cdots = 2$。會變成這樣的理由，思考將長度 2 公分的紙剪成兩半時，第 n 次被剪掉的部分是 $(\frac{1}{2})^{n-1}$ 公分的話就很容易理解了。

　　這裡介紹的和的公式是在利用期望值的演算法（➡ **第 3.4 節**）、計算次數的估計等場合中使用。

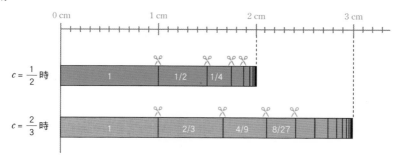

2.5.11 第 3 章以後要學習的新數學知識

　　在第 2 章最後，列出將在第 3 章和第 4 章新學習的數學知識。第 3 章、第 4 章的構成，是以演算法為主，但是相關的數學知識也可以一併理解。

- 反證法（➡**第 3.1 節**）
- 乘法原理、$n\text{Pr}$，$n\text{Cr}$（➡**第 3.3 節**）
- 機率、期望值（➡**第 3.4 節**）
- 平均、標準差（➡**第 3.5 節**）
- 數列的遞迴式（➡**第 3.7 節**）
- 微分法、積分法（➡**第 4.3 節** / ➡**第 4.4 節**）
- 向量、矩陣（➡**第 4.1 節** / ➡**第 4.7 節**）
- 圖論（➡**第 4.5 節**）
- 模倒數（➡**第 4.6 節**）

　　目前為止辛苦了。終於從第 3 章開始要正式學習演算法了！

▌節末問題

問題 2.5.1 ★
請分別計算以下兩者的值。

$$\sum_{i=1}^{100} i \qquad \sum_{i=1}^{3}\sum_{j=1}^{3} ij$$

問題 2.5.2 ★
集合 $S = \{2, 4, 7\}$、$T = \{2, 3, 8, 9\}$。請就此回答以下問題。

1. $|S|, |T|$ 的值是多少？
2. 求出 $S \cup T$。
3. 求出 $S \cap T$。
4. 請列舉所有 S 的非空子集。

問題 2.5.3 〉問題 ID：010 ★★
給定 1 以上 20 以下的整數 N。請製作輸出 $N!$ 的程式。

問題 2.5.4 〉問題 ID：011 ★★★
給定正整數 N。請製作程式，按照從小到大的順序輸出 N 以下的質數。該問題可以利用埃拉托斯特尼篩法（➡**第 4.4 節**），以計算複雜度 $O(N\log N)$ 來解決，但此處可容許到 $O(N^2)$。

第
2
章

用於演算法的數學基本知識

問題 2.5.5 ★★★

請不要編寫程式來計算以下的值。(➡ **第 5.10 節**)

$$\sum_{a=1}^{4} \sum_{b=1}^{4} \sum_{c=1}^{4} abc$$

問題 2.5.6 ★★

請以式子表示半開區間 $[a, b)$ 和半開區間 $[c, d)$ 具有共同部分的條件。

問題 2.5.7 ★★★

當以下程式運行結束時，cnt 的值是多少？另外，請用 O 表示此程式的計算複雜度。

```
int cnt = 0;
for (int i = 1; i <= N; i++) {
    for (int j = i+1; j <= N; j++) {
        cnt++;
    }
}
```

其他基本的數學知識

關於競技程式設計

競技程式設計是透過解題來較量程式設計能力、構思有效率演算法的能力的大賽。比賽大致上由以下形式進行。

- 在比賽開始的同時，給予參賽者複數個問題
- 限制時間內（例如：2小時），製作程式以解決被給予的問題
- 提出正確運作的程式即可獲得分數
- 如下圖所示，分數高的一方在上。同分時，則根據花費的時間等決定順序。

在競賽中，會出從簡單到超難的問題，所以從第一次接觸程式設計的人到熟練的人都可以樂在其中。另外，因為也有很多問題可以透過將在大學所學習的基本演算法組合使用來解題，因此也是進行程式設計和演算法學習的手段之一。

順位▾	ユーザ	得点▾	A	B	C	D	E	F
1	🏳️🖥 semiexp	**6800 (1)**	500	800	1300	1800		2400 (1)
		233:00	6:17	23:15	62:23	106:55		228:00
2	🏳️🖥 yutaka1999	**6800 (1)**	500	800	1300 (1)	1800		2400
		254:41	6:29	141:02	86:22	124:11		249:41
3	🏳️🖥 Petr	**6400 (6)**	500	800	1300 (2)	1800	2000 (4)	
		296:43	6:34	13:59	90:00	46:50	266:43	
4	🏳️🖥 Benq	**5100 (3)**	500			1800	2000 (3)	
		252:29	4:38	34:27	(4)	121:17	237:29	
5	🏳️🖥 Um_nik	**5100 (3)**	500			1800	2000 (3)	
		262:05	7:03	18:08		133:49	247:05	
6	🏳️🖥 yokozuna57	**5000 (3)**	500	800	1300 (2)			2400 (1)
		278:32	13:23	28:52	71:57			263:32
7	🏳️🖥 ecnerwala	**4400**	500		1300	1800	(4)	
		111:35	15:41	9:07	70:30	111:35		
8	🏳️🖥 Stonefeang	**4400 (1)**	500 (1)	800	1300	1800		
		138:31	28:37	8:16	94:51	133:31		

出題的範例

接下來，介紹一個在競技程式設計出題的範例。

給定整數 N 和 K。製作一個程式，求出從 1 到 N 之間的數中，選擇 3 個不重複的數且總和為 K 的組合的數量。

例如，$N=5$、$K=9$ 時，有 $2+3+4=9$、$1+3+5=9$ 兩種選擇方法，因此輸出 2 即為正確答案。

條件： $3 \leq N \leq 5000, 0 \leq K \leq 15000$

執行時間限制： 4 秒

來源：AOJITP1_7_B-Howmanyways? 改題

最先想到的方法是考慮對 3 個整數的選擇方法進行全搜尋。但是，在條件上限（$N=5000$）的情況下，由於全部有 10^{10} 種以上的選擇方法，很可惜程式無法在 4 秒內結束執行，而為非正

解。因此，使用以下性質。

- 如果決定了2個整數，則剩下的1個整數也會確定。
- 例如，在 $N = 5$、$K = 9$ 的情況下，如果兩個整數是1和3，則剩下的1個是 $9-1-3=5$。

若使用此性質，只需要對 2 個整數的選擇方法進行全搜尋即可。計算複雜度為 $O(N^2)$，根據第 2.4.10 項的表，即使 $N = 5000$ 也能在 4 秒內執行結束。

在競技程式設計中，會出很多像這樣改善演算法才能解決的問題。因此，為了獲勝，不只是撰寫程式的速度和準確性，構思有效率演算法的能力也很重要。

比賽的類型

程式設計比賽有很多，本書中介紹了一些代表性的項目。AtCoder、JOI、ICPC 可以免費參加。很多比賽都是個人賽，但也有 ICPC 等的團體賽。

名稱	對象	備註
AtCoder	全年齡	每週進行比賽
日本資訊奧林匹克（JOI）	高中生以下	獲勝就能參加世界大賽
國際大學對抗程式設計競賽（ICPC）	大學生	團體賽
演算法實際技術檢定（PAST）	全年齡	AtCoder 主辦的檢定測試

AtCoder 的介紹

最後，來介紹日本最大的程式設計比賽網站「AtCoder」。AtCoder 每週六或週日的 21 點開始舉行比賽，會有世界各地 5000 人以上同時參加。因為比賽的頻率高，可以定期確認自己的實力變化。

AtCoder 最大的特徵，是因應比賽成績賦予評級。由於評級是一個人的強度證明，如果有高評級，也會對就業等有利。擁有 2800 以上評級，約為前 0.2% 的熟練參與者被稱為「紅階碼者」，是許多參與者的目標。

另外，AtCoder 中收錄了 4000 題以上的考古題，無論比賽期間內還是期間外，都可以隨時挑戰。由於導入了提出程式後自動回傳是正解或非正解的自動評分系統，所以非常方便。此外，本書中探討的練習題中也包含一部分 AtCoder 的考古題。

出現「AC」的話即為正解

組合的全搜尋

在第 2.4.6 項中介紹了「有 N 張卡片，分別寫有整數 A_1、A_2、$\cdots$、A_N，請判斷是否存在使選擇的卡片上寫的整數總和為 S 的選擇方法」的問題。

但是具體應該如何實作呢？如第 2.4.5 項所示，使用多重迴圈進行實作時，需要編寫 N 重的 for 敘述迴圈，非常費力。因此，可使用以下步驟輕鬆實作。

步驟 1：利用二進制對選擇方法編號

首先，按照以下方法，對卡片的選擇方法分配 0 以上 2^N-1 以下的編號。

- 選擇第 i 個（$1 \leq i \leq N$）的卡片時設 $P_i = 1$，否則設 $P_i = 0$
- 對於選擇方法，將二進制整數 $P_N \cdots P_4 P_3 P_2 P_1$ 轉換成十進制的值當作編號
- 也就是，編號為 $2^{N-1}\mathrm{P}_N + \cdots + 8P_4 + 4P_3 + 2P_2 + P_1$（➡ **第 2.1.7 項**）

例如，$N = 3$ 且選擇第 1、3 張卡片時，編號為將 $P_3 P_2 P_1 = 101$ 改成十進制後的值「5」。此外，$N = 3$ 時的選擇方法和編號的對應關係如下圖所示，無論哪種選擇方法都會被分配到不同的編號。

步驟 2：對選擇方法的編號進行全搜尋

接著，使用 for 敘述等迴圈檢查所有選擇方法的編號 i（$0 \leq i \leq 2^N-1$），即可輕鬆實現。具體的實作方針如下。

1. 按照 $i = 0, 1, 2, \ldots, 2^N-1$ 的順序，進行以下步驟：
   - 進行編號 i 的選擇方法時，確認卡片上所寫的整數的總和是否為 S
   - 也就是說，只有當整數 i 以二進制表示的倒數第 j 位為 1 時，才會選擇卡片 j。然後，計算所選擇的卡片上寫的數的總和，如果該總和為 S，則輸出 Yes。
2. 如果不存在總和為 S 的選擇方法，則輸出 No。

例如，當 $N = 3$、$S = 16$、$(A_1, A_2, A_3) = (2, 5, 9)$ 時，程式的行為如下頁所示。$i = 0$、1、2、

第 2 章　用於演算法的數學基本知識

3、4、5、6 時，總和不是 16，無法確定答案的狀況會持續，直到最後 i = 7 時，終於發現總和為 16 的選擇方法，輸出 Yes。

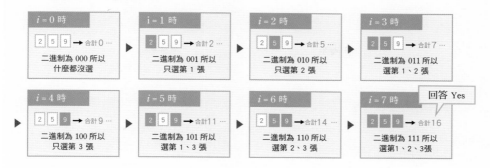

具體的實作例

程式碼 2.6.1 可以作為實作例。此外，二進制表示中倒數第 j 位的值也可以透過第 2.1 節所述的方法實作，但使用以下採用位元運算（➡**第 2.2 節**）的判定方法比較簡單。

· 如果 i AND 2^{j-1} = 0，則倒數第 j 位的值為「0」
· 如果 i AND 2^{j-1} ≠ 0，則倒數第 j 位的值為「1」

程式碼 2.6.1 位元全搜尋的範例

```cpp
#include <iostream>
using namespace std;

long long N, S, A[61];

int main() {
    cin >> N >> S;
    for (int i = 1; i <= N; i++) cin >> A[i];

    // 搜尋全部模式：(1LL << N) 為 2 的 N 次方
    for (long long i = 0; i < (1LL << N); i++) {
        long long sum = 0;
        for (int j = 1; j <= N; j++) {
            // (i & (1LL << (j-1))) != 0LL 時，i 的二進制表示的倒數第 j 位是 1
            // (1LL << (j-1)) 在 C++ 中代表「2 的 j-1 次方」
            if ((i & (1LL << (j-1))) != 0LL) sum += A[j];
        }
        if (sum == S) { cout << "Yes" << endl; return 0; }
    }
    cout << "No" << endl;
    return 0;
}
```

這種實作方法在競技程式設計中稱為「位元全搜尋」。另外，此程序的計算複雜度為 $O(N2^N)$，隨著 N 的增加，求解所需的時間也會劇增。例如，N = 35、S = 10000、A_i = i（1 ≦ i ≦ N）時，在筆者的電腦環境下花費了約 50 分鐘。

2.1 數的分類、代數式、二進制

數的分類
整數：不含小數點的數
實數：可在數軸上表示的數

代數式
用符號（如 x、y）表示的式子
也會利用 a_1、a_2、$\cdots$、a_n 等形式

二進制
只用 0 和 1 表示數的方法
$0 \rightarrow 1 \rightarrow 10 \rightarrow 11 \rightarrow 100 \rightarrow \cdots$ 如此繼續

2.2 各式各樣的運算

基本運算
餘數：a 除以 b 剩餘的數
乘方：將 a 乘以 b 次
方根：平方後會變為 a 的值

位元運算
對採用二進制時的每一位進行以下的邏輯運算
AND：兩者均為 1 時為 1
OR：一方為 1 時為 1
XOR：只有一方為 1 時為 1

2.3 各式各樣的函數

什麼是函數？
確定輸入值後會決定 1 個輸出值的關係
例如，在返回輸入平方函數的情況下，
表示為 $y = x^2$ 或 $f(x) = x^2$

有名的函數例子
一次函數：$y = ax + b$
二次函數：$y = ax^2 + bx + c$
多項式函數：$y = a_n x^n + \ldots + a_2 x^2 + a_1 x + a_0$
指數函數：$y = a^x$
對數函數：$y = \log_a x$

2.4 估計計算次數

計算次數的表示法
用蘭道大 O 符號表示大的計算次數
例：$O(N^2)$、$O(2^N)$、$O(1)$ 等

計算次數的標準
假設每秒可以計算 10^9 次，
$O(N^2)$ 時如果 $N \leqq 10000$ 則瞬間完成
$O(2^N)$ 時如 $N \leqq 25$ 則瞬間完成
$O(\log N)$ 則十分快速

2.5 其他基本的數學知識

數列基礎
數的排列（第 i 項寫成 A_i）
等差數列是相鄰項的差會固定
等比數列是相鄰項的比會固定

集合基礎
幾個事物的聚集
表示為 $A = \{2, 3, 5, 7, 11\}$

和的公式
$1 + 2 + \ldots + N = N(N + 1) / 2$
$1^2 + 2^2 + \ldots + N^2 = N(N + 1)(2N + 1) / 6$
$1 + c + c^2 + c^3 + \ldots = 1 / (1 - c)$

關於誤差
絕對誤差：數值本身的差 $|a - b|$
相對誤差：誤差的比率 $|a - b| / b$

其他基本知識
質數：除了 1 和自己以外無法被除盡的數
階乘：$N! = 1 \times 2 \times 3 \times \ldots \times N$
必要條件：絕對必須滿足的條件
充分條件：只要滿足這個條件就可以
閉區間 $[l, r]$：l 以上且 r 以下
半開區間 $[l, r)$：l 以上且小於 r
Σ 符號：幾個值的總和

第 **3** 章

基本的演算法

3.1 質數判定法

本節將探討判定自然數 N 是否為質數（ ➡ **第 2.5.1 項**）的問題。另外，將介紹「反證法」這一典型的證明方法，並學習表示演算法正確性的方法之一。此外，本書的自動評分系統中，也登錄了判定 N 是否為質數的問題（第 3.1.2 項／問題 ID：012）、列舉 N 的因數的問題（第 3.1.5 項／問題 ID：013）。

3.1.1 單純的質數判定法

首先，判斷 53 是否為質數。如下圖所示，可調查是否能被 2 到 52 之間的數整除，但需要耗費時間在計算上。

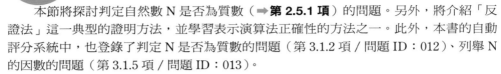

對於一般的整數 N，也可同樣地透過調查是否會被 2 到 N − 1 整除，來進行質數判定。例如像**程式碼 3.1.1** 的實作。但是計算複雜度為 $O(N)$ 會較慢，假如以這種方法檢查 $10^{12} + 39$ 是否為質數的話，家用電腦的計算也需要 10 分鐘以上[注 3.1.1]。

程式碼 3.1.1 進行質數判定的程式

```
bool isprime(long long N) {
    // 設 N 為 2 以上整數，若 N 為質數則返回 true，若不是質數則返回 false
    for (long long i = 2; i <= N - 1; i++) {
        // N 被 i 整除時，此時可知不是質數
        if (N % i == 0) return false;
    }
    return true;
}
```

注 3.1.1　這是每秒計算 10 億次時的值，但是因為餘數的計算與加法、減法相比更花費時間，因此實際的計算時間更長。

3.1.2 快速的質數判定法

實際上，沒有必要從 2 到 $N-1$ 全部調查，如果調查到 $\lfloor \sqrt{N} \rfloor$ 為止都無法被整除的話，可以斷言是質數了。反過來說，所有的合數都可以被 2 以上且 $\sqrt{N}$ 以下的某一個整數整除。

例如，$\sqrt{53} = 7.28\cdots$因此，如果不能被 2、3、4、5、6、7 為止的數整除，則可以稱「53 是質數」。另一方面，77 的情況下 $\sqrt{77} = 8.77\cdots$，因此從 2 到 8 為止進行調查，而以 7 能整除，正能判定為合數。

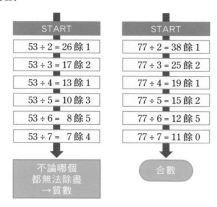

如**程式碼 3.1.2** 的實作，此演算法的計算複雜度為 $O(\sqrt{N})$。這比前一個方法快得多，例如，調查 $10^{12} + 39$ 是否為質數所需的計算時間僅為 0.01 秒左右。

但是，此演算法為什麼在所有情況下都能正確運作呢？下一項會解說反證法，來作為用以說明其理由的「證明方法」。

程式碼 3.1.2　進行快速質數判定的程式

```
bool isprime(long long N) {
    // 設 N 為 2 以上整數，若 N 為質數則返回 true，若不是質數則返回 false
    for (long long i = 2; i * i <= N; i++) {
        if (N % i == 0) return false;
    }
    return true;
}
```

3.1.3 反證法是什麼？

透過以下流程證明「事實 F 是正確的」的方法，叫做反證法。

• 假設事實 F 是錯誤的話，會導致矛盾產生

例如，「三角形的內角之中，至少一個內角為 60° 以上」的事實可以透過以下步驟來證明：

• 假設事實不正確，即所有內角都小於 60°
• 在這種情況下，三角形的內角和為 (小於 60°)+(小於 60°)+(小於 60°)=(小於 180°)

71

- 但是，三角形的內角和應該一定是 180°
- 因此，「事實不正確」的假設會產生矛盾，不對勁

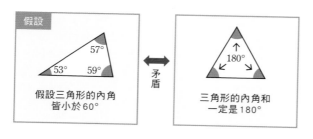
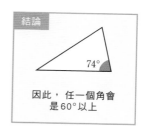

假設三角形的內角
皆小於 60°

矛盾

三角形的內角和
一定是 180°

因此，任一個角會
是 60° 以上

3.1.4 — 證明演算法的正確性

接下來，可以使用反證法如下來證明：第 3.1.2 項所述的質數判定演算法是正確的，也就是如果 N 為合數，則存在 2 以上 $\sqrt{N}$ 以下的因數（設為事實 F）。

- 假設事實 F 不成立。即，假設 N 是合數，且除了 1 以外的 N 的最小因數 A 會超過 $\sqrt{N}$
- 根據因數的性質，存在 $A \times B = N$ 的正整數 B。此時，B 是 N 的因數
- 然而，$B = N/A < \sqrt{N}$。這與 2 以上的最小因數為 A 互相矛盾
- 因此，假設不成立，事實 F 是正確的

讓我們假設「1 以外的 77 的最小因數」為 11，事實 F 不成立來當作具體範例。但是，由於 $11 \times 7 = 77$，所以 77 的因數包含 7，與 11 是最小的因數矛盾。如果最小因數超過 $\sqrt{N}$，則必定會發生這種情況。

另外請注意，如 25、49、121 這樣的「質數的平方所表示的數」，其 2 以上的最小因數正好為 $\sqrt{N}$。

具有 $\sqrt{N}$ 以下因數的合數	不具有 $\sqrt{N}$ 以下因數的合數	如果有數字放入此處會產生矛盾
$38 = 2 \times 19$ $25 = 5 \times 5$ $63 = 3 \times 21$ $49 = 7 \times 7$ $77 = 7 \times 11$ $121 = 11 \times 11$		

3.1.5 — 應用例：因數列舉

最後，可以依照與質數判定法類似的步驟來列舉 N 的因數。

1. 關於 $i = 1, 2, 3, ..., \sqrt{N}$，檢查 N 是否被 i 整除
2. 整除時，將 i 和 N/i 追加為因數

例如 $N = 100$ 時，嘗試除以 1 到 10，對於已整除的數，透過將該數及「100 ÷ 該數」進行追加，就能列舉出所有 100 的因數。

之所以能順利進行，是因為將 100 除以「11 以上的 100 的因數」，就會變成「10 以下的 100 的因數」。例如，100 除以 25 為 4，但 25 這個因數在除以 4 時已找到。

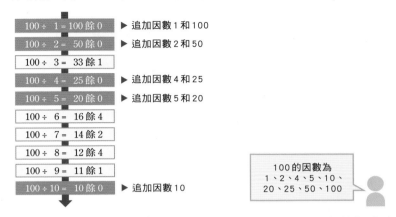

此演算法的計算複雜度為 $O(\sqrt{N})$。**程式碼 3.1.3** 是輸出 N 的因數的程式（不一定按小順序輸出）。

程式碼 3.1.3　輸出所有因數的程式

```cpp
#include <iostream>
using namespace std;

int main() {
    long long N;
    cin >> N;

    for (long long i = 1; i * i <= N; i++) {
        if (N % i != 0) continue;
        cout << i << endl;  // 追加因數 i
        if (i != N / i) {
            cout << N / i << endl;  // i ≠ N/i 時，也追加因數 N/i
        }
    }
    return 0;
}
```

▌節末問題

問題 3.1.1 ★

請使用第 3.1.2 項所述的方法，判定自己的年齡是否為質數。

問題 3.1.2 問題 ID：014 ★★

請製作將自然數 N 分解為質因數的程式。所謂質因數分解是指將自然數以質數相乘的形式來表示，如下：

$286 = 2 \times 11 \times 13$

$20211225 = 3 \times 5 \times 5 \times 31 \times 8693$

計算複雜度最好為 $O(\sqrt{N})$。

3.2 輾轉相除法

本節探討求自然數 A 和 B 的最大公因數（➡ **第 2.5.2 項**）的問題。與第 3.1 節中探討的質數判定法一樣，用單純的方法進行計算會很花時間。但是，如果使用輾轉相除法，可以由計算複雜度 $O(\log (A+B))$ 而獲得答案。本節在介紹演算法之上，還對計算複雜度出現 log 的原因進行說明。此外，本書的自動評分系統中也登錄了求出 2 個數的最大公因數的問題（第 3.2.2 項／問題 ID：015）。

3.2.1 單純的演算法

首先，讓我們計算一下 33 和 88 的最大公約數。顯然答案是 33 以下。因此，可以考慮以下方法：調查「對 1、2、…、33 各數，是否可以整除 33 和 88 兩者」的方法。但是用手工計算的話，求得答案會很花時間。

33 ÷ 1 = 33 餘 0	88 ÷ 1 = 88 餘 0	33 ÷ 13 = 2 餘 7	88 ÷ 13 = 6 餘 10	33 ÷ 25 = 1 餘 8	88 ÷ 25 = 3 餘 13
33 ÷ 2 = 16 餘 1	88 ÷ 2 = 44 餘 0	33 ÷ 14 = 2 餘 5	88 ÷ 14 = 6 餘 4	33 ÷ 26 = 1 餘 7	88 ÷ 26 = 3 餘 10
33 ÷ 3 = 11 餘 0	88 ÷ 3 = 29 餘 1	33 ÷ 15 = 2 餘 3	88 ÷ 15 = 5 餘 13	33 ÷ 27 = 1 餘 6	88 ÷ 27 = 3 餘 7
33 ÷ 4 = 8 餘 1	88 ÷ 4 = 22 餘 0	33 ÷ 16 = 2 餘 1	88 ÷ 16 = 5 餘 8	33 ÷ 28 = 1 餘 5	88 ÷ 28 = 3 餘 4
33 ÷ 5 = 6 餘 3	88 ÷ 5 = 17 餘 3	33 ÷ 17 = 1 餘 16	88 ÷ 17 = 5 餘 3	33 ÷ 29 = 1 餘 4	88 ÷ 29 = 3 餘 1
33 ÷ 6 = 5 餘 3	88 ÷ 6 = 14 餘 4	33 ÷ 18 = 1 餘 15	88 ÷ 18 = 4 餘 16	33 ÷ 30 = 1 餘 3	88 ÷ 30 = 2 餘 28
33 ÷ 7 = 4 餘 5	88 ÷ 7 = 12 餘 4	33 ÷ 19 = 1 餘 14	88 ÷ 19 = 4 餘 12	33 ÷ 31 = 1 餘 2	88 ÷ 31 = 2 餘 26
33 ÷ 8 = 4 餘 1	88 ÷ 8 = 11 餘 0	33 ÷ 20 = 1 餘 13	88 ÷ 20 = 4 餘 8	33 ÷ 32 = 1 餘 1	88 ÷ 32 = 2 餘 24
33 ÷ 9 = 3 餘 6	88 ÷ 9 = 9 餘 7	33 ÷ 21 = 1 餘 12	88 ÷ 21 = 4 餘 4	33 ÷ 33 = 1 餘 0	88 ÷ 33 = 2 餘 22
33 ÷ 10 = 3 餘 3	88 ÷ 10 = 8 餘 8	33 ÷ 22 = 1 餘 11	88 ÷ 22 = 4 餘 0	可整除兩者的最大數為 11	→最大公因數為 11
33 ÷ 11 = 3 餘 0	88 ÷ 11 = 8 餘 0	33 ÷ 23 = 1 餘 10	88 ÷ 23 = 3 餘 19		
33 ÷ 12 = 2 餘 9	88 ÷ 12 = 7 餘 4	33 ÷ 24 = 1 餘 9	88 ÷ 24 = 3 餘 16		

對於一般正整數 A、B 的最大公因數，同樣可以透過檢查是否可以被 1 到 $\min(A, B)$ 整除求出，例如考慮如**程式碼 3.2.1** 的實作。但是，剩下的計算需要進行 $2 \times \min(A, B)$ 次，並不是很有效率。

程式碼 3.2.1　求最大公因數的程式

```
// 返回正整數 A 和 B 的最大公因數的函式
// GCD 是 Greatest Common Divisor（最大公因數）的縮寫
long long GCD(long long A, long long B) {
    long long Answer = 0;
    for (long long i = 1; i <= min(A, B); i++) {
        if (A % i == 0 && B % i == 0) Answer = i;
    }
    return Answer;
}
```

3.2.2 — 有效率的演算法：輾轉相除法

其實，可以使用以下方法快速計算 2 個數的最大公因數。

> 1. 反覆進行將比較大的數改寫為「較大數除以較小數的餘數」的操作
> 2. 當一方變為 0 時結束操作。另一個數就是最大公因數

例如使用此方法分別計算 33 和 88 的最大公因數，以及 123 和 777 的最大公因數的話，計算過程如下。與前項說明的方法相比，計算次數會大幅減少。

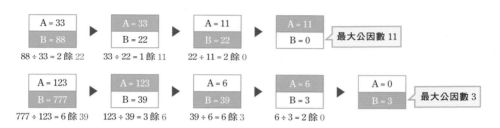

這種演算法稱為 **輾轉相除法**。求 A 和 B 的最大公因數時的計算複雜度為 $O(\log (A + B))$，因此，即使 A、B 為 10^{18} 左右，也可在一瞬間進行計算注 3.2.1。

思考 **程式碼 3.2.2** 作為實作的一個範例。由於根據 A 和 B 的大小關係，應該進行的操作會改變，因此使用 if 敘述來區分情況。此外，還有使用遞迴函式（**➡ 第 3.6 節**）的高明實作方法。

程式碼 3.2.2　輾轉相除法的實作例

```
// GCD 是 Greatest Common Divisor（最大公因數）的縮寫
long long GCD(long long A, long long B) {
    while (A >= 1 && B >= 1) {
        if (A < B) B = B % A; // A<B 時，改寫較大的數 B
        else A = A % B;  //  A >= B 時，改寫較大的數 A
    }
    if (A >= 1) return A;
    return B;
}
```

3.2.3 — 輾轉相除法可行的原因

※ 本項難度稍高，跳過也無妨。

利用輾轉相除法能夠計算出正確的最大公因數值的理由，可以從**每 1 次操作時 2 個數的最大公因數不會改變**開始說明起。下圖顯示了求 33 和 88 最大公因數的過程，而最大公因數維持 11 不變。

注 3.2.1　例如 A 為 B 的倍數時，1 次即可結束計算，但這次考慮最差計算量（**➡ 第 2.4.11 項**）。

這個演算法真的總是成立嗎？在此用長方形來說明。首先，「對於長 $A \times$ 寬 B 的長方形，可以鋪滿的最大正方形的大小為整數 A、B 的最大公因數」這樣的性質會成立。例如，由於 33 和 88 的最大公因數為 11，因此 33×88 的長方形可以被 24 個 11×11 的正方形鋪滿。

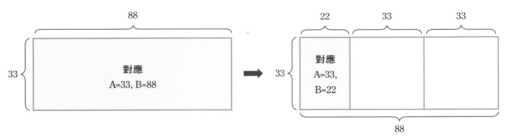

此時，如下圖所示，1 次操作是對應於從長方形中移除若干個正方形的操作。例如，對 33×88 長方形進行操作時，由於 $88 \div 33 = 2$ 餘 22，所以移除 2 個 33×33 的正方形，剩下 33×22 的長方形。另一方面，對 $(A, B) = (33, 88)$ 進行 1 次操作後變為 $(33, 22)$，對應到剩下的長方形大小。

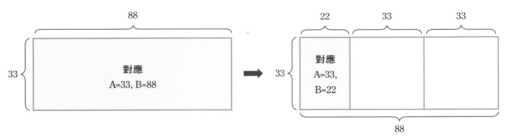

利用這件事來說明最大公因數不變的原因吧。第一，根據以下性質，可知**操作後的最大公因數為操作前的最大公因數 a 的倍數**。（☆）

• 移除的正方形可以用邊為 a 的正方形鋪滿
• 因此，操作後剩下的長方形也可以用邊為 a 的正方形鋪滿

例如下圖所示，移除的 33×33 的正方形可以用 11×11 的正方形鋪滿。因此，不只是 33×88 的長方形，剩下的 33×22 的長方形也可以用 11×11 方塊鋪滿，並且 33 和 22 的最大公因數為 11 的倍數。

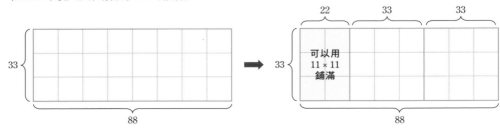

第二，根據以下性質，**操作前的最大公因數會成為操作後的最大公因數的倍數。（★）**

- 設操作後剩下的長方形的長和寬的最大公因數為 x
- 此時，操作前的長方形也可以用 $x \times x$ 的正方形鋪滿

例如，假設 33 和 22 的最大公因數為 x，如下圖所示，嘗試添加移除掉的正方形。這樣做的話，33×88 的長方形也可以用 $x \times x$ 的正方形鋪滿，可稱 33 和 88 的最大公因數是 x 的倍數。

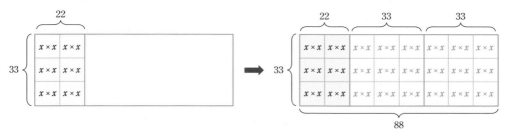

因此，為了同時滿足☆和★，必須使「操作後的最大公約數」=「操作前的最大公約數」，因此，1 次操作不會改變 2 個數的最大公因數。因此，下兩項會一致。

- 最開始時，A 和 B 的最大公因數
- 一方變 0 而操作結束時的 A 和 B 的最大公因數

後者顯然是「另一個非 0 的數」，因此 A 和 B 的最大公因數會是「另一個非 0 的數」。這就是輾轉相除法正確運行的原因。

3.2.4 — 計算次數變成 log 的原因 ────────────

接下來，讓我們考慮一下計算複雜度為 $O(\log (A + B))$ 的原因。

首先，有一個重要的事實是「**1 次操作下，$A + B$ 的值一定會減少到 2/3 倍以下**」例如 $A = 33$，$B = 88$ 時，計算過程如下，確實會減少到 2/3 倍以下。

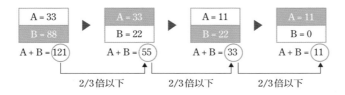

這個事實為什麼會成立呢？當 $A < B$ 時，將 A、B 反過來就好，因此此處只考慮 $A \geq B$ 的時候。事實上，根據 A 和 B 之間的差是否為 2 倍以上來進行區分的話，因以下理由，可知兩者都減少到 2/3 倍以下。

- 差小於 2 倍：經由操作，$A + B$ 值從「小於 $3B$」減去 B
- 差為 2 倍以上：經由操作，$A + B$ 的值從「$3B$ 以上」減少到「小於 $2B$」

例如，將 B 的值固定為 10 時，如下所示。無論 A 的值小於 20 還是 20 以上，A 值都一定會減少到 2/3 倍以下。

操作前	操作後	$A + B$的變化
A=10, B=10	A=0, B=10	$20 \to 10$
A=11, B=10	A=1, B=10	$21 \to 11$
A=12, B=10	A=2, B=10	$22 \to 12$
A=13, B=10	A=3, B=10	$23 \to 13$
A=14, B=10	A=4, B=10	$24 \to 14$
A=15, B=10	A=5, B=10	$25 \to 15$
A=16, B=10	A=6, B=10	$26 \to 16$
A=17, B=10	A=7, B=10	$27 \to 17$
A=18, B=10	A=8, B=10	$28 \to 18$
A=19, B=10	A=9, B=10	$29 \to 19$

差小於 2 倍：一定正好減去 $B = 10$

操作前	操作後	$A + B$的變化
A=20, B=10	A=0, B=10	$30 \to 10$
A=21, B=10	A=1, B=10	$31 \to 11$
A=22, B=10	A=2, B=10	$32 \to 12$
A=23, B=10	A=3, B=10	$33 \to 13$
A=24, B=10	A=4, B=10	$34 \to 14$
A=25, B=10	A=5, B=10	$35 \to 15$
A=26, B=10	A=6, B=10	$36 \to 16$
A=27, B=10	A=7, B=10	$37 \to 17$
A=28, B=10	A=8, B=10	$38 \to 18$
A=29, B=10	A=9, B=10	$39 \to 19$

差大於 2 倍以上：操作後的合計一定小於 $2B = 20$

那麼，將最早的 $A + B$ 的值設為 S 時，使用上述事實可以知道以下內容。

- 第 1 次操作後：$A + B$ 的值為 $\frac{2}{3} S$ 以下
- 第 2 次操作後：$A + B$ 的值為 $\left(\frac{2}{3}\right)^2 \times S = \frac{4}{9} S$ 以下
- 第 3 次操作後：$A + B$ 的值為 $\left(\frac{2}{3}\right)^3 \times S = \frac{8}{27} S$ 以下
- 第 4 次操作後：$A + B$ 的值為 $\left(\frac{2}{3}\right)^4 \times S = \frac{16}{81} S$ 以下

$\vdots$

- 第 L 次操作後：$A + B$ 的值為 $\left(\frac{2}{3}\right)^L \times S$ 以下

在此，$A + B$ 的值不會小於 1，故若將操作次數設為 L，則下式成立（不瞭解對數函數 log 的人，請回到 ➡ **第 2.3.10** 項進行確認）。

$$\left(\frac{2}{3}\right)^L \times S \geq 1 \quad (\Leftrightarrow) \quad L \leq \log_{1.5} S$$

現在，我們終於可以說明計算複雜度為 $O(\log S)$，也就是 $O(\log(A + B))$ 的原因了。

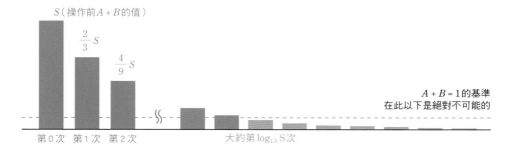

3.2.5 ／ 3 個以上的最大公因數

3 個數以上的最大公因數也可以藉由輾轉相除法來計算。具體演算法的流程如下所示。

- 首先，計算第 1 個數和第 2 個數的最大公因數
- 接著，計算前一個計算結果和第 3 個數的最大公因數
- 接著，計算前一個計算結果和第 4 個數的最大公因數
⋮
- 最後，計算前一個計算結果和第 N 個數的最大公因數（此結果為答案）

例如，計算 24、40、60、80、90 和 120 的最大公因數的過程如下所示。此外，與 3 項以上的位元運算（➡ **第 2.2.11 項**）相同，即使更換計算順序，計算結果也不會改變。

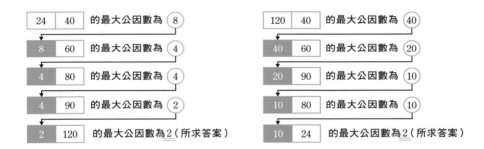

▍節末問題

問題 3.2.1 ★

下表表示使用輾轉相除法來計算 372 和 506 的最大公因數的過程。請將表格完成。

步驟數	0	1	2	3	4	5	6
A 的值	372	372	104				
B 的值	506	134	134				

問題 3.2.2 ▶問題 ID：016 ★★

製作一個程式，使用輾轉相除法，計算 N 個正整數 A_1、A_2、…、A_N 的最大公因數。

問題 3.2.3 ▶問題 ID：017 ★★★

製作一個程式，使用輾轉相除法，計算 N 個正整數 A_1、A_2、…、A_N 的最小公倍數。（來源：AOJNTL_1_C-Least Common Multiple）

3.3 情況數與演算法

本節的前半部分將討論階乘、二項式係數、乘法原理等基本的情況數的公式,這些在估計程式計算次數等的場合很重要。在後半部分,將介紹可以使用這些公式的 3 個程式設計問題,以漸漸熟悉情況數為目標。

3.3.1 基本公式①:乘法原理

事情 1 的發生方式有 N 種,事情 2 的發生方式有 M 種時,事情 1 和事情 2 的發生方式的組合共有 NM 種。例如,考慮以下狀況:

- 明天的早餐是飯糰、麵包、三明治中的其中一種。
- 明天的起床時間是 5:00、6:00、7:00、8:00 的其中一個。

因此,設明天的早餐為「事情 1」,明天的起床時間為「事情 2」時,事情 1 的發生方式有 3 種,事情 2 的發生方式有 4 種。因此,明天早餐和起床時間的組合是 $3 \times 4 = 12$ 種。像這樣,藉由將組合的數量相乘而求得者叫做**乘法原理**。

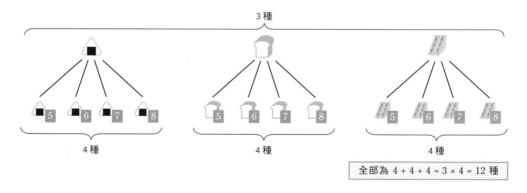

全部為 $4 + 4 + 4 = 3 \times 4 = 12$ 種

3.3.2 基本公式②:乘法原理的擴展

第 3.3.1 項中介紹的乘法原理,也可以擴展到事情有 3 個以上的狀況。事情 1 的發生方式有 A_1 種、事情 2 的發生方式有 A_2 種、…、事情 N 的發生方式有 A_N 種時,事情 1、2、…、N 的發生方式的組合有 $A_1 A_2 \cdots A_N$ 種。

例如,思考從以下選項中選擇「形狀」、「顏色」、「填寫的數字」,來製作原創的標誌。

- **形狀:**圓形、四邊形或三角形
- **顏色:**紅色或藍色
- **填寫的數字:**1、2、3、4 中的任意一個

因此，形狀的選項有 3 種，顏色的選項有 2 種，填寫的數字的選項有 4 種，因此標誌的製作方法共有 3×2×4=24 種。從下面的樹狀圖可以看出，圖案數依序增加了 3 倍、2 倍、4 倍。

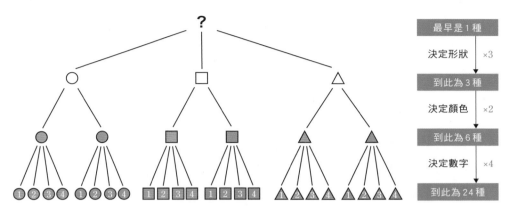

其中，具有 M 種可能選項的事情有 N 件的組合數如下。

$$M \times M \times M \times \cdots \times M = M^N$$

例如，所有元素均為 1 或 2，且長度為 4 的數列 $A = (A_1, A_2, A_3, A_4)$，其個數為 $2^4 = 16$ 種。另外，N 個物品的選擇方法共有 2^N 種。這可以理解為選擇物品 1 的方法有 Yes/No 這 2 種，選擇物品 2 的方法有 Yes/No 這 2 種，...，選擇物品 N 的方法有 Yes/No 這 2 種（**→第 2.4.6 項**）。

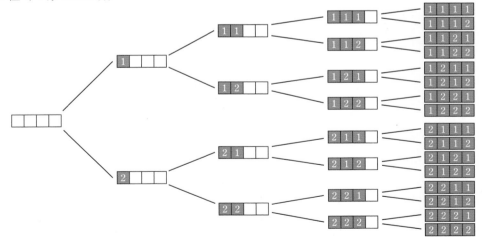

3.3.3 ╱ 基本公式③：排列 n 個物的方法的數量為 $n!$

接下來，排列 n 個物的方法有如下數量。

$$n! = n \times (n-1) \times \cdots \times 3 \times 2 \times 1$$

例如，將 3 個整數 1、2、3 進行排列的方法，有 3! = 3×2×1 = 6 種。方法數為 3! 種的原因，如下樹狀圖所示來思考的話，很容易理解。

- 寫在左邊的整數的選擇方法有 3 種
- 寫在中央的整數的選擇方法有 2 種（因為不能選擇第 1 個元素）
- 寫在右邊的整數的選擇方法有 1 種（因為不能選擇第 1、2 個元素）

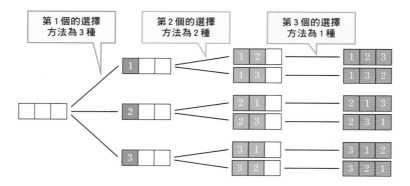

3.3.4 基本公式④：將來自 n 個物中的 r 個進行排列的方法為 $_nP_r$

接下來，從 n 個物中選擇 r 個物，並將其排成一列的方法的數量由以下公式表示。

$$_nP_r = \frac{n!}{(n-r)!} = n \times (n-1) \times (n-2) \times \cdots \times (n-r+1)$$

例如，從人 A、B、C、D 中選擇 2 人，且決定排列順序的方法有 $_4P_2 = 12$ 種。與前項相同，在考慮「第 1 個人的選擇方法為 n 種」、「第 2 個人的選擇方法為 $n-1$ 種」…的基礎上來應用乘法原理，即可導出此式。

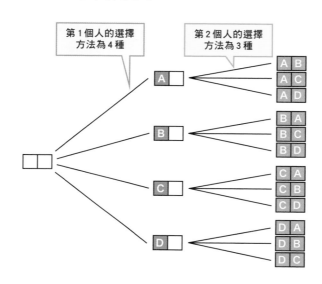

3.3.5 — 基本公式⑤：將來自 n 個物中的 r 個進行排列的方法 $_nC_r$ —

接下來，從 n 個物中選擇 r 個的方法的數量以下式表示，稱為**二項式係數**。

$$_nC_r = \frac{n!}{r!(n-r)!}$$ 　　注：$_nC_r$ 有時也會寫成 $\binom{n}{r}$

雖然有點困難，但此式可以透過與 $_nP_r$ 的式子相比而推導出來。由於將 r 個物進行排列的方法有 $r!$ 種，因此在區分排列順序時的模式數為不區分時的模式數的 $r!$ 倍。因此，$_nP_r = r! \times {}_nC_r$ 會成立。

例如下圖表示從 A、B、C、D 中選擇 2 個的方法 $_4C_2 = 6$ 種，區別排列順序時（$_4P_2$ = 12 種）變為其 2! = 2 倍。

3.3.6 — 應用例①：購物方法的數量 —

此後到第 3.3.8 項為止，將介紹可將情況數的公式應用於演算法的例子。首先思考以下問題。

便利商店裡有 N 個商品，第 i 個（$1 \leq i \leq N$）商品的價格是 A_i 日圓。購買 2 種不同商品的方法中，合計價格為 500 日圓的方法有幾種？

條件：$2 \leq N \leq 200000$，A_i 為 100、200、300、400 中的任意一個

執行時間限制：1 秒

首先會想到對商品的選擇方法進行全搜尋（➡**第 2.4 節**）的方法。但是，由於從 N 個中選擇 2 個商品，共有 $_nC_2$ 種選擇方法（➡**第 3.3.5 項**）。故計算複雜度為 $O(N^2)$，效率很低。

因此考慮其他方法。如果思考合計價格為 500 日圓的購物方法的話，可知只有以下兩種。

　　　　方法 A　購買一個 100 日圓的商品、一個 400 日圓的商品
　　　　方法 B　購買一個 200 日圓的商品、一個 300 日圓的商品

另外，將 100 日圓、200 日圓、300 日圓、400 日圓的商品數分別設為 a、b、c、d 個時，根據乘法原理，各方法中的購買方法數如下。

方法 A　a 種 $\times d$ 種 $= ad$ 種
方法 B　b 種 $\times c$ 種 $= bc$ 種

因此，求出的答案是 $ad + bc$。a、b、c、d 的值以計算複雜度 $O(N)$ 計算，因此即使 $N = 200000$，也能在 1 秒內得出答案（➡**節末問題 3.3.4**）。

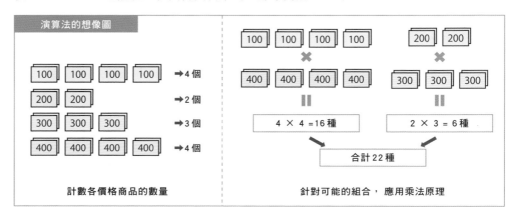

| 計數各價格商品的數量 | 針對可能的組合，應用乘法原理 |

3.3.7 — 應用例②：同色卡片的組合

接下來介紹的，是求出卡片的選擇方法數量的問題。

問題 ID：019

有 N 張卡片，左起第 i 張（$1 \leq i \leq N$）卡片的顏色為 A_i。$A_i = 1$ 時為紅色，$A_i = 2$ 時為黃色，$A_i = 3$ 時為藍色。選擇 2 張相同顏色卡片的方法有幾種？

條件： $2 \leq N \leq 500000, 1 \leq A_i \leq 3$

執行時間限制： 1 秒

首先會想到將卡片選擇方法進行全搜尋吧。但是，由於選擇 2 張卡片，全搜尋演算法的計算複雜度變為 $O(N^2)$，效率很低。

因此考慮其他方法。紅色、黃色、藍色卡片的張數分別為 x、y、z 時，可知以下內容。

- 選擇 2 張紅色卡片的方法有 $_xC_2$ 種
- 選擇 2 張黃色卡片的方法有 $_yC_2$ 種
- 選擇 2 張藍色卡片的方法有 $_zC_2$ 種

因此，求得的答案如下所示。

$$_xC_2 + _yC_2 + _zC_2 = \frac{x(x-1)}{2} + \frac{y(y-1)}{2} + \frac{z(z-1)}{2}$$

這樣思考的話，只要分別數一下紅色、黃色、藍色卡片的張數就能知道答案。計算複雜度為 $O(N)$，與全部搜索相比效率大幅提高（➡ **節末問題 3.3.5**）。

計數各色卡片的張數

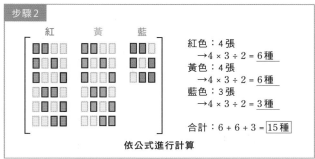

依公式進行計算

3.3.8 — 應用例③：全搜尋的計算次數

最後要介紹的，是選擇 5 張卡片的問題。

問題 ID：020

有 N 張卡片，左起第 i 張（$1 \leq i \leq N$）的卡片上寫有整數 A_i。在挑選 5 張卡片的方法之中，所選擇的卡片上的整數和正好是 1000 的有幾種？

條件：$5 \leq N \leq 100, 1 \leq A_i \leq 1000$

執行時間限制：5 秒

這個問題也是從全搜尋開始思考。這次由於選擇 5 張卡片，因此全搜尋演算法的計算複雜度為 $O(N^5)$。簡單計算的話，$100^5 = 10^{10}$，乍看之下可能不像是會在 5 秒內得出答案（➡ **第 2.4 節**）。

但是，事實上是可以得出答案的。從 N 張卡片中選擇 5 張的方法有 $_NC_5$ 種，因此即使是 $N = 100$ 時，選擇卡片的方法只有如下數量。

$$_{100}C_5 = \frac{100 \times 99 \times 98 \times 97 \times 96}{5 \times 4 \times 3 \times 2 \times 1} = 75287520$$

這個結果遠遠低於 10^9，並且可以預測會在 5 秒內完成執行。實際上，以 N=100 的案例來執行**程式碼 3.3.1**，在作者的作業環境中用 0.087 秒得出答案。因此，有時情況數的公式也可以利用於計算次數的估計。

程式碼 3.3.1 將 5 張卡片進行全搜尋的程式

```
#include <iostream>
using namespace std;

int N, A[109];
int Answer = 0;
```

續下頁

```
int main() {
    // 輸入
    cin >> N;
    for (int i = 1; i <= N; i++) cin >> A[i];

    // 對 5 張卡片的編號 (i, j, k, l, m) 進行全搜尋
    for (int i = 1; i <= N; i++) {
        for (int j = i + 1; j <= N; j++) {
            for (int k = j + 1; k <= N; k++) {
                for (int l = k + 1; l <= N; l++) {
                    for (int m = l + 1; m <= N; m++) {
                        if (A[i]+A[j]+A[k]+A[l]+A[m] == 1000) Answer += 1;
                    }
                }
            }
        }
    }

    // 答案的輸出
    cout << Answer << endl;
    return 0;
}
```

節 末 問 題

問題 3.3.1 ★

請分別計算 $_2C_1$、$_8C_5$、$_7P_2$、$_{10}P_3$ 的值。

問題 3.3.2 ★

在蛋糕店「ALGO-PATISSERIE」，可以藉由從下列選項中逐個選擇大小、配料、有無名牌來購買蛋糕（相反地，沒有其他的購買方法）。

● **大小：** 小、中、大、特大
● **配料：** 蘋果、香蕉、橘子、藍莓、巧克力
● **名牌：** 有、無

買一個蛋糕的方法有幾種？

問題 3.3.3 ▶ 問題 ID：021 ★★

給定滿足 $1 \le r \le n \le 20$ 的整數 n、r。請製作將 $_nC_r$ 輸出的程式。

問題 3.3.4 ▶ 問題 ID：018 ★★

請製作解答第 3.3.6 項中介紹過的問題的程式。

問題 3.3.5 ▶ 問題 ID：019 ★★

請製作解答第 3.3.7 項中介紹過的問題的程式。

問題 3.3.6 ▶ 問題 ID：022 ★★★

有 N 張卡片，左起第 i 張卡片寫有整數 A_i。請製作一個程式，求出總和為 100000 的 2 張卡片的選擇方法有幾種。在滿足 $2 \le N \le 200000$、$1 \le A_i \le 99999$ 的情況下，預期在 1 秒以內結束執行。

問題 3.3.7 ★★★

有如下的棋盤狀道路。從起點到終點，以最短距離行走的方法有幾種？（➡ **第 4.6.8 項**）

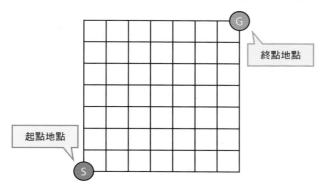

終點地點

起點地點

3.4 機率、期望值和演算法

本節的前半部分將就機率和期望值的基礎、期望值的線性關係進行說明，這些觀念對於理解第 3.5 節中介紹的「蒙地卡羅法」相當重要。另外，後半部分將介紹改善演算法的 3 個應用例，目標為熟悉期望值的性質。

3.4.1 機率是什麼？

將某件事情有多容易發生的情況用數值表示的方式叫做**機率**。例如，在新聞中聽到「降雨機率為 80%」，代表如果同樣的預報出現 100 次，其中 80 次會下雨。機率有時用百分比表示，但通常用 0 以上 1 以下的實數表示。例如，「機率 80%」與「機率 0.8」的意思相同。

特別是假定 N 種模式都會以相同的可能性發生，在其中 M 種模式中發生事件 A 時，如果將事件 A 發生的概率設為 $P(A)$，會如下式所示。

$$P(A) = \frac{M}{N}$$

例如，擲出 1 個一般的骰子時，因為出現的點數 1、2、3、4、5、6 會以相同可能性發生，故各點數的機率如下表所示。

點數	1	2	3	4	5	6
機率	$\frac{1}{6}$	$\frac{1}{6}$	$\frac{1}{6}$	$\frac{1}{6}$	$\frac{1}{6}$	$\frac{1}{6}$

接下來，思考一下擲 2 個骰子時，點數之和為 8 以下的機率。如下圖所示，骰子點數的組合有 $6 \times 6 = 36$ 種，這些組合會以相同可能性發生。另一方面，點數的組合之中，和為 8 以下的有 26 種。因此，所求的機率可以計算為 $\frac{26}{36} = \frac{13}{18}$（參考：➡節末問題 **3.4.1**）。

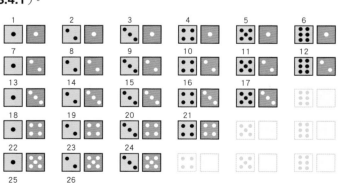

左邊所示的36種模式所發生的可能性全部相等。其中26種的點數和為8以下，所以所求機率如下。

$$\frac{26}{36} = \frac{13}{18}$$

3.4.2 — 期望值是什麼？

1 次試驗可能得到的值的平均稱為**期望值**。例如，假設去參加有 $\frac{1}{2}$ 的機率獲得 4000 日圓，$\frac{1}{2}$ 的機率獲得 2000 日圓的賭注。此時，平均可獲得 3000 日圓，而像「3000 日圓」這樣的值在數學用語中稱為期望值。

讓我們更嚴謹一點，用數學式來說明。假設進行某個試驗的結果有 N 個模式，設 p_i 是第 i 次結果（獲得的獎金等）x_i 發生的機率。此時，期望值由下式表示。

$$\sum_{i=1}^{N} p_i x_i = p_1 x_1 + p_2 x_2 + \cdots + p_N x_N$$

利用期望值，就可以知道例如「是否應該參加這個賭注」等。例如，假設有一個賭注是 0.1 的機率獲得獎金 10000 日圓，0.2 的機率獲得獎金 1000 日圓，剩下 0.7 的機率會輸掉。獲得獎金的期望值如下。

$(10000 \times 0.1) + (1000 \times 0.2) + (0 \times 0.7) = 1200$

因此，可以知道如果參加費為 1000 日圓，則參加比較有利，但如果參加費為 1500 日圓或 2000 日圓的話會有損失。

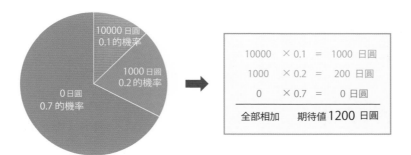

3.4.3 — 期望值的線性關係是什麼？

關於期望值，會成立以下性質，稱為**期望值的線性關係**。

進行 2 次試驗，將第 1 次試驗的結果設為 X，第 2 次試驗的結果設為 Y。在此，設 X 的期望值為 $E[X]$，Y 的期望值為 $E[Y]$ 時，$X + Y$ 的期望值為 $E[X] + E[Y]$。

進行 3 次以上試驗時也是如此。當進行了 N 次試驗，且第 i 次結果的期望值為 X_i 時，所有結果的總期望值為 $X_1 + X_2 + \ldots + X_N$。

一言以蔽之，這是**和的期望值即為期望值之和**的性質，但是考慮到也有很多人沒有概念，所以介紹幾個具體的應用例。

第1次試驗
（例：擲藍色骰子）
▼
結果（點數等）的期望值 $E[X]$

第2次試驗
（例：擲紅色骰子）
▼
結果（點數等）的期望值 $E[Y]$

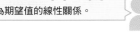

進行2次試驗時的結果的
和會變多少呢？

實際上期望值會是 $E[X] + E[Y]$
此為期望值的線性關係。

3.4.4 應用例①：2 個骰子

首先，不使用程式設計，以手動計算解決以下問題。

> 有一藍色骰子，會以等機率出現 10、20、30、40、50、60，以及一紅色骰子，會以等機率出現 0、1、3、5、6、9。當同時擲出藍色和紅色 2 個骰子時，點數和的期望值是多少？

最單純的方法，是如下所示對全部 6 × 6 = 36 種組合進行點數和的調查後，取全部的平均值。但是這個方法計算起來很麻煩。

		紅色的骰子					
		0	1	3	5	6	9
藍色的骰子	10	10	11	13	15	16	19
	20	20	21	23	25	26	29
	30	30	31	33	35	36	39
	40	40	41	43	45	46	49
	50	50	51	53	55	56	59
	60	60	61	63	65	66	69

所求的期望值為…

$$\frac{1}{36} \times (\ 10 + 11 + 13 + 15 + 16 + 19$$
$$+\ 20 + 21 + 23 + 25 + 26 + 29$$
$$+\ 30 + 31 + 33 + 35 + 36 + 39$$
$$+\ 40 + 41 + 43 + 45 + 46 + 49$$
$$+\ 50 + 51 + 53 + 55 + 56 + 59$$
$$+\ 60 + 61 + 63 + 65 + 66 + 69\ )$$

$$=\ \frac{1}{36} \times 1404 = \underline{39}$$

然而藍色點數的期望值為 (10 + 20 + 30 + 40 + 50 + 60) ÷ 6 = 35，紅色點數的期望值為 (0 + 1 + 3 + 5 + 6 + 9) ÷ 6 = 4。這兩個值相加為 **35 + 4 = 39**，竟然與最初求得的期望值相同。因此，「點數和的期望值」與「點數期望值的和」會一致，這個神奇性質就是期望值的線性關係。

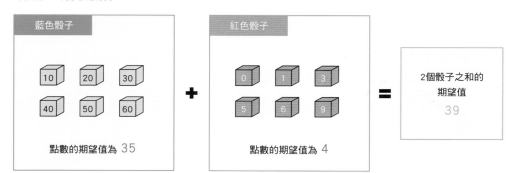

藍色骰子　10 20 30 40 50 60　點數的期望值為 35

＋

紅色骰子　0 1 3 5 6 9　點數的期望值為 4

＝

2個骰子之和的期望值　39

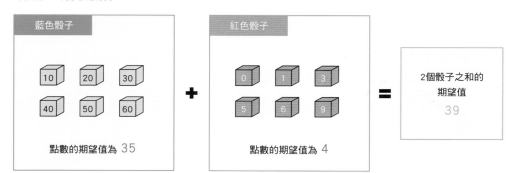

應用例② ：2 個骰子的一般化

現在，讓我們將第 3.4.4 項的問題一般化，並思考以下問題。

有藍、紅兩個 N 面體骰子。各骰子的點數如下所示。

- 藍色骰子：以等機率出現 B_1、B_2、$\cdots$、B_N
- 紅色骰子：以等機率出現 R_1、R_2、$\cdots$、R_N

你同時擲出兩個骰子，並獲得合計點數的獎金。請計算一下能獲得的獎金的期望值。

條件： $2 \leq N \leq 100000, 0 \leq B_i, R_i \leq 100$

執行時間限制：1 秒

此問題首先也是想到將點數的組合進行全搜尋的方法。但是，由於點數組合共有 N^2 種（乘法原理➡ **第 3.3.1 項**），像 N = 100000 這樣大的情況下，無法在 1 秒內得出答案。

因此，來使用以下「期望值的線性關係」吧。

（點數和的期望值）=（藍色點數的期望值）+（紅色點數的期望值）

藍色點數的期望值為 $(B_1 + B_2 + \cdots + B_N) \div N$，紅色點數的期望值為 $(R_1 + R_2 + \cdots + R_N) \div N$，因此求出的答案由下式表示。

$$\frac{B_1 + B_2 + \cdots + B_N}{N} + \frac{R_1 + R_2 + \cdots + R_N}{N}$$

此值可以用計算複雜度 $O(N)$ 求得。例如像 **程式碼 3.4.1** 所示來實作的話，即使 N = 100000，也會在 1 秒內執行完成。

程式碼 3.4.1　求獎金期望值的問題

```cpp
#include <iostream>
using namespace std;

int N, B[100009], R[100009];

int main() {
    // 輸入
    cin >> N;
    for (int i = 1; i <= N; i++) cin >> B[i];
    for (int i = 1; i <= N; i++) cin >> R[i];

    // 答案的計算 → 答案的輸出
    double Blue = 0.0, Red = 0.0;
    for (int i = 1; i <= N; i++) {
        Blue += 1.0 * B[i] / N;
        Red += 1.0 * R[i] / N;
    }
    printf("%.12lf\n", Blue + Red);
    return 0;
}
```

3.4.6 — 應用例③：在選擇題的考試中隨機地回答

在本節的最後，來思考以下問題吧。是有點正式的問題。

問題 ID：024

某份國語試題由 N 題組成，全部都是選擇題。第 i 題（$1 \leq i \leq N$）是從 P_i 個選項中選擇 1 個正確答案的形式，配分為 Q_i 分。
太郎同學完全沒有頭緒，所以決定隨機解答所有的問題。請計算一下太郎能得到的分數的期望值。

條件：$1 \leq N \leq 50, 2 \leq P_i \leq 9, 1 \leq Q_i \leq 200$

執行時間限制：1 秒

首先，會想到針對哪個問題答對，哪個問題答錯的組合進行全搜尋的方法吧。但是，對錯的組合有 2^N 種（乘法原理➡**第 3.3.2 項**），$N = 50$ 時需要調查 10^{15} 種以上的模式。因此，來使用以下「期望值的線性關係」吧。

（合計分數的期望值）=（第 1 題分數的期望值）+ …… +（第 N 題分數的期望值）

答對選項有 x 項的問題的機率是 $1/x$，因此第 1 題分數的期望值為 Q_1/P_1 分，第 2 題分數的期望值為 Q_2/P_2 分，…，第 N 題分數的期望值為 Q_N/P_N 分。因此，求得的答案由下式表示。

$$\frac{Q_1}{P_1} + \frac{Q_2}{P_2} + \cdots + \frac{Q_N}{P_N}$$

此值可以用計算複雜度 $O(N)$ 求得，因此，如**程式碼 3.4.2** 來實作的話，即使 $N = 50$ 也能在 1 秒內得出答案。下圖顯示當 $N = 3$，$(P_1, Q_1) = (4, 100)$、$(P_2, Q_2) = (3, 60)$、$(P_3, Q_3) = (5, 40)$ 時的計算過程範例。

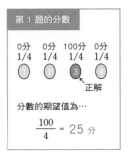

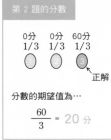

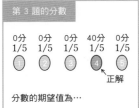

像這樣藉由應用期望值的線性關係，可以改進演算法。此性質在數學思考篇的「考慮相加次數的技巧（➡**第 5.7 節**）」等中也有使用。

第3章 基本的演算法

程式碼 3.4.2　求國語分數期望值的問題

```cpp
#include <iostream>
using namespace std;

int N, P[59], Q[59];
double Answer = 0.0;

int main() {
    // 輸入
    cin >> N;
    for (int i = 1; i <= N; i++) cin >> P[i] >> Q[i];

    // 答案的計算 → 答案的輸出
    for (int i = 1; i <= N; i++) {
        Answer += 1.0 * Q[i] / P[i];
    }
    printf("%.12lf\n", Answer);
    return 0;
}
```

節 末 問 題

問題 3.4.1 ★

關於求「擲 2 個藍色骰子時,點數和為 8 以下的機率」的問題,一位學生提出了以下答案。

> 擲 2 個藍色骰子時的點數組合如下圖所示有 21 種,其中點數和為 8 以下的有 15 種,因此所求的機率是 $\frac{15}{21} = \frac{5}{7}$ 。

但是,正確的答案是 $\frac{13}{18}$ 。請說明學生的答案錯誤的原因(提示:出現 (1,1) 的機率和出現 (1,2) 的機率相同嗎?)。

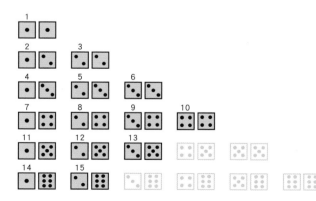

問題 3.4.2 ★

請計算當參加依照以下機率獲得獎金的賭注時，獲得獎金的期望值。另外，參加費為 500 日圓時，請判斷參加是有利還是損失。

	1 等獎	2 等獎	3 等獎	4 等獎	5 等獎
獎金	100 萬	10 萬	1 萬	1000	0
機率	$\dfrac{1}{10000}$	$\dfrac{9}{10000}$	$\dfrac{9}{1000}$	$\dfrac{9}{100}$	$\dfrac{9}{10}$

問題 3.4.3 問題 ID：025 ★★★

次郎的暑假有 N 天。他按照以下順序來決定第 i 天（$1 \leq i \leq N$）的學習時間。

- 在一天的開始擲骰子
- 擲了骰子出現 1、2 時：學習 A_i 時間
- 擲了骰子出現 3、4、5、6 時：學習 B_i 時間

請製作一個程式，求出他的暑假總學習時間的期望值。

問題 3.4.4 問題 ID：026 ★★★★

有一臺機器，如果支付 1 美元，就會從 N 種硬幣中以等機率出現 1 個。請製作一個程式，計算在收集到所有類型的硬幣前所支付的金額的期望值（提示：➡**第 2.5.10 項**）。

3.5 蒙地卡羅法 ～統計的思考方法～

本書目前為止介紹了全搜尋、二元搜尋、質數判定法、輾轉相除法等演算法，但這些演算法完全沒有使用隨機性。另一方面，本節探討的蒙地卡羅法將隨機數用得很巧妙。到底是什麼樣的演算法呢？

3.5.1 ─ 引言：擲硬幣吧！

在進入正題之前，先投擲 10 枚硬幣看看，確認有多少枚硬幣會出現正面。出現正面的個數期望值是 5 個，但會有多少的偏差呢？例如，幾乎沒有出現正面，或者幾乎全部都是正面，這樣的事是不是很有可能發生呢？

實際上，正面出現的個數的機率分布（每個個數的機率）會如下所示，「10 個中只有 2 個正面出現」的情況並不少見。結果是 2 個以下或 8 個以上的機率合計為 11%。

個數	0	1	2	3	4	5	6	7	8	9	10
機率	0.001	0.010	0.044	0.117	0.205	0.246	0.205	0.117	0.044	0.010	0.001

此外，將此機率分布用圖表來表示如下。中間「5 個」的機率為 0.246 是最大的，但若擲出的個數為 10 個左右時，顯然偏差也很大。

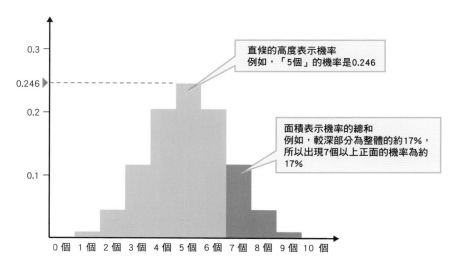

但是，擲 100 個的話會怎麼樣呢？實際上「幾乎不出現正面」的狀況很少發生，約 96% 的機率會落在 40～60 個的範圍內。

另外，從下一頁的圖中可以看出，隨著投擲次數的增加，偏差程度也會變小（出現正面的比例為 40～60% 的部分塗得較深）。這代表，即使是不知道正面出現的機率 p 的硬幣，只要增加投擲次數，就可以更準確地推測出 p 的值。

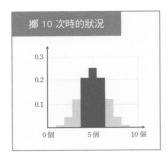

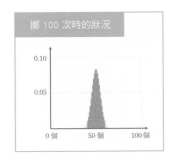

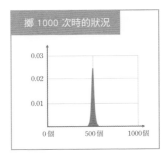

3.5.2 蒙地卡羅法是什麼？

蒙地卡羅法是使用隨機數的演算法的一種。作為蒙地卡羅法的一個例子，以下手法經常會被使用。

> 在推測某事的成功率時，進行 n 次隨機測試。其中 m 次成功時，將理論上的成功率視為近似 $\frac{m}{n}$。例如，如果擲 10 次硬幣，6 次出現正面，則認為「出現正面的機率約為 60%」。

進行此手法時，測試次數 n 增加越多，精準度越高。例如，眾所周知，將測試次數增加到 100 倍時，求得的值與理論值的平均絕對誤差（➡ **第 2.5.7 項**）變為約 10 分之 1（詳情請看➡ **第 3.5.6 項**）。

另外，「10 分之 1」是指平均行為，有時即使測試次數少，也可能幸運地與理論值的誤差很小，但也會有即使重複很多次測試，不幸地誤差不像預期地小的情況。

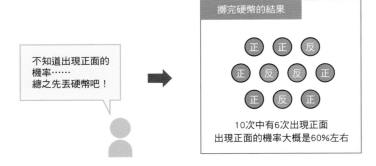

3.5.3 應用例：圓周率 π 的計算

接著，介紹「計算圓周率 π 近似值的方法」作為蒙地卡羅法的應用例之一。可以透過以下步驟計算 π 的近似值：

- **步驟 1：**在一邊為 1cm 的正方形中隨機放置 n 個點
- **步驟 2：**將進入以左下角為中心半徑 1cm 的圓內的點的個數設為 m
- **步驟 3：**此時，將 $\frac{4m}{n}$ 設為圓周率 π 的近似值

例如，在下圖中，20 個中有 16 個點位於圓內，因此計算出圓周率的近似值為 $4 \times 16 \div 20 = 3.2$。由於 $\pi = 3.14159265358979\cdots$，因此幾乎正確。

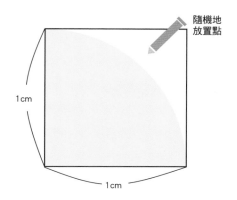

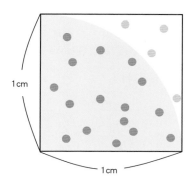

另外，在作者的作業環境中對各種 n 執行再現蒙地卡羅法的**程式碼 3.5.1** 的結果如下。隨著 n 的增大，可以看出漸漸接近圓周率的值。

測試次數 n	100	10000	1000000	100000000
進入圓內的數 m	80	7785	784772	78533817
求出的近似值	3.2	3.114	3.139088	3.14135268
誤差	約 0.06	約 0.028	約 0.0025	約 0.0002

這個方法可行的原因，是因為在正方形中進入半徑 1cm 的圓的部分（上圖的藍色區域）的面積為 $\frac{\pi}{4}$ ，即將點放置到藍色區域內的機率為 $\frac{\pi}{4}$ 。

但是，這時就會產生例如「為了要使與圓周率的誤差在 0.05 以內，需要放多少次點」這樣的疑問。下一項開始，讓我們從理論上解決這個問題吧。

程式碼 3.5.1 輸出圓周率 π 的近似值的程式

```cpp
#include <iostream>
using namespace std;

int main() {
    int N = 10000; // N 為測試次數（可適當變更）
    int M = 0;
    for (int i = 1; i <= N; i++) {
        double px = rand() / (double)RAND_MAX; // 生成 0 以上 1 以下的亂數（隨機的數）
        double py = rand() / (double)RAND_MAX; // 生成 0 以上 1 以下的亂數（隨機的數）
        // 與原點的距離為 sqrt(px * px + py * py)
        // 此值最好在 1 以下，因此條件為「px * px + py * py <= 1」
        if (px * px + py * py <= 1.0) M += 1;
    }
    printf("%.12lf\n", 4.0 * M / N);
    return 0;
}
```

3.5.4 理論驗證之前①：平均、標準差

在進行蒙地卡羅法的理論驗證之前，先整理一下基本的統計知識。首先，介紹以下 2 個有名的數值，是用來表示資料或機率分布的大致特徵。

- **平均值 μ**：資料的平均值
- **標準差 σ（Sigma）**：資料的分散狀況

N 個資料 x_1、x_2、$\cdots$、x_N 的平均值 μ 和標準差 σ 被定義如下式。

$$\mu = \frac{x_1 + x_2 + \cdots + x_N}{N}$$

$$\sigma = \sqrt{\frac{(x_1 - \mu)^2 + (x_2 - \mu)^2 + \cdots + (x_N - \mu)^2}{N}}$$

標準差的公式有點難，所以舉個具體例子吧。例如，以下資料 A 和資料 B 的平均值都是 100，但聚焦在相同值附近的資料 B 標準差較小。

請注意，不僅是資料，機率分布也有標準差的概念。本書雖未詳細說明，但可以想成是「分布的散亂狀況」。

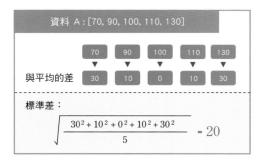

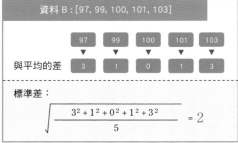

3.5.5 理論驗證之前②：常態分布是什麼？

接下來介紹常態分布。常態分布指的是如以下的機率分布，由平均值 μ 和標準差 σ 這 2 個參數決定。包括嚴謹設計的測試得分的分布在內，世上有許多分布都依循常態分布。

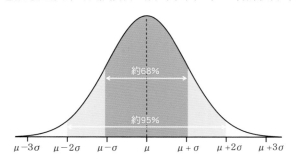

因此，常態分布具有稱為 **68 — 95 — 99.7 法則**的重要性質。

- $\mu - \sigma$ 以上 $\mu + \sigma$ 以下的範圍內，包含整體的約 68%
- $\mu - 2\sigma$ 以上 $\mu + 2\sigma$ 以下的範圍內，包含整體的約 95%
- $\mu - 3\sigma$ 以上 $\mu + 3\sigma$ 以下的範圍內，包含整體的約 99.7%

例如，測試得分分布是依照平均 50 分、標準差 10 分的常態分布時，30 分以上 70 分以下的學生比例約為 95%，不包括在該範圍的學生只有 5% 左右。另外，標準差越大，分數分布越廣。

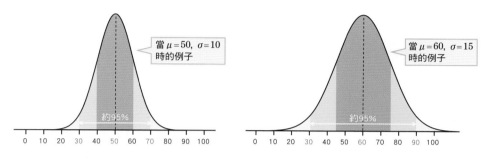

當 $\mu = 50$, $\sigma = 10$ 時的例子

當 $\mu = 60$, $\sigma = 15$ 時的例子

約95%

約95%

3.5.6 ─ 從理論上驗證蒙地卡羅法 ─────────

在知識方面準備好之後，從理論上驗證一下蒙地卡羅法吧。首先，已知以下重要性質 注 3.5.1。

> 如果 n 的值夠大，則進行 n 次成功機率為 p 的測試時，n 次中成功的比例可以近似為平均 $\mu = p$，標準差 $\sigma = \sqrt{p(1-p)/n}$ 的常態分布。例如，將出現正面的機率為 50% 的硬幣擲 100 次時，
>
> $$\mu = 0.5, \quad \sigma = \sqrt{\frac{0.5 \times (1 - 0.5)}{100}} = 0.05$$
>
> 因此，根據 68 — 95 — 99.7 法則，出現正面硬幣的比例為 0.4 以上 0.6 以下，也就是出現正面的次數為 40 以上 60 以下的機率約為 95%。這和第 3.5.1 項中所述的「約 96%」幾乎一致。

利用該性質，來試著估計由蒙地卡羅法算出圓周率的近似精準度吧。在第 3.5.2 項所述的演算法中，由於進入半徑為 1 的圓內的機率 $p = \frac{\pi}{4}$，假設測試次數 n 為 1 萬次時，圓內放置的點的比例會按照以下的常態分布。

平均：$\mu = \dfrac{\pi}{4} \fallingdotseq 0.7854$ ＿＿ 標準差：$\sigma = \sqrt{\dfrac{\frac{\pi}{4}\left(1 - \frac{\pi}{4}\right)}{10000}} \fallingdotseq 0.0041$

因此，根據 68 — 95 — 99.7 法則，1 萬個點中，被放到圓內的點的比例為 0.7854-3×0.0041=0.7731 以上，0.7854+3×0.0041=0.7977 以下的機率約為 99.7%。另外，由於所求圓周率的近似值是「比例乘以 4 的值」，所以近似值有 99.7% 的機率為如下範圍。

....
注 3.5.1　這是**中心極限定理**的特殊情況。因為很難證明，所以本書不會進行探討。

- 0.7731 × 4 = 3.0924 以上
- 0.7977 × 4 = 3.1908 以下

由此可知，蒙地卡羅法只需 1 萬次測試，圓周率即可以僅有 0.05 左右的誤差計算^{注3.5.2}。

最後，第 3.5.2 項中寫道「測試次數增加 100 倍，誤差變為 10 分之 1」，這是因為標準差為 $\sqrt{p(1-p)/n}$。的確 n 變為 100 倍的話，標準差變為 0.1 倍。這就是蒙地卡羅法能正確運作的原因。

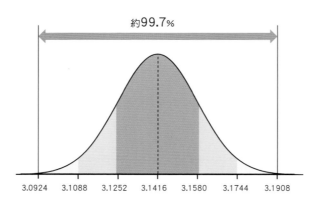

節末問題

問題 3.5.1 ★

1. 將出現正面機率為 50% 的硬幣扔 10000 次時，正面出現的次數可以近似於平均 μ、標準差 σ 的常態分布。請求出 μ 和 σ 的值。
2. 出現了正面的次數為 4900 次以上 5100 次以下的機率是多少？
3. 太郎扔了同樣的硬幣 10000 次，5800 次出現了正面。這個硬幣出現正面的機率可以視為 50% 嗎？

問題 3.5.2 ★★★

有以座標 (3,3) 為中心且半徑為 3 的圓，及以座標 (3,7) 為中心且半徑為 2 的圓。請就此回答以下問題。

1. 在 $0 \leqq x < 6$，$0 \leqq y < 9$ 的長方形區域中隨機放置 100 萬次點。這之中有多少個點會被兩個圓中的至少一個包含？
2. 請利用 1. 的結果，求出被兩個圓中至少一個所包含的部分的面積。

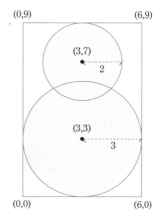

注 3.5.2　圓周率的值使用三角函數等可以更快地計算，但蒙地卡羅法不需要高深的數學知識也能使用，是非常直觀的方法。

3.6 排序與遞迴的思考方法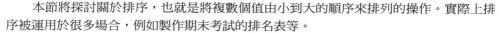

本節將探討關於排序，也就是將複數個值由小到大的順序來排列的操作。實際上排序被運用於很多場合，例如製作期末考試的排名表等。

目前已有許多為人所知的將陣列進行排序的方法，而在本節將介紹最簡單的方法之一的「選擇排序」，以及以高效演算法著稱的「合併排序」。此外，也要熟悉在理解合併排序時很重要的「遞迴的思考方式」。

3.6.1 排序是什麼？

將複數個資料以指定的順序進行排列的操作稱為**排序**。例如：

- [31, 41, 59, 26] 依從小到大的順序排列的話是 [26, 31, 41, 59]
- [2, 3, 3, 1, 1, 3] 依從大到小的順序排列的話是 [3, 3, 3, 2, 1, 1]
- ["algo", "mast", "er"] 依 ABC 順序排列的話是 ["algo", "er", "mast"]

這樣的操作稱為排序。本節沒有特別說明時，如最初所舉的例子所示，是探討 N 個整數 A_1、A_2、$\cdots$、A_N 依從小到大的順序排列的問題。

現在，許多程式語言都提供了**標準庫**，利用這樣方便的功能的話，就可以輕鬆實現排序。例如，在 C++ 中使用 sort() 函式，Python 中使用 A.sort() 函式的話，就可以依從小到大的順序排列陣列 A。

程式碼 3.6.1 是使用 sort() 函式來將 N 個整數進行排序的程式。計算複雜度為 $O(N \log N)$，即使 N 的值大到 10 萬左右，也會在 1 秒內結束執行。

程式碼 3.6.1 將 N 個整數 $A[1]$、$A[2]$、$\cdots$、$A[N]$ 輸入後，依從小到大的順序排列的程式

```
#include <iostream>
#include <algorithm>
using namespace std;

int N, A[200009];

int main() {
    // 輸入（例如輸入了 N=5、A[1]=3、A[2]=1、A[3]=4、A[4]=1,A[5]=5）
    cin >> N;
    for (int i = 1; i <= N; i++) cin >> A[i];

    // 排序（對半開區間 [1,N+1) 進行排序，因此於引數指定 A+1、A+N+1）
    // 藉由 sort 函式，將陣列的內容 [3,1,4,1,5] 改寫為 1,1,3,4,5]
    sort(A + 1, A + N + 1);

    // 輸出（按照 1、1、3、4、5 的順序輸出）
    for (int i = 1; i <= N; i++) cout << A[i] << endl;
    return 0;
}
```

但是具體來說，什麼樣的演算法可以對陣列進行排序呢？首先從簡單的演算法之一的「選擇排序」開始說明吧。

選擇排序

選擇排序是反覆尋找尚未檢查過的數之中最小的數，來將陣列排序的方法。演算法的步驟如下所示。

反覆進行 $N-1$ 次以下操作。在第 i 次操作中，進行以下事項。

1. 在未排序部分（從 A_i 到 A_N）中尋找最小的元素 A_{min}
2. 將 A_i 和 A_{min} 交換

此時，操作後的 A_1、A_2、…、A_N 依從小到大的順序排列。

例如，如果將選擇排序運用於陣列 [50, 13, 34, 75, 62, 20, 28, 11]，會變成以下情況。此圖中，將已排序的部分表示為橙色，未排序部分的最小值 A_{min} 表示為紅色。

可知在第 1 次操作中會判斷出最小的元素，在第 2 次操作中會判斷出第 2 小的元素。第 3 次以後也是一樣。

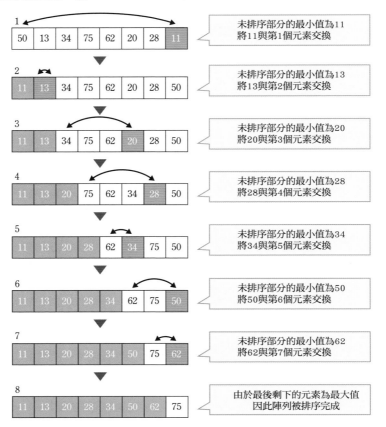

考慮程式碼 3.6.2 作為選擇排序的實作例。其中 swap(x，y) 是用於交換變數 x 和變數 y 的值的函式。例如，如果在 x=6，y=2 的情況下執行 swap(x,y) 的處理，則會變更為 x=2，y=6。

然後，來估算一下演算法的計算複雜度吧。要在 k 個數中找到最小值，需要進行 k-1 次比較，因此在第 1 次操作進行 $N-1$ 次比較。第 2 次以後也是以 $N-2$ 次、$N-3$ 次、…、2 次、1 次繼續。從 1 到 N 的整數的總和為 $N(N+1)/2$ (➡ **第 2.5.10 項**)，因此合計比較次數如下所示。

$$(N-1) + (N-2) + \cdots + 2 + 1 = \frac{N(N-1)}{2}$$

因此，此演算法的計算複雜度可說是 $O(N^2)$。如果 N 為 1 萬左右的話，運作速度十分快，但如果進一步增加的話就需要花費時間。因此，怎樣才能改善計算複雜度呢？下一項中，為了理解這一點，將對重要的「遞迴的思考方式」進行說明。

程式碼 3.6.2　選擇排列的實作

```cpp
#include <iostream>
using namespace std;

int N, A[200009];

int main() {
    // 輸入
    cin >> N;
    for (int i = 1; i <= N; i++) cin >> A[i];

    // 選擇排序
    for (int i = 1; i <= N   1; i++) {
        int Min = i, Min_Value = A[i];
        for (int j = i + 1; j <= N; j++) {
            if (A[j] < Min_Value) {
                Min = j;  // Min 為最小值的索引（1～N）
                Min_Value = A[j];  // Min_Value 為當下的最小值
            }
        }
        swap(A[i], A[Min]);
    }

    // 輸出
    for (int i = 1; i <= N; i++) cout << A[i] << endl;
    return 0;
}
```

3.6.3 ─ 什麼是遞迴？

在描述演算法等時，以引用自身的形式來定義稱為**遞迴定義**。與此相關聯的，呼叫自身的函式稱為**遞迴函式**。

使用遞迴定義的想法，不僅可以簡化演算法的步驟，在某些情況下，還可以使程式的實現變得輕鬆。下一項將介紹不使用程式設計的遞迴定義示例，因此請熟悉遞迴的概念。

3.6.4 ── 遞迴定義的例子：求 5 的階乘 ─────────

　　首先，試著不使用 for 敘述等反覆處理，來撰寫計算 5 的階乘（➡ 第 3.3.3 項）的演算法看看。很自然能想到如下的做法，但有些冗長。另外，如果是 10 階乘或 100 階乘的話，會變得更長。

1. 首先計算 1×2 的值
2. 然後，將 **1.** 的結果乘以 3
3. 然後，將 **2.** 的結果乘以 4
4. 最後，將 **3.** 的結果乘以 5

　　因此，如下所示，可以使用遞迴定義來簡化演算法。例如，在執行完操作 5 時，計算結果為 5 的階乘。

操作 N：

・N 為 1 時：回傳 1
・N 為 2 以上時：回傳（操作 $N-1$ 的計算結果）$\times N$

※ 在操作 N 的計算結果中，引用了同種操作的操作 $N-1$，因此可以說是遞迴的。

　　下圖表示執行**操作 5** 時的計算過程，可知正確地計算出了 $1 \times 2 \times 3 \times 4 \times 5 = 120$。

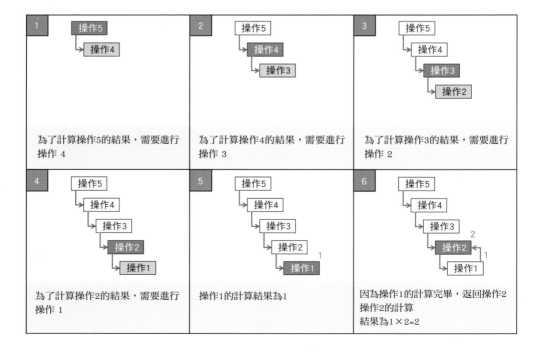

1	操作5 → 操作4	2	操作5 → 操作4 → 操作3	3	操作5 → 操作4 → 操作3 → 操作2

為了計算操作5的結果，需要進行操作 4

為了計算操作4的結果，需要進行操作 3

為了計算操作3的結果，需要進行操作 2

為了計算操作2的結果，需要進行操作 1

操作1的計算結果為1

因為操作1的計算完畢，返回操作2
操作2的計算
結果為 1×2=2

第 3 章　基本的演算法

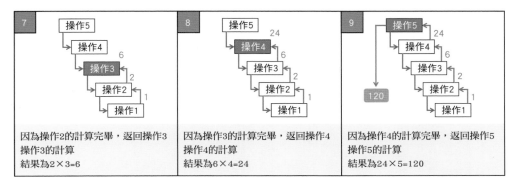

7	8	9
因為操作2的計算完畢，返回操作3 操作3的計算 結果為2×3=6	因為操作3的計算完畢，返回操作4 操作4的計算 結果為6×4=24	因為操作4的計算完畢，返回操作5 操作5的計算 結果為24×5=120

3.6.5 遞迴函式例①：階乘

第 3.6.4 項中描述了透過遞迴定義求階乘的演算法，如果撰寫如程式碼 3.6.3 的程式時，可以做到同樣的操作。由於為了計算函式 func(N) 的值，要呼叫相同的函式 func(N-1)，因此可說 func(N) 是**遞迴函式**。請注意，如果此處沒有將 N == 1 的情況區分開，則程式的執行永遠不會結束（➡**第 3.6.8 項**）。

程式碼 3.6.3 利用遞迴函式計算階乘

```cpp
#include <iostream>
using namespace std;

int func(int N) {
    if (N == 1) return 1; // 這種要區分開的情況稱為「基本情況」
    return func(N - 1) * N;
}

int main() {
    int N;
    cin >> N;
    cout << func(N) << endl;
    return 0;
}
```

例如，當 N = 5 時的行為如下。可以看出，計算過程與第 3.6.4 項中介紹的手動計算的例子相同（示意圖使用 func(N) 代替操作 N）。

1. func(5) 會回傳 func(4)*5，因此呼叫函式 func(4)
2. func(4) 會回傳 func(3)*4，因此呼叫函式 func(3)
3. func(3) 會回傳 func(2)*3，因此呼叫函式 func(2)
4. func(2) 會回傳 func(1)*2，因此呼叫函式 func(1)
5. func(1) 滿足 N==1 的條件，因此回傳 1
6. 由於 func(1) 的呼叫結束，func(2) 可以回傳值。回傳 1*2=2
7. 由於 func(2) 的呼叫結束，func(3) 可以回傳值。回傳 2*3=6
8. 由於 func(3) 的呼叫結束，func(4) 可以回傳值。回傳 6*4=24
9. 由於 func(4) 的呼叫結束，func(5) 可以回傳值。回傳 24*5=120

3.6

排序與遞迴的思考方法

105

函式呼叫的示意圖如下。

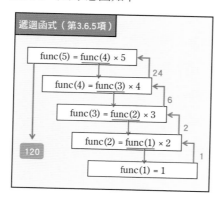

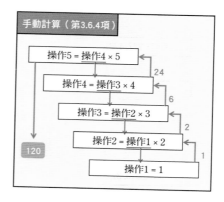

3.6.6 遞迴函式例②：輾轉相除法

使用遞迴函式而簡化實作的一個例子是輾轉相除法（➡ **第 3.2 節**）。輾轉相除法是以「反覆將較大值改寫為除以較小值後的餘數」這一方針求得 A 和 B 的最大公因數。

此演算法可以像程式碼 3.2.2 那樣使用 while 敘述來實作，但如果像**程式碼 3.6.4** 這樣使用遞迴函式的話，程式的長度會減半。另外，請注意遞迴函式也可能像一般函式一樣有 2 個以上的引數。

程式碼 3.6.4 利用遞迴函式的輾轉相除法

```
long long GCD(long long A, long long B) {
    if (B == 0) return A; // 基本情況
    return GCD(B, A % B);
}
```

例如，呼叫函式 GCD(777,123) 時的動作如下。

1. 777 mod 123=39，因此 GCD(777,123) 呼叫 GCD(123,39)
2. 123 mod 39=6，因此 GCD(123,39) 呼叫 GCD(39,6)
3. 39 mod 6=3，因此 GCD(39,6) 呼叫 GCD(6,3)
4. 6 mod 3=0，因此 GCD(6,3) 呼叫 GCD(3,0)
5. 此時，GCD(3,0) 滿足 B==0 的條件，因此將 A 的值也就是 3 回傳。
6. GCD(6,3) 回傳 GCD(3,0) 的回傳值 3
7. GCD(39,6) 回傳 GCD(6,3) 的回傳值 3
8. GCD(123,39) 回傳 GCD(39,6) 的回傳值 3
9. GCD(777,123) 回傳 GCD(123,39) 的回傳值 3

在此，遞迴函式的呼叫中，A 的值總是比 B 大，因為同時執行「將較大值改寫為除以較小值後的餘數」和「將兩個數交換」的操作。下頁的圖顯示了**程式碼 3.2.2** 和遞迴函式程式中 A、B 值的變化。

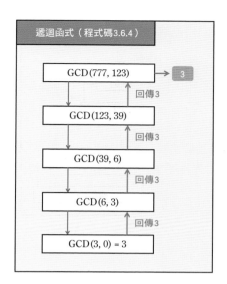

遞迴函式（程式碼3.6.4）

GCD(777, 123) → 3

回傳3

GCD(123, 39)

回傳3

GCD(39, 6)

回傳3

GCD(6, 3)

回傳3

GCD(3, 0) = 3

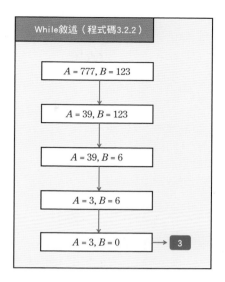

While敘述（程式碼3.2.2）

$A = 777, B = 123$

$A = 39, B = 123$

$A = 39, B = 6$

$A = 3, B = 6$

$A = 3, B = 0$ 3

3.6.7 遞迴函式例③：以分割統治法求合計值

第 3.6.4 ～第 3.6.6 項所介紹的示例中，遞迴函式中只進行 1 次遞迴呼叫，但也可進行 2 次以上的遞迴呼叫。例如，思考求 N 個整數 A_1、A_2、$\cdots$、A_N 的合計值的問題（➡ **第 2.1.5 項**）。

作為一種自然的實現方式，可以考慮單純使用 for 敘述等求得合計值，但也可以如下用遞迴的方法進行計算（此處為了讓讀者熟悉遞迴函式，刻意選擇這種方法）。

程式碼 3.6.5 利用分割統治法計算區間的合計值

```cpp
#include <iostream>
using namespace std;

int N, A[109];

int solve(int l, int r) {
    if (r   l == 1) return A[l];
    int m = (l + r) / 2;  // 在區間 [l,r) 的中央進行分割
    int s1 = solve(l, m);  // s1 為 A[l]+...+A[m-1] 的合計值
    int s2 = solve(m, r);  // s2 為 A[m]+...+A[r-1] 的合計值
    return s1 + s2;
}

int main() {
    // 輸入
    cin >> N;
    for (int i = 1; i <= N; i++) cin >> A[i];

    // 遞迴呼叫→輸出答案
    int Answer = solve(1, N + 1);
    cout << Answer << endl;
    return 0;
}
```

在此，函式 solve(1,r) 是求 A_1、A_{1+1}、...、A_{r-1} 的合計值的操作，藉由計算以下兩個值來求回傳值。

- solve(1,m)：A_l、A_{l+1}、...、A_{m-1} 的合計值
- solve(m,r)：A_m、A_{m+1}、...、A_{r-1} 的合計值

此外，$N = 4, (A_1, A_2, A_3, A_4) = (3, 1, 4, 1)$ 時，程式會如下圖所示動作。雖然演算法看起來有點複雜，但已正確計算出合計值 3+1+4+1=9[注 3.6.1]。

另外，將問題分割為複數個部分問題，遞迴地解決各個部分問題，透過合併（統治）其計算結果，解決原來問題的演算法一般稱為**分割統治法**。分割統治法在本節後半部會探討的合併分類中也會使用。

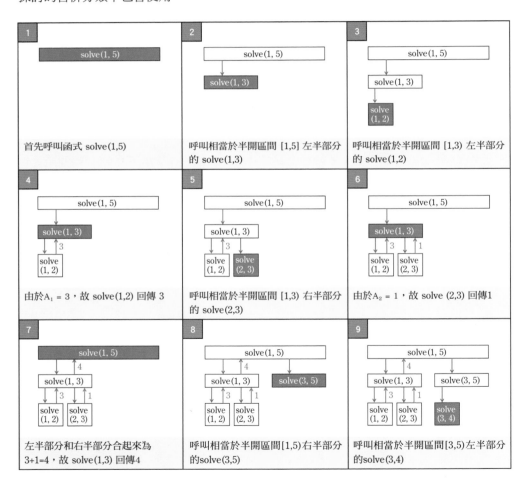

注 3.6.1 　如果不知道圖中說明的半開區間，請回到 ➡ **第 2.5.8 項**進行確認。

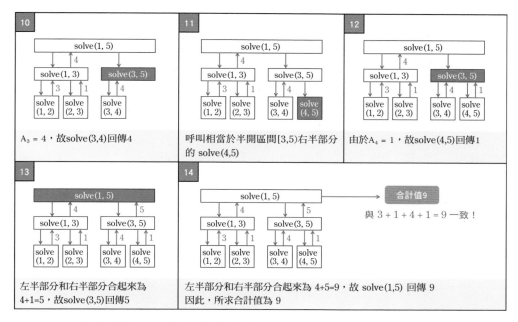

10	11	12
$A_3 = 4$，故solve(3,4)回傳4	呼叫相當於半開區間[3,5)右半部分的 solve(4,5)	由於$A_4 = 1$，故solve(4,5)回傳1

13	14
左半部分和右半部分合起來為4+1=5，故solve(3,5)回傳5	左半部分和右半部分合起來為 4+5=9，故 solve(1,5) 回傳 9 因此，所求合計值為 9

3.6.8 實作遞迴函式時的注意點

遞迴函式是使演算法描述變簡潔的方便工具。例如，當希望使用分割統治法解決第 3.6.7 項中的問題時，僅以 for 敘述等的反覆處理來撰寫程式是很難的，但用遞迴函式的話就會一下子變得清晰起來。

另一方面，稍微寫錯程式的話，情況可能會變得很糟糕，因此在處理遞迴函式時要注意。**程式碼 3.6.6** 是打算計算 N 的階乘的程式，但是忘記在 N=1 時的條件分歧，因此執行永遠不會結束。

例如呼叫 func(5) 時，會像 func(5) → func(4) → func(3) → func(2) → func(1) → func(0) → func(-1) → func(-2) → func(-3) → func(-4) →…這樣，不會停止遞迴呼叫。

程式碼 3.6.6 永遠不會終止執行的程式例

```
int func(int N) {
    return func(N  1) * N;
}
```

3.6.9 合併排序

現在終於進入本節的目標，即「合併排序」。合併排序可以用計算複雜度 $O(N \log N)$ 將 N 個數 A_1、A_2、$\cdots$、A_N 依照從小到大的順序排列，是一種高效的排序演算法。

合併排序的基礎是將兩個已排序陣列進行合併的 Merge（合併）操作，因此先針對此操作進行思考。

Merge 操作

給定長度為 a 的列 A 和長度為 b 的列 B。此時列 A 和列 B 已經被排序。請製作程式以將 2 列合併並依從小到順序排列。

例如，如果給定列 [13, 34, 50, 75] 和列 [11, 20, 28, 62] 時，合併後應為 [11, 13, 20, 28, 34, 50, 62, 75]。計算複雜度期望為 $O(a + b)$。

使用以下演算法的話，可以用最多 $a + b - 1$ 次的比較來正確合併 2 列。

1. 準備列 C。列 C 最開始為空。
2. 重複以下操作，直至列 A、列 B 的所有元素消失為止 ^{注 3.6.2}。
   - 如果列 A 為空，則將在列 B 中的最小元素移到列 C
   - 如果列 B 為空，則將在列 A 中的最小元素移到列 C
   - 如果以上皆非，則將列 A 中剩下的最小元素與列 B 中剩下的最小元素進行比較。然後，將較小一方移到列 C

例如當列 A 為 [13, 34, 50, 75]，列 B 為 [11, 20, 28, 62] 時，操作過程如下。另外，進行 Merge 操作的程式實作將在 ➡ **節末問題 3.6.3** 中探討。

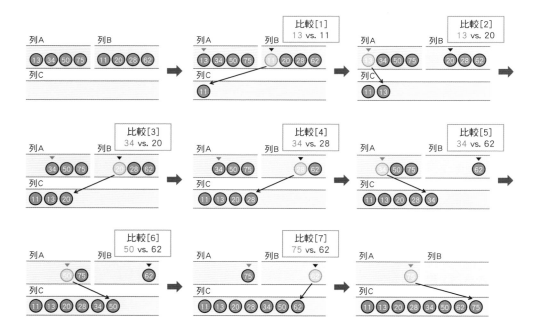

注 3.6.2　列 A、B 已被排序，因此列 A 或列 B 中剩下的最小元素是剩餘元素中最左邊的元素。

現在，讓我們使用 Merge 操作將陣列進行排序吧。合併排序是使用分割統治方法的以下演算法：

合併排序

· 將由 k 個元素構成的列分割為列 A、列 B，分別由 $k/2$ 個元素構成
· 對列 A 進行合併排序，並將排序後的列設為 A'
· 對列 B 進行合併排序，並將排序後的列設為 B'
· 透過對列 A' 和 B' 進行 Merge 操作，由 k 個元素構成的列被排序

※ 最一開始是對 N 個數 A_1、A_2、...、A_N 進行合併排序

例如，將合併排序運用在由 4 個數構成的列 [31, 41, 59, 26] 的話，會如以下所示。

1. 將列 [31, 41, 59, 26] 分割為 [31, 41] 和 [59, 26]
2. 對列 [31, 41] 進行合併排序的結果為 [31, 41]
3. 對列 [59, 26] 進行合併排序的結果為 [26, 59]
4. 對列 [31, 41] 和列 [26, 59] 進行 Merge 操作，得到 [26, 31, 41,59]

像這樣，4 個數字依從小到大的順序排列（在步驟 2. 和 3. 中，省略了對 2 個數構成的列進行合併排序的具體計算過程）。下圖顯示了演算法的流程。

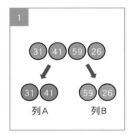 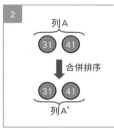 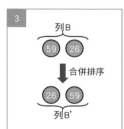 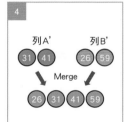

再舉一個例子吧。將合併排序應用於 8 個數 [50, 13, 34, 75, 62, 20, 28, 11] 時，會如下一頁的圖所示。圖中的編號（1〜21）表示計算處理的順序。

另外，在合併排序中，可以任意決定將 k 個數分割為 $k/2$ 個的方法，在對陣列的半開區間 $[l, r]$（指 A_l、A_{l+1}、...、A_{r-1} ➡ **第 2.5.8 項**）進行合併排序時，通常設 m=$\lfloor (l+r)/2 \rfloor$ 並分割如下。

- 半開區間 $[l, m]$（A_l、A_{l+1}、...、A_{m-1}）
- 半開區間 $[m, r]$（A_m、A_{m+1}、...、A_{r-1}）

詳細的實作方法在 ➡ **節末問題 3.6.3** 中進行探討。

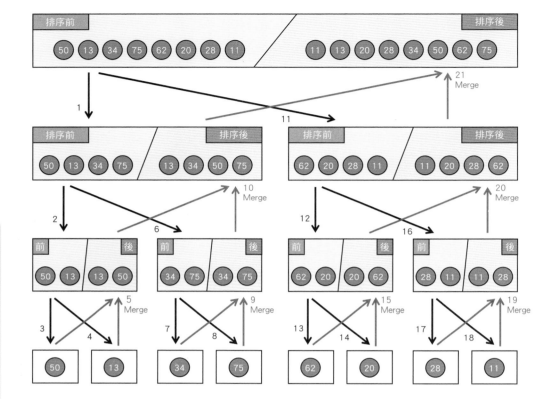

3.6.10 合併排序的計算複雜度

接下來，估計合併排序的計算複雜度（Merge 操作中的比較次數）。因為進行 Merge 操作的話，列的長度會加倍，故合併階段大約為 $\log_2 N$ 個。因此，各階段的比較次數在 N 次以內，整體的比較次數為 O(N log N) 次。

例如 $N = 8$ 時，如下所示最多需要 17 次比較。

- 在從下數來的第 1 階段中，進行 4 次「將 2 個長度 1 的列 Merge（最大比較次數 1 次）」
- 在從下數來的第 2 階段中，進行 2 次「將 2 個長度 2 的列 Merge（最大比較次數 3 次）」
- 在從下數來的第 3 階段中，進行 1 次「將 2 個長度 4 的列 Merge（最大比較次數 7 次）」
- 因此，比較次數為 $(1 \times 4) + (3 \times 2) + (7 \times 1) = 17$ 次以下

第 3.6.2 項中介紹的選擇排序中，需要進行 $\frac{N(N-1)}{2} = 28$ 次的比較，因此有約 1.6 倍的差異。當 N 增加時，此差異會更大，例如當 $N = 1000$ 時，2 個演算法的性能差會增加到大約 50 倍。

3.6.11 — 其他的排序演算法

目前為止說明了「選擇排序」和「合併排序」2 種方法，但其實還有其他各式各樣的排序演算法。以下列出幾種代表性的演算法為本章作結。

插入排序

從前面開始按順序反覆將元素適當地插入到已完成排序部分的演算法。在幾乎以從小到大順序排列的情況下，運行速度很快，但在平均和最差的情況下，計算複雜度為 $O(N^2)$，效率不高。

快速排序

被認為是實際應用上最快的排序演算法之一。平均計算複雜度為 $O(N \log N)$，與合併排序一樣利用分割統治法的想法。為了高速化，有時也會使用隨機數。

計數排序

N 個數的最大值設為 B 時，藉由計算 1 的個數、2 的個數、$\cdots$、B 的個數來對陣列進行排序的演算法。計算複雜度為 $O(N + B)$，對於如 $[2, 3, 3, 1, 1, 3]$ 這樣值較小的陣列很有效。

由於頁數原因，本書並未詳細探討，有興趣的人請務必查閱書末刊載的推薦書籍。

▎節末問題

問題 3.6.1 ★★

關於以下遞迴函數，請回答接下來的問題。

1. 呼叫 func(2) 時回傳的值是多少？
2. 呼叫 func(3) 時回傳的值是多少？
3. 呼叫 func(4) 時回傳的值是多少？
4. 呼叫 func(5) 時回傳的值是多少？

```
int func(int N) {
    if (N <= 2) return 1;
    return func(N - 1) + func(N - 2);
}
```

問題 3.6.2 ★★★★★

請證明藉由以下演算法可以將長度為 N 的陣列 A[1]、A[2]、$\cdots$、A[N] 依從小到大的順序排列。另外，本排序演算法發表於 2021 年 10 月[注 3.6.3]。

```
for (int i = 1; i <= N; i++) {
    for (int j = 1; j <= N; j++) {
        if (A[i] < A[j]) swap(A[i], A[j]);
    }
}
```

注 3.6.3　https://arxiv.org/abs/2110.01111

以下程式是輸入整數 N 和 N 個整數 A_1、A_2、...、A_N，並進行合併排序的程式，但缺少 Merge 操作的一部分。請完成程式，以使排序演算法正常運行。此外，Python、Java、C 版本的未完成程式已刊載在 GitHub 上，請務必參考。

```cpp
#include <iostream>
using namespace std;

int N, A[200009], C[200009];

// 將 A[l]、A[l+1]、…、A[r-1] 依從小到大排列的函式
void MergeSort(int l, int r) {
    // 當 r-l=1 時，因為已經排序完成所以什麼都不用做
    if (r - l == 1) return;

    // 分割為 2 個之後，將較小的陣列進行排序
    int m = (l + r) / 2;
    MergeSort(l, m);
    MergeSort(m, r);

    // 此時，以下 2 個陣列被排序
    // 相當於列 A' 的 [A[l]、A[l+1]、...、A[m-1]]
    // 相當於列 B' 的 [A[m]、A[m+1]、...、A[r-1]]
    // 以下為 Merge 操作。

    int c1 = l, c2 = m, cnt = 0;
    while (c1 != m || c2 != r) {
        if (c1 == m) {
            // 如果列 A' 為空
            C[cnt] = A[c2]; c2++;
        }
        else if (c2 == r) {
            // 如果 B' 列為空（缺少的部分）

        }
        else {
            // 兩者都不是時（缺少的部分）

        }
        cnt++;
    }

    // 將合併了列 A'、列 B' 的陣列 C 移到 A
    // [C[0], ..., C[cnt-1]]  -> [A[l], ..., A[r-1]]
    for (int i = 0; i < cnt; i++) A[l + i] = C[i];
}

int main() {
    // 輸入
    cin >> N;
    for (int i = 1; i <= N; i++) cin >> A[i];

    // 合併排序 → 輸出答案
    MergeSort(1, N + 1);
    for (int i = 1; i <= N; i++) cout << A[i] << endl;
    return 0;
}
```

3.7 動態規劃法 ～遞迴式的利用～

本節探討有關數列的遞迴式的想法，和利用此想法的演算法「動態規劃法」。動態規劃法是最重要的演算法之一，應用範圍非常廣。例如，可以解決在便利商店內找出最佳購物方法、以最短距離走遍幾個城市的方法等切身問題。首先，從作為其基礎的遞迴式開始看看吧。

3.7.1 什麼是數列的遞迴式？／遞迴式的例①：等差數列

在數列中，從前一項的結果求出該項的值的規則稱為**遞迴式**。舉以下作為簡單的遞迴式範例。

- $a_1 = 1$
- $a_n = a_{n-1} + 2$（$n \geq 2$）

求出滿足遞迴式的數列的最簡單方法，是從前一項開始按順序逐一計算。例如，上述滿足遞迴式的數列的前 4 項是相鄰項之間的差為 2 的等差數列（➡ **第 2.5.4 項**），計算如下。

- **第 1 項：**根據遞迴式的第 1 式，$a_1 = 1$
- **第 2 項：**根據遞迴式的第 2 式，$a_2 = 1 + 2 = 3$
- **第 3 項：**根據遞迴式的第 2 式，$a_3 = 3 + 2 = 5$
- **第 4 項：**根據遞迴式的第 2 式，$a_4 = 5 + 2 = 7$

第 5 項以後也可以照樣計算，對於一般的正整數 n，$a_n = 2n - 1$。另外，用 n 的式子來表示 a_n 者稱為數列的一般項。

a_1	a_2	a_3	a_4	a_5	a_6	a_7	a_8	a_9
1								

> 第 1 項是
> $a_1 = 1$

a_1	a_2	a_3	a_4	a_5	a_6	a_7	a_8	a_9
1	3							

> 第 2 項是在前項加上 2
> $a_2 = a_1 + 2 = 3$

a_1	a_2	a_3	a_4	a_5	a_6	a_7	a_8	a_9
1	3	5						

> 第 3 項是在前項加上 2
> $a_3 = a_2 + 2 = 5$

a_1	a_2	a_3	a_4	a_5	a_6	a_7	a_8	a_9
1	3	5	7					

> 第 4 項是在前項加上 2
> $a_4 = a_3 + 2 = 7$

遞迴式的例②：費波那契數列

接著，思考以下遞迴式作為稍微複雜的例子。遞迴式不限於前一項的結果，也可以利用前兩項以前的結果。

- $a_1 = 1$，$a_2 = 1$
- $a_n = a_{n-1} + a_{n-2}$（$n \geq 3$）

如下圖所示從前面開始按順序計算的話，可知 $a = (1, 1, 2, 3, 5, 8, 13, 21, 34, 55, \cdots)$ 如此持續下去。此外，此數列稱為**費波那契數列**，可求出一般項（是相當複雜的通式 [注3.7.1]）。

a_1	a_2	a_3	a_4	a_5	a_6	a_7	a_8	a_9
1	1							

第 1 項及第 2 項是
$a_1 = 1, a_2 = 1$

a_1	a_2	a_3	a_4	a_5	a_6	a_7	a_8	a_9
1	1	2						

前 2 項相加的值
$a_3 = a_2 + a_1 = 2$

a_1	a_2	a_3	a_4	a_5	a_6	a_7	a_8	a_9
1	1	2	3					

前 2 項相加的值
$a_4 = a_3 + a_2 = 3$

a_1	a_2	a_3	a_4	a_5	a_6	a_7	a_8	a_9
1	1	2	3	5				

前 2 項相加的值
$a_5 = a_4 + a_3 = 5$

a_1	a_2	a_3	a_4	a_5	a_6	a_7	a_8	a_9
1	1	2	3	5	8			

前 2 項相加的值
$a_6 = a_5 + a_4 = 8$

a_1	a_2	a_3	a_4	a_5	a_6	a_7	a_8	a_9
1	1	2	3	5	8	13		

前 2 項相加的值
$a_7 = a_6 + a_5 = 13$

a_1	a_2	a_3	a_4	a_5	a_6	a_7	a_8	a_9
1	1	2	3	5	8	13	21	

前 2 項相加的值
$a_8 = a_7 + a_6 = 21$

a_1	a_2	a_3	a_4	a_5	a_6	a_7	a_8	a_9
1	1	2	3	5	8	13	21	34

前2項相加的值
$a_9 = a_8 + a_7 = 34$

注 3.7.1 $a_n = \frac{1}{\sqrt{5}} \times \left(\left(\frac{1+\sqrt{5}}{2} \right)^n - \left(\frac{1-\sqrt{5}}{2} \right)^n \right)$。

3.7.3 — 遞迴式的例③：更複雜的遞迴式

作為更複雜的例子，求出滿足以下條件的數列的第 5 項 a_5 吧。在此，函數 $\min(a, b)$ 是回傳 a 和 b 中較小一方的函數（➡ **第 2.3.2 項**）。

- $a_1 = 0,\ a_2 = 2$
- $a_n = \min(a_{n-1} + |h_{n-1} - h_n|,\ a_{n-2} + |h_{n-2} - h_n|)(n \geq 3)$
- 其中，設數列 h 的前 5 項為 8、6、9、2、1

這樣複雜的遞迴式無法像前面兩個例子一樣求出一般項。取而代之的是，如下所示從前一項開始按順序計算，可知 $a_5 = 7$。從前面開始逐個計算的方法與本節後半部分探討的「動態規劃法」有很深的關聯。

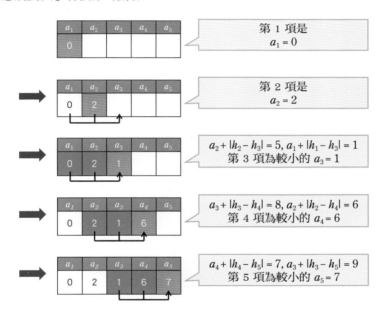

第 1 項是
$a_1 = 0$

第 2 項是
$a_2 = 2$

$a_2 + |h_2 - h_3| = 5, a_1 + |h_1 - h_3| = 1$
第 3 項為較小的 $a_3 = 1$

$a_3 + |h_3 - h_4| = 8, a_2 + |h_2 - h_4| = 6$
第 4 項為較小的 $a_4 = 6$

$a_4 + |h_4 - h_5| = 7, a_3 + |h_3 - h_5| = 9$
第 5 項為較小的 $a_5 = 7$

3.7.4 — 什麼是動態規劃法？

現在讓我們進入應用了遞迴式的演算法，也就是動態規劃法的話題吧。

一言以蔽之，動態規劃法是指「**像數列的遞迴式一樣，利用小問題（此問題之前）的結果求解的演算法**」。第 3.6 節為止介紹過的二元搜尋法、質數判定法、蒙地卡羅法、排序演算法等相比，適用範圍更廣，與其說是演算法，更接近設計方法。

從第 3.7.5 項到第 3.7.8 項，我們來看幾個具體的應用例。

3.7

動態規劃法 〜遞迴式的利用〜

3.7.5 — 動態規劃法例①：青蛙的移動

第一個要介紹的問題是求移動中消耗體力的最小值的問題。先不要使用程式，試著用手動計算來解決吧。

如下所示，有 5 個棚架橫排成一列。青蛙透過反覆進行「跳到前 1 個或前 2 個棚架」的行動，從棚架 1 移動到棚架 5。
青蛙在跳躍時，只消耗出發地點和落地地點高度差的絕對值的體力。請求出消耗體力總和的可能最小值。

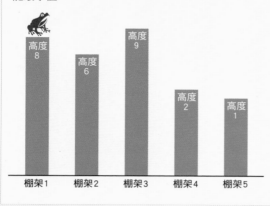

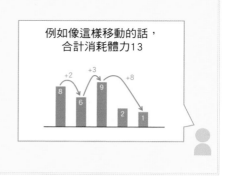

例如像這樣移動的話，合計消耗體力 13

首先，想到將青蛙的移動方法進行全搜尋的解決方法。由於這個問題只有 5 個棚架，青蛙的移動方法也只有 5 種，所以十分實際。但是，如果棚架的數量 N 增加的話，需要調查的模式數量則呈指數函數（➡ **第 2.4 節**）增加，故並不是很實用的解決方法。

因此，來研究別的解決方法吧。因為很難馬上求出到達棚架 5 的方法，所以依照以下順序進行思考。

- 求出為了從棚架 1 移動到棚架 1 而消耗的最小體力 dp[1]
- 求出為了從棚架 1 移動到棚架 2 而消耗的最小體力 dp[2]
- 求出為了從棚架 1 移動到棚架 3 而消耗的最小體力 dp[3]
- 求出為了從棚架 1 移動到棚架 4 而消耗的最小體力 dp[4]
- 求出為了從棚架 1 移動到棚架 5 而消耗的最小體力 dp[5]
- 此時，dp[5] 的值為應該求出的答案

如此，根據下一頁圖所示的計算過程，可以知道答案是 7。此外，在各步驟中用紅色表示應該要著地的棚架。

第 3 章 基本的演算法

1	求出 dp[1]

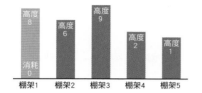

從棚架 1 到棚架 1 不用移動也能到達，因此 dp[1]=0。

2	求出 dp[2]

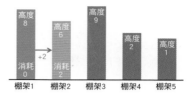

從棚架 1 到棚架 2 的方法只有「直接起跳」。直接起跳時消耗的體力為|8 - 6|=2，因此dp[2] = 2。

3	求出 dp[3]

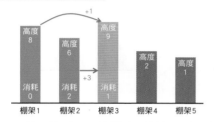

到棚架3有「從棚架2出發」「從棚架1出發」2種方法，
棚架2→棚架3：累計消耗體力dp[2] + |6 - 9| = 5
棚架1→棚架3：累計消耗體力dp[1]+|8 - 9| = 1
後者更有利，所以dp[3] = 1。

4	求出 dp[4]

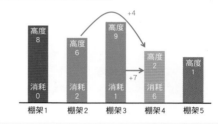

到棚架4有「從棚架3出發」「從棚架2出發」2種方法，
棚架3→棚架4：累計消耗體力dp[3] + |9 - 2| = 8
棚架2→棚架4：累計消耗體力dp[2] + |6 - 2| = 6
後者更有利，所以dp[4] = 6。

5	求出 dp[5]

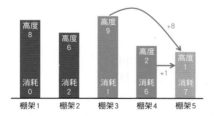

到棚架5有「從棚架4出發」「從棚架3出發」2種方法，
棚架4→棚架5：累計消耗體力dp[4] + |2 - 1| = 7
棚架3→棚架5：累計消耗體力dp[3] + |9 - 1| = 9
前者更有利，所以dp[5] = 7。

6	獲知答案

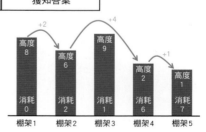

因此現在已知道答案是 7！
另外，最佳路徑用上圖中的紅線表示。

3.7.6 動態規劃法例② : 青蛙的移動的一般化

這次將 3.7.5 項的問題一般化，試著思考以下問題吧。

問題 ID : 028

有 N 個棚架，從左數第 i 個棚架（設為棚架 i）的高度為 h_i。青蛙想透過反覆進行以下行動，從棚架 1 移動到棚架 N。

- 從棚架 i 跳到 $i+1$。消耗體力 $|h_i - h_{i+1}|$（$1 \leq i \leq N-1$）
- 從棚架 i 跳到 $i+2$。消耗體力 $|h_i - h_{i+2}|$（$1 \leq i \leq N-2$）

請求出以消耗體力的總和來考量的最小值。例如 $N = 5$、$(h_1, h_2, h_3, h_4, h_5) = (8, 6, 9, 2, 1)$ 時，是與第 3.7.5 項為相同的問題，答案為 7。

條件：$2 \leq N \leq 100000, 1 \leq h_i \leq 10000$

執行時間限制：2 秒

來源： Educational DP Contest A – Frog 1

此問題也與第 3.7.5 項相同，將從棚架 1 移動到 i 時消耗的最小體力設為 dp[i]，按照 dp[1] → dp[2] →⋯→ dp[N] 的順序進行計算。

首先，從棚架 1 到棚架 1 不移動也能到達，因此 dp[1]= 0。另外，從棚架 1 到棚架 2 的方法只有直接起跳，因此 dp[2] = $|h_1 - h_2|$。接著，關於棚架 3 之後，思考以下 2 種作為移動到棚架 i（$3 \leq i \leq N$）的方法。

- 使用體力 $|h_{i-1} - h_i|$ 從前 1 個棚架起跳
- 使用體力 $|h_{i-2} - h_i|$ 從前 2 個棚架起跳

因此，如果使用各種方法，棚架 i 時的累計消耗體力如下所示。

- 從前 1 個起跳：dp[i -1] + $|h_{i-1} - h_i|$ ... (1)
- 從前 2 個起跳：dp[i -2] + $|h_{i-2} - h_i|$ ... (2)

由於選擇消耗體力較少的路線更有利，故 dp[i] 會是（1）和（2）中較小的值（與第 3.7.3 項中討論的遞迴式相同）。因此，如果撰寫如**程式碼 3.7.1** 的程式，依據此遞迴式按順序從前往後逐個計算的話，可以用計算複雜度 $O(N)$ 求得答案。

程式碼 3.7.1 求解青蛙消耗體力的最小值問題

```cpp
#include <iostream>
#include <cmath>
#include <algorithm>
using namespace std;

int N, H[100009], dp[100009];

int main() {
    // 輸入
    cin >> N;
    for (int i = 1; i <= N; i++) cin >> H[i];
```

下一頁

第 3 章 基本的演算法

```
// 動態規劃法 → 輸出答案
for (int i = 1; i <= N; i++) {
    if (i == 1) dp[i] = 0;
    if (i == 2) dp[i] = abs(H[i - 1] - H[i]);
    if (i >= 3) {
        int v1 = dp[i - 1] + abs(H[i - 1] - H[i]); // 從前 1 個棚架起跳時
        int v2 = dp[i - 2] + abs(H[i - 2] - H[i]); // 從前 2 個棚架起跳時
        dp[i] = min(v1, v2);
    }
}
cout << dp[N] << endl;
return 0;
}
```

3.7.7 ─ 動態規劃法例③：上樓梯的方法

接下來要介紹的問題是計算上樓梯方法數的問題。

問題 ID：029

太郎要爬上 N 階的樓梯。他一步可以爬上 1 階或 2 階。請計算從第 0 階出發，到達第 N 階的移動方法有幾種。

條件：$1 \leq N \leq 45$

執行時間限制：1 秒

首先，讓我們思考一下 $N = 6$ 時的答案來當作具體的例子。最終想要求出爬到第 6 階的方法數量，但是馬上思考這個的話是很難的。因此，按照以下順序來思考。

- 從第 0 階到第 0 階的方法數 dp[0] 有多少？
- 從第 0 階到第 1 階的方法數 dp[1] 有多少？
- 從第 0 階到第 2 階的方法數 dp[2] 有多少？
- 從第 0 階到第 3 階的方法數 dp[3] 有多少？
- 從第 0 階到第 4 階的方法數 dp[4] 有多少？
- 從第 0 階到第 5 階的方法數 dp[5] 有多少？
- 從第 0 階到第 6 階的方法數 dp[6] 有多少？（此為答案）

首先，因為第 0 階為起點，因此設 dp[0]=1。另外，從第 0 階爬到第 1 階的方法只有「以一步登上」的一種，因此 dp[1]=1。接著在第 2 階以後，**藉由區分最後行動的情況就能知道答案**。太郎爬上第 n 階時，最後的行動有以下 2 種。

模式 A	在即將爬到第 n 階之前，從第 $n - 1$ 階一步爬上 1 階
模式 B	在即將爬到第 n 階之前，從第 $n - 2$ 階一步爬上 2 階

因此，以模式 A 向上爬的方法數等於爬到第 $n - 1$ 階的方法數 dp[$n - 1$]。此外，以模式 B 向上爬的方法數等於爬到第 n-2 段的方法數 dp[$n - 2$]。因此，dp[n] = dp[$n - 1$] + dp[$n - 2$]（費波那契數➡**第 3.7.2 項**）。

至此，所有的遞迴式都集齊了，因此從前面開始按照順序逐個計算吧。可以如下進行而獲知答案為 13 種。

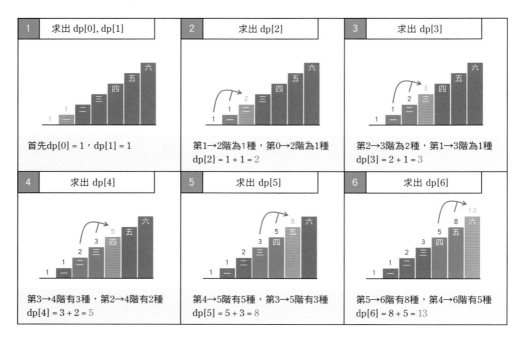

在 N 為 6 以外的情況下，按照遞迴式 dp[n] = dp[n – 1] + dp[n – 2] 從前面開始按順序計算的話，可以用計算複雜度 $O(N)$ 求得答案。思考**程式碼 3.7.2** 作為實作的一個例子。

程式碼 3.7.2　求解爬上階梯的方法有多少種的問題

```cpp
#include <iostream>
using namespace std;

int N, dp[54];

int main() {
    // 輸入
    cin >> N;

    // 動態規劃法 → 輸出答案
    for (int i = 0; i <= N; i++) {
        if (i <= 1) dp[i] = 1;
        else dp[i] = dp[i - 1] + dp[i - 2];
    }
    cout << dp[N] << endl;
    return 0;
}
```

3.7.8 — 動態規劃法例④：背包問題

最後要介紹稱為背包問題的著名問題。雖然難度有點高，但讓我們邁出一步，挑戰

一下正式的問題吧。

問題 ID：030

有 N 個物品，物品編號為 1、2、…、N。物品 i（$1 \leq i \leq N$）的重量為 w_i，價值為 v_i。
太郎為了不讓總重量超過 W，決定從 N 個物品中選擇幾個。請求出以所選物品價值的總和來考量的最大值。

條件： $1 \leq N \leq 100, 1 \leq W \leq 10^5, 1 \leq w_i \leq W, 1 \leq v_i \leq 10^9$

執行時間限制： 2 秒

出典： Educational DP Contest D – Knapsack 1

假設 $N = 4$，$W = 10$，$(w_i, v_i) = (3, 100)$、$(6, 210)$、$(4, 130)$、$(2, 57)$ 的情況會如何呢？透過對 $2^4 = 16$ 種選擇方法進行全模式的調查，可知「選擇物品 2、3 時，價值合計的最大值為 340」。但是，當 N=100 時，存在 2^{100} 種選擇方法，因此如果進行全搜索，無法在 2 秒內得到答案。

選擇物品2、3的話
重量合計 = 10
價值合計 = 340

物品 1
重量 3／價值 100

物品 2
重量 6／價值 210

物品 3
重量 4／價值 130

物品 4
重量 2／價值 57

因此，考慮使用以下的**二維陣列**的動態規劃法。

- dp[i][j]：從到物品 i 為止之中選擇重量合計為 j 時的價值的最大值

請注意，之前是 dp[0]、dp[1]、dp[2]、…這樣的一維陣列，但這次是對二維陣列建立遞迴式。

另外，對二維排列沒有概念的人，想像在如下的二維網格中寫入數字的話應該很容易理解。例如（從第 0 格數起）從上數第 3 層、從左數第 8 列的網格對應於 dp[3][8]，代表從物品 1、2、3 中選擇幾件而使重量合計為 8 時的最大價值。

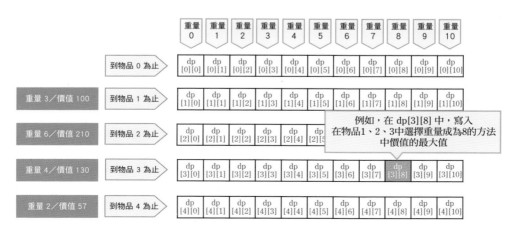

那麼，關於本項開頭舉的 N=4 的例子，按照 $i = 0$、1、2、3、4 的順序計算 dp$[i][j]$ 的值吧（即，按照物品 1 → 2 → 3 → 4 的順序決定選擇或是不選擇）。

首先為 $i = 0$ 時，由於皆不選時，重量合計、價值合計均為 0，因此 dp$[0][0] = 0$。此外，由於不存在使重量合計為 1 以上的選擇方法，因此先使 dp$[0][1]$、dp$[0][2]$、dp$[0][3]$、…的值為 −。

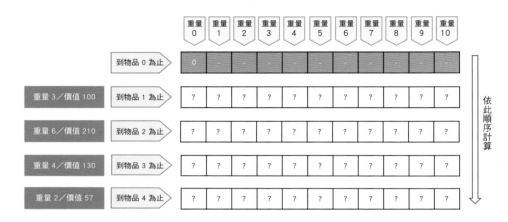

其次，$i \geq 1$ 時，為了使重量合計為 j，從到物品 i 為止之中選擇的方法有以下 2 種（這也與第 3.7.7 項相同，用最後的行動〔此處為最後購買的物品 i〕區分情況）。

> **方法 A**：到物品 $i - 1$ 為止的重量總和為 j，不選擇物品 i
> **方法 B**：到物品 $i - 1$ 為止的重量總和為 $j - w_i$，選擇物品 i

因此，方法 A 的合計價值為 dp$[i - 1][j]$，方法 B 的合計價值為 dp$[i - 1][j - w_i]+v_i$，故使 dp$[i][j]$ 為較大的值如下。

$$dp[i][j] = \max(dp[i - 1][j], dp[i - 1][j - w_i] + v_i)$$

按照此遞迴式，以 $i = 1$、2、3、4 的順序填表的話，會如下一頁的圖所示。例如，dp$[4][9]$ 的值為以下之中較大的值 310。

- 方法 A 時：dp$[3][9] = 310$
- 方法 B 時：dp$[3][7] + 57 = 287$

請注意，當 $j < w_i$ 時，無法選擇方法 B。

因此，所求的值是 dp$[N][0]$、dp$[N][1]$、...、dp$[N][W]$ 中的最大值，在此例中答案為 340。

最後，來估計一下計算複雜度吧。因為求解時需要計算滿足 $0 \leq i \leq N$，$0 \leq j \leq W$ 的所有 (i, j) 的 dp$[i][j]$ 值，故計算複雜度為 $O(NW)$。本問題的條件為 $N \leq 100$，$W \leq 100000$，因此考慮到 1 秒鐘可計算 10^9 次，可在執行時間限制的 2 秒內得出答案。

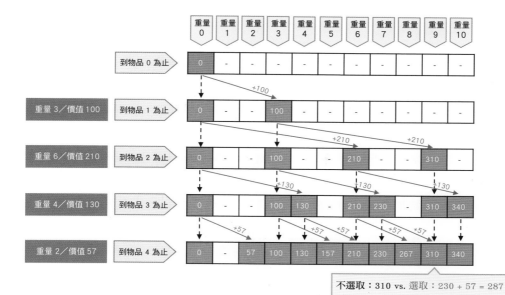

不選取：310 vs. 選取：230 + 57 = 287

雖然有些複雜，但可以考慮程式碼 3.7.3 作為實作的一個示例。如果將上圖中為（－）的部分初始化為 -2^{60} 等非常小的值，就無需根據是否為（－）的情況加上區分，更便於實際運作。

程式碼 3.7.3　背包問題

```cpp
#include <iostream>
#include <algorithm>
using namespace std;

long long N, W, w[109], v[109];
long long dp[109][100009];

int main() {
    // 輸入
    cin >> N >> W;
    for (int i = 1; i <= N; i++) cin >> w[i] >> v[i];

    // 陣列的初始化
    dp[0][0] = 0;
    for (int i = 1; i <= W; i++) dp[0][i] = -(1LL << 60);

    // 動態規劃法
    for (int i = 1; i <= N; i++) {
        for (int j = 0; j <= W; j++) {
            // j<w[i] 時，無法用方法 B 的選擇方法
            if (j < w[i]) dp[i][j] = dp[i-1][j];
            // j>=w[i] 時，可以選擇方法 A、方法 B 的任一個
            if (j >= w[i]) dp[i][j] = max(dp[i-1][j], dp[i-1][j-w[i]]+v[i]);
        }
    }
```

下一頁

```
// 輸出答案
long long Answer = 0;
for (int i = 0; i <= W; i++) Answer = max(Answer, dp[N][i]);
cout << Answer << endl;
return 0;
}
```

3.7.9 — 其他代表性的問題

在建立適當的遞迴式的基礎上逐個計算值的話，可能會有效解決乍看似乎很難解決的問題。作為這樣的例子，本節介紹了包含背包問題在內的 4 個問題。但是用動態規劃法能解決的問題還有很多。本節最後列出代表性的問題。

部分和問題

從 N 個整數 A_1、A_2、$\cdots$、A_N 中選擇幾個，判斷是否可以使合計為 S 的問題。第 2.4.6 項中是透過全搜尋求解，但透過與背包問題非常相似的解法，可以用計算複雜度 $O(NS)$ 解決（➡ **節末問題 3.7.4**）。

硬幣問題

在只使用 N 種硬幣（A_1、A_2、$\cdots$、A_N 日圓）支付 S 日圓時，求出最少需要使用幾枚硬幣的問題。其中，設各種硬幣是可以使用任意枚數的。如果使用與背包問題非常相似的解法，則此問題也可以用計算複雜度 $O(NS)$ 解決。另外，在只有 1000 日圓、5000 日圓、10000 日圓等特殊情況下，也可以用貪婪法（➡ **第 5.9 節**）解決。

編輯距離

透過對字串 S 反覆進行「刪除一個字元」、「插入一個字元」、「選擇一個字元改寫為喜歡的字元」等操作來改寫為字串 T 時，求出最小操作次數的問題。乍看之下似乎無法解決，但使用二維的動態規劃法的話，可以用 $O(|S| \times |T|)$ 的時間來解決（其中 $|X|$ 為字串 X 的長度）。

加權區間調度問題

有 N 個「從 ○○ 時開始，工作到 △△ 時結束的話，可以得到 ×× 萬日圓」這樣的工作機會時，最多能得到多少日圓，以及求出最佳的工作選擇方法的問題。另外，所有報酬皆為固定金額時，用貪婪法（➡ **第 5.9 節**）解決。

巡迴業務問題

求出在儘可能短的時間內走訪所有城市並返回出發地的方法的問題。將城市數設為 N 時，如果進行全搜尋，則計算複雜度為 $O(N!)$，但使用位元全搜尋（➡ **專欄 2**）的想法，將已訪問過的頂點集合用整數表示後運用動態規劃法，則可以 $O(N^2 \times 2^N)$ 求出最佳解（該技術稱為位元 DP）。

除此之外，還有很多問題可以通過動態規劃法來解決。大家也能在現實生活中嘗試找找看這樣的題材。

問題 3.7.1 ★

請以逐個計算的方法，求出滿足以下遞迴式的數列的第 1 項至第 10 項。

1. $a_1 = 1, a_n = 2a_{n-1}$（$n \geq 2$）
2. $a_1 = 1, a_2 = 1, a_3 = 1, a_n = a_{n-1} + a_{n-2} + a_{n-3}$（$n \geq 4$）

問題 3.7.2 ★★

在下圖的道路網中，從起點到終點的最短路徑有幾種方法？

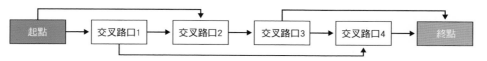

問題 3.7.3 ★★

在下圖的棋盤狀道路上，從起點到終點的最短路徑有幾種方法？但是，× 記號表示不能通過的交叉點。

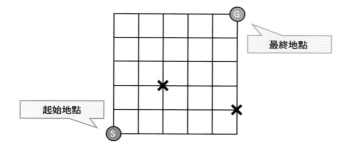

問題 3.7.4 〔問題 ID：009〕★★★

請製作利用動態規劃法解決第 2.4.6 項探討的部分和問題的程式。

問題 3.7.5 ★★

請將第 1.1.4 項探討的問題歸納成背包問題。「重量」、「價值」、「重量上限」分別為多少較佳呢？

問題 3.7.6 〔問題 ID：031〕★★★

太郎的暑假有 N 天，已知在第 i 天（$1 \leq i \leq N$）學習的話，會提升 A_i 的實力。但是他不想連續學習兩天。太郎在暑假期間實力會提高多少？請製作一個程式求其最大值。

陣列的二元搜尋

已知有很多演算法的計算複雜度帶有 log。在第 2.4.7 項中介紹了在猜數字遊戲中使用的二元搜尋法，而在第 3.2 節中則介紹了輾轉相除法。在本專欄中，將再討論另一個例子，即搜尋陣列元素的方法。

首先，可以使用以下演算法，以 $O(\log N)$ 判斷依從小到大順序排列的陣列 $A = [A_1, A_2,..., A_N]$ 中的 x 是否存在。

---

1. 將陣列整體當作搜尋範圍。
2. 比較搜尋範圍的中央及 x。根據該結果，進行以下操作。
   - 相同時：此時確定為 Yes
   - x 較小時：將搜尋範圍縮小到前半部分
   - x 較大時：將搜尋範圍縮小到後半部分
3. 當搜尋範圍耗盡，仍未確定為 Yes 時，答案即為 No

下圖表示從陣列中檢索 $x = 170$ 時的一系列流程。與第 2.4.7 項中介紹的猜數字遊戲的演算法相同，透過 1 次比較使搜尋範圍減半。

173 和 170 的大小關係是？

No.1	No.2	No.3	No.4	No.5	No.6	No.7	No.8	No.9	No.10	No.11	No.12	No.13	No.14	No.15
157	161	163	166	166	167	170	173	175	178	180	181	187	195	210

想找找有沒有 170……
與搜尋範圍中央的「173」比較吧！
因為 173 > 170，如果 170 在陣列中的話，會是第 1～7 個

166 和 170 的大小關係是？

No.1	No.2	No.3	No.4	No.5	No.6	No.7	No.8	No.9	No.10	No.11	No.12	No.13	No.14	No.15
157	161	163	166	166	167	170	173	175	178	180	181	187	195	210

與搜尋範圍中央的「166」比較吧！
因為 166<170，如果 170 在陣列中的話，會是第 5～7 個

167 和 170 的大小關係是？

No.1	No.2	No.3	No.4	No.5	No.6	No.7	No.8	No.9	No.10	No.11	No.12	No.13	No.14	No.15
157	161	163	166	166	167	170	173	175	178	180	181	187	195	210

與搜尋範圍中央的「167」比較吧！
因為 167<170，如果 170 在陣列中的話，會是第 7 個

170 和 170 的大小關係是？

No.1	No.2	No.3	No.4	No.5	No.6	No.7	No.8	No.9	No.10	No.11	No.12	No.13	No.14	No.15
157	161	163	166	166	167	170	173	175	178	180	181	187	195	210

與搜尋範圍中央的「170」比較吧！
因為 170 = 170，所以 170 存在於陣列中！！！

Yes!!!

一般情況求解：排序的必要性

接著，思考陣列 A = [$A_1, A_1, ... , A_N$] 不一定是依從小到大順序的狀況。此時，上述二元搜尋演算法不一定能正常運作。因此，在檢索數值之前，必須對陣列進行排序（➡ **第 3.6 節**）。

陣列的排序可以自行實作，但如第 3.6.1 項所述，使用 C++、Python 等許多語言所提供的標準庫的話，可以輕鬆實作。例如，C++ 中，只要使用 sort(A+1、A+N+1) 指令即可將陣列 A 的第 1 個到第 N 個元素進行排序。總結以上內容，可如**程式碼 3.8.1** 所示進行實作（可透過本書自動評分系統的 [問題 ID：032] 確認程式是否正確）。

程式碼 3.8.1 二元搜尋的實作例

```cpp
#include <iostream>
#include <algorithm>
using namespace std;

long long N, X, A[1000009];

int main() {
    // 輸入
    cin >> N >> X;
    for (int i = 1; i <= N; i++) cin >> A[i];

    // 陣列的排序
    sort(A + 1, A + N + 1);

    // 二元搜尋
    int left = 1, right = N;
    while (left <= right) {
        int mid = (left + right) / 2; // 以搜尋範圍的中央進行分割
        if (A[mid] == X) { cout << "Yes" << endl; return 0;}
        if (A[mid] > X) right = mid - 1; // 將搜尋範圍縮小到前半部分
        if (A[mid] < X) left = mid + 1; // 將搜尋範圍縮小到後半部分
    }

    // 當搜尋範圍耗盡仍非 Yes 時，答案即為 No
    cout << "No" << endl;
    return 0;
}
```

如此一來，我們總算能夠以 $O(\log N)$ 來判斷一般陣列 $A = [A_1, A_2, ..., A_N]$ 是否包含元素 x。雖然陣列的排序需要 $O(\log N)$ 的計算時間，乍看起來好像效率不高，但二元搜尋在多次檢索數值時非常有效率。

此外，C++ 標準庫提供了 lower_bound 的函式，用於執行陣列的二元搜尋。使用這個函式的話可以輕鬆實作。如果有興趣的讀者請務必研究看看。

3.1　質數判定及反證法

快速的質數判定法
為了判定 N 是否為質數，除以 2 以上 $\sqrt{N}$ 以下的整數，所有數都不能除盡時，質數計算複雜度為 $O(\sqrt{N})$。

反證法
為了證明事實 F，假設事實 F 是錯誤時，導出矛盾會發生。

3.2　輾轉相除法

輾轉相除法
為了求出整數 A 和 B 最大公因數，反覆進行「將較大的數改寫為除以較小數後的餘數」這樣的操作，直到一方變為 0 為止。

輾轉相除法的具體例

$$\begin{array}{c} 55 \\ 33 \end{array} \Rightarrow \begin{array}{c} 22 \\ 33 \end{array} \Rightarrow \begin{array}{c} 22 \\ 11 \end{array} \Rightarrow \begin{array}{c} 0 \\ \underline{11} \end{array}$$

3.3　可用於演算法的組合數學

乘法原理
事件 A 的發生方式有 N 種，事件 B 的發生方式有 M 種時，2 個事件的發生方式的組合有 NM 種。

其他重要的公式
重新排列 n 個數的方法數：$n!$ 種（階乘）
從 n 個中選擇 r 個的方法數：$_nC_r$ 種（二項式係數）

3.4　機率、期望值、期望值的線性關係

什麼是期望值
在 1 次試驗中獲得的平均值。例如，當有 80% 的機率獲得 1000 日圓，有 20% 的機率獲得 5000 日圓時，期望值為
$$1000 \times 0.8 + 5000 \times 0.2 = 1800 \text{ 日圓。}$$

期望值的線性關係
和的期望值為各期望值之和的性質。
$$E[X + Y] = E[X] + E[Y]$$

3.5　蒙地卡羅法

蒙地卡羅法
使用隨機數的演算法的一種。
例如，進行 N 次隨機測試且成功 M 次時，將測試的成功率當作 M/N 的方法常被使用。
如果將測試次數設為 X 倍，則近似精確度為 $\sqrt{X}$ 倍。

統計術語
平均值：資料的中心位置。
標準差：資料的偏差程度。

3.6　遞迴函式與排序

什麼是遞迴函式
指呼叫自己的函式。
例如，求 $n!$ 的程式可以寫成如下：

```
int func(int n) {
    if (n == 1) return 1;
    return n * func(n - 1);
}
```

什麼是排序
將陣列依從小到大的順序重新排列的操作。
在 C++ 可利用 sort 函式來實作。

選擇排序
反覆尋找未排序部分的最小值並將其與未排序部分最左端的元素交換。計算複雜度為 $O(N^2)$。

合併排序
將陣列分成 2 部分，對分割後的陣列進行排序後，將 2 個排序後的陣列合併，以排序陣列整體的方法。計算複雜度為 $O(N \log N)$。

3.7　遞迴式與動態規劃法

遞迴式
根據前一個值的結果求出該項的值的規則。
例：$a_n = a_{n-1} + a_{n-2}$

動態規劃法
利用小問題的結果建立遞迴式求解的設計技巧
背包問題等，應用範圍很廣。

第 **4** 章

進階的演算法

4.1 用電腦解決幾何問題 ～計算幾何學～

計算幾何學是研究用電腦解決幾何問題的高效演算法的學問。雖然是從 1970 年代才開始的新領域，但是已經有很多演算法被構思出來。

為了實作幾何學的演算法，向量和三角函數（➡ **專欄4**）的知識是不可或缺的，因此本節首先對向量進行說明。之後，將討論基本問題之一的「求點與線段距離的問題」，最後介紹幾個計算幾何學的代表性問題。此外，本節的內容即使不理解三角函數也能閱讀，請放心。

4.1.1 什麼是向量？

向量用於表示兩個點的相對位置關係，在二維向量[注4.1.1]中，可以使用**分量**表示，以（x 座標差 , y 座標差）的形式來表示。例如，點 S 的座標為 (1, 1)，點 T 的座標為 (8, 3) 時，從點 S 到點 T 的向量的分量表示為 (7, 2)。

通常，將從點 S 到點 T 的向量寫為 $\overrightarrow{ST}$，例如 $\overrightarrow{ST} = (7, 2)$。請注意，向量也可以如 $\vec{a}, \vec{b}$ 這樣使用 1 個文字來書寫。

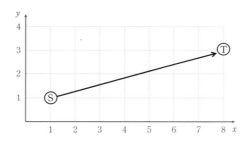

向量可以理解為具有大小和方向的量，2 個向量只有在兩者都相等時才稱為「相同向量」。例如，請注意儘管下圖中 $\overrightarrow{AB}, \overrightarrow{CD}$ 的起點和終點不同，但因為大小和方向都一致，所以 2 個向量是相同的。另一方面，下圖的 $\overrightarrow{EF}, \overrightarrow{GH}$ 的大小不同，$\overrightarrow{IJ}, \overrightarrow{KL}$ 的方向不同，因此不是相同向量。

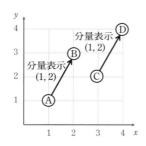
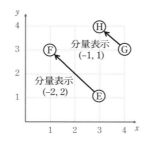
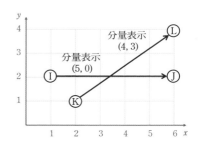

注 4.1.1　二維向量稱為**平面向量**。雖然也有三維以上的向量，但本書中不進行探討。

4.1.2 — 向量的加法、減法

向量與實數相同，可以進行加減法的運算。在將向量 $\vec{a}$ 的分量表示為 (a_x, a_y)，$\vec{b}$ 的分量表示為 (b_x, b_y) 時，加減運算如下。

- 加法 $\vec{a} + \vec{b} = (a_x + b_x, a_y + b_y)$
- 減法 $\vec{a} - \vec{b} = (a_x - b_x, a_y - b_y)$

下圖顯示了幾個具體例子。

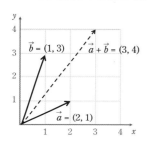
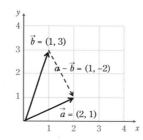
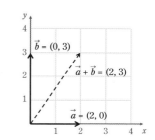

4.1.3 — 向量的大小

從起點到終點的箭頭長度稱為向量大小，以 $|\vec{a}|, |\overrightarrow{AB}|$ 等附有絕對值符號（➡ **第 2.2.2 項**）的形式書寫。通常，當向量 $\vec{a}$ 的分量表示為 (a_x, a_y) 時，計算如下式。

$$|\vec{a}| = \sqrt{(a_x)^2 + (a_y)^2}$$

例如，點 A 的座標為 $(1, 1)$，點 B 的座標為 $(5, 4)$ 時，$|\overrightarrow{AB}| = 5$。

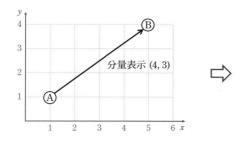

4.1.4 — 向量的內積

當向量 $\vec{a}$ 的分量表示為 (a_x, a_y)，$\vec{b}$ 的分量表示為 (b_x, b_y) 時，**內積 $\vec{a} \cdot \vec{b}$** 以下式定義。請注意雖然是向量與向量的運算，但計算結果是 1 個實數。

$$\vec{a} \cdot \vec{b} = a_x b_x + a_y b_y$$

也就是說，將同分量彼此相乘後，藉由求其總和，可以計算出內積。例如，當 $\vec{a}$ = (5, 0)，$\vec{b}$ = (4, 3) 時，$\vec{a}\ \vec{b}$ = (5 × 4) + (0 × 3) = 20。

如下圖所示，如果內積為 0，則 2 個向量垂直。另外，如果為正，則兩個向量夾角角度小於 90 度，如果為負，則大於 90 度[注 4.1.2]。

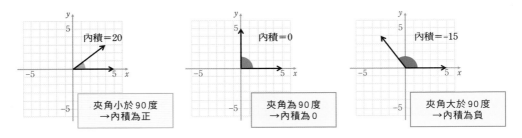

4.1.5 — 向量的外積

向量的外積本來是針對三維空間定義的[注 4.1.3]，但二維平面上的向量也可以計算外積的大小。當向量 $\vec{a}$ 的分量表示為 (a_x, a_y)，$\vec{b}$ 的分量表示為 (b_x, b_y) 時，**外積的大小** $|\vec{a} \times \vec{b}|$ 以下式表示[注 4.1.4]。

$$|\vec{a} \times \vec{b}| = |a_x b_y - a_y b_x|$$

例如，$\vec{a}$ = (4, 1)，$\vec{b}$ = (1, 3) 時，$|\vec{a} \times \vec{b}|$ = (4 × 3) – (1 × 1) = 11。
接著介紹實作幾何學的演算法時，重要的 2 個性質。

> **性質 1**　外積的大小與 2 個向量形成的平行四邊形的面積一定會一致。
> **性質 2**　將去掉外積公式中絕對值的值 $a_x b_y - a_y b_x$ 設為 $\mathrm{cross}(\vec{a}, \vec{b})$ 時，以下成立：
> - 如果點 A、B、C 為順時針排列，則 $\mathrm{cross}(\overrightarrow{BA}, \overrightarrow{BC})$ 為正
> - 如果點 A、B、C 為逆時針排列，則 $\mathrm{cross}(\overrightarrow{BA}, \overrightarrow{BC})$ 為負
> - 如果點 A、B、C 排列在一直線上，則 $\mathrm{cross}(\overrightarrow{BA}, \overrightarrow{BC})$ 為 0

性質 1 會用於計算點和線段之間的距離等。性質 2 雖然有些困難，但會用於線段的交叉判定（➡ **節末問題 4.1.5**）等。下圖顯示了各性質成立的示例。

注 4.1.2　通常，將向量 $\vec{a}, \vec{b}$ 的夾角設為 θ 時，內積可用 $|\vec{a}| \times |\vec{b}| \times \cos\theta$ 的式子表示。
注 4.1.3　三維向量 $\vec{a}$ = (a_x, a_y, a_z)，$\vec{b}$ = (b_x, b_y, b_z) 的外積為 $a \times b$ = $(a_y b_z - a_z b_y, a_z b_x - a_x b_z, a_x b_y - a_y b_x)$。
注 4.1.4　將向量 $\vec{a}, \vec{b}$ 的夾角設為 θ 時，外積的大小也可用 $|\vec{a}| \times |\vec{b}| \times |\sin\theta|$ 的式子表示。

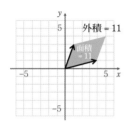

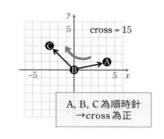

A, B, C 為順時針
→cross 為正

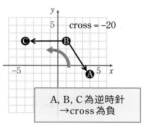

A, B, C 為逆時針
→cross 為負

4.1.6 ─ 例題：點與線段間的距離

基礎的向量基本知識解說結束後，來解看看計算幾何學中的一個基本問題吧。解決該問題時，會利用內積的夾角判定（➡ **第 4.1.4 項**）、外積的平行四邊形的面積計算（➡ **第 4.1.5 項**）。

問題 ID：033

點 A、B、C 位於二維平面上。點 A 的座標為 (a_x, a_y)、點 B 的座標為 (b_x, b_y)、點 C 的座標為 (c_x, c_y)，請求出點 A 與線段 BC 上的點之間的最短距離。

條件： $a_x, a_y, b_x, b_y, c_x, c_y$ 為 -10^9 以上且 10^9 以下的整數

執行時間限制： ：1 秒

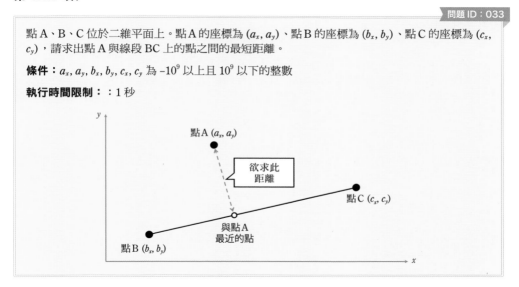

首先，根據點和線段之間的位置關係，分為以下三種模式。在判定符合哪個模式時，使用第 4.1.4 項中探討的「向量的內積與角度的關係」。

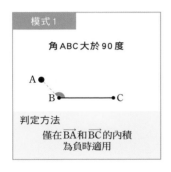

模式 1

角 ABC 大於 90 度

判定方法
僅在 $\overrightarrow{BA}$ 和 $\overrightarrow{BC}$ 的內積
為負時適用

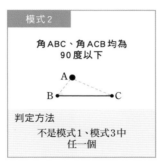

模式 2

角 ABC、角 ACB 均為
90 度以下

判定方法
不是模式1、模式3中
任一個

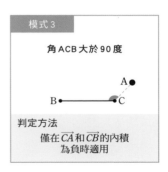

模式 3

角 ACB 大於 90 度

判定方法
僅在 $\overrightarrow{CA}$ 和 $\overrightarrow{CB}$ 的內積
為負時適用

接下來，讓我們來思考一下各個模式的答案。在模式 1 時，從上圖可以明顯看出，與點 A 最接近的是在線段 BC 上的點 B，因此答案是 AB 之間的距離。此外，在模式 3 中，與點 A 最接近的是線段 BC 上的點 C，因此答案是 AC 之間的距離。

模式 2 時有點困難，但假設從點 A 下降到線段 BC 上的垂線的垂足為點 H，則與點 A 最接近的是線段 BC 上的點 H。因此，答案是 AH 之間的距離。另外，如下一頁的圖所示，**垂線**是指對線段垂直下降的直線，垂足是指垂線與線段的交叉點。

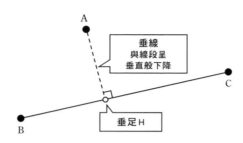

那麼，要如何求出 AH 之間的距離呢？此時如下圖所示，思考 $\overrightarrow{BA}$ 和 $\overrightarrow{BC}$ 形成的平行四邊形。通常，平行四邊形的面積可透過「底邊 × 高度」進行計算，底邊的長度對應於線段 BC 的長度，高度對應於 AH 間的距離。因此，將面積設為 S 時，AH 之間的距離為「S 除以 BC 長度的值」。

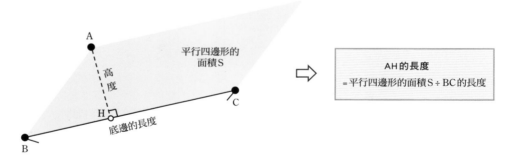

根據第 4.1.5 項的性質 1「外積的大小一定與 2 個向量形成的平行四邊形的面積一致」，面積 S 等於外積的大小 $|\overrightarrow{BA} \times \overrightarrow{BC}|$。因此，AH 之間的距離 d 以下式表示。

$$d = \frac{|\overrightarrow{BA} \times \overrightarrow{BC}|}{|\overrightarrow{BC}|}$$

例如，思考點 A、點 B、點 C 的座標分別為 A(3, 3)、B(2, 1)、C(6, 4) 的狀況。由於 $\overrightarrow{BA}$ = (1, 2)，$\overrightarrow{BC}$ = (4, 3)，因此 BC 的長度為 $\sqrt{4^2 + 3^2}$ = 5。其次，$\overrightarrow{BA}, \overrightarrow{BC}$ 形成的平行四邊形的面積為 |1 × 3 – 2 × 4| = 5。因此，點與線段的距離等於平行四邊形的面積除以 BC 長度的值，因此所求的距離為 5÷5=1。

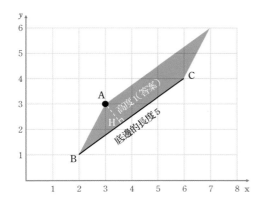

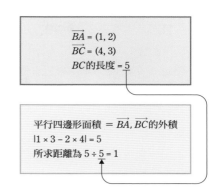

$$\vec{BA} = (1, 2)$$
$$\vec{BC} = (4, 3)$$
$$BC的長度 = 5$$

平行四邊形面積 $= \vec{BA}, \vec{BC}$ 的外積
$$|1 \times 3 - 2 \times 4| = 5$$
所求距離為 $5 \div 5 = 1$

程式碼 4.1.1 可以是一個實作例。另外，C++ 中可使用 sqrt 函式，Python 中可使用 math.sqrt 函式來計算兩點間距離（➡ **第 2.2.4 項**）。

程式碼 4.1.1 求點與線段距離的程式

```cpp
#include <iostream>
#include <cmath>
using namespace std;

int main() {
    // 輸入
    long long ax, ay, bx, by, cx, cy;
    cin >> ax >> ay >> bx >> by >> cx >> cy;

    // 求向量 BA、BC、CA、CB 的分量表示
    long long BAx = (ax - bx), BAy = (ay - by);
    long long BCx = (cx - bx), BCy = (cy - by);
    long long CAx = (ax - cx), CAy = (ay - cy);
    long long CBx = (bx - cx), CBy = (by - cy);

    // 判斷適用哪一個模式
    int pattern = 2;
    if (BAx * BCx + BAy * BCy < 0LL) pattern = 1;
    if (CAx * CBx + CAy * CBy < 0LL) pattern = 3;

    // 求出點與直線的距離
    double Answer = 0.0;
    if (pattern == 1) Answer = sqrt(BAx * BAx + BAy * BAy);
    if (pattern == 3) Answer = sqrt(CAx * CAx + CAy * CAy);
    if (pattern == 2) {
        double S = abs(BAx * BCy - BAy * BCx);
        double BCLength = sqrt(BCx * BCx + BCy * BCy);
        Answer = S / BCLength;
    }

    // 輸出答案
    printf("%.12lf\n", Answer);
    return 0;
}
```

4.1

用電腦解決幾何問題 ～計算幾何學～

137

4.1.7 — 其他代表性的問題

本節最後列出計算幾何學中討論的問題中的代表性問題。

最近點對問題

給定 N 個點時，求出最近 2 點之間的距離的問題。透過檢查所有配對，可以輕鬆構建 $O(N^2)$ 時間的演算法（ ➡ **節末問題 4.1.2**）。已知使用分割統治法的演算法可以加速到 $O(N \log N)$ 時間。

凸包構造

求出在包含所有 N 個點的多邊形中最小者的問題。使用 Andrew 演算法，可在 $O(N \log N)$ 時間解決。

製作沃羅諾伊（Voronoi）圖

給定 N 個點時，求出各個點支配的區域（比其他任何點都接近的區域）的問題。由於支配區域的邊界必定是 2 點的垂直平分線，因此，自然有調查所有垂直平分線的方法。另外，使用平面掃描的構想的 Fortune 演算法的話，可在 $O(N \log N)$ 時間求出沃羅諾伊圖。在現實社會也運用於學區的設定等。

美術館問題

給定一個以 N 個頂點的多邊形表示的美術館時，求出以最少的監視攝影機數量來監視整個區域的設置方法。使用平面掃描的構想對多邊形進行三角形分割的話，可以在 $O(N \log N)$ 的時間內找到 1 個解，使用的攝影機數量不超過 $\lfloor N/3 \rfloor$ 個。

這些問題可以透過本節中說明的數學知識來解決，但是，依靠自己的力量很難想出有效率的演算法。有興趣的人一定要研究一下。

最近點對問題	凸包構造	製作沃羅諾伊圖	美術館問題

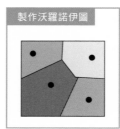

▎節末問題

問題 4.1.1 ⭐

請就向量 $\vec{A} = (2, 4)$、$\vec{B} = (3, -9)$ 回答以下問題。

1 · 請分別計算 $|\vec{A}|$, $|\vec{B}|$, $|\vec{A} + \vec{B}|$。

2・請計算向量的內積 $\vec{A} \cdot \vec{B}$。

3・請判定 $\vec{A}$ 和 $\vec{B}$ 的夾角是否大於 90 度。

4・請計算向量的外積大小 $|\vec{A} \times \vec{B}|$。

問題 4.1.2 　問題ID：034 ★★

有 N 個點位於二維平面上，第 i 個點 $(1 \leq i \leq N)$ 的座標為 (x_i, y_i)。請製作一個計算最近 2 個點的距離的程式。計算複雜度 $O(N \log N)$ 的演算法也廣為人知，但此處可容許計算複雜度 $O(N^2)$。

問題 4.1.3 　問題ID：035 ★★★

在二維平面上有 2 個圓。第一個圓的中心座標為 (x_1, y_1) 半徑為 r_1。第二個圓的中心座標為 (x_2, y_2) 半徑為 r_2。2 個圓的位置關係為以下 5 種類型之一，請製作輸出其編號的程式。

1・一個圓完全包含另一個圓，2 個圓不相接

2・一個圓完全包含另一個圓，2 個圓相接

3・2 個圓相交

4・2 個圓的內部不存在共同部分，但 2 個圓相接

5・2 個圓的內部不存在共同部分，2 個圓不相接

問題 4.1.4 　問題ID：036 ★★★

考慮時針長度為 Acm、分針長度為 Bcm 的時鐘。正好為 H 點 M 分的時候，2 根針尖相距多少公分？請製作求解的程式。下圖顯示 A=3、B=4、H=9、M=0 時的示例。（出處：AtCoder Beginner Contest 168 C - : (Colon)）

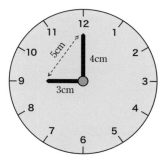

問題 4.1.5 　問題ID：037 ★★★★

在二維平面上有 2 條線段。第一條線段連結座標 (x_1, y_1) 和座標 (x_2, y_2)。第二條直線連接座標 (x_3, y_3) 和座標 (x_4, y_4) 請製作一個程式來確定兩條直線是否相交。（出處：AOJ CGL_2_B - Intersection 改題）

4.2 階差及累積和

在本節中,將對相互為相反操作的「取階差的想法」、「取累積和的想法」進行探討。這本來應該是在第 5 章的數學思考篇中探討的內容,但由於與微分法(➡ **第 4.3 節**)、積分法(➡ **第 4.4 節**)有很大關係,因此在此進行說明。

4.2.1 階差及累積和的概念

程式設計的問題中,有時可使用以下 2 種思路[注 4.2.1]。

- 對於整數 A_1、A_2, ... , A_N,考慮**階差** $B_i = A_i - A_{i-1}$
- 對於整數 A_1、A_2, ... , A_N,考慮**累積和** $B_i = A_1 + A_2 + \cdots + A_i$

在此,如果設階差的首項 B_1 的值為 A_1,則階差與累積和是互為相反的操作。例如:

- [3, 4, 8, 9, 14, 23] 的階差為 [3, 1, 4, 1, 5, 9]
- [3, 1, 4, 1, 5, 9] 的累計和為 [3, 4, 8, 9, 14, 23]

如下圖所示,在其他例子中,這種性質也成立。

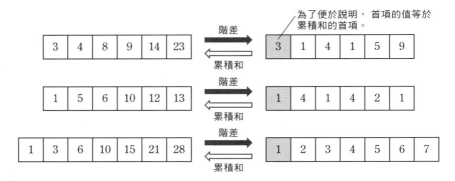

即使直接計算階差,也可以用計算複雜度 $O(N)$ 求得累積和,但直接計算累積和時,在求 B_1 時加上 1 個數,求 B_2 時加上 2 個數,…求 B_N 加上 N 個數,因此總計算次數為 $1 + 2 + \cdots + N = N(N+1)/2$ 次,即計算複雜度為 $O(N^2)$。

因此,利用累積和為階差的相反的特性,按照以下順序進行計算時,計算複雜度將改善為 $O(N)$。下頁的圖顯示了求 [3, 1, 4, 1, 5, 9] 的累積和的過程。

- 首先,設 $B_1 = A_1$。
- 接著,按照 $i = 2$、3、$\cdots$、N 的順序、設 $B_i = A_{i-1} + A_i$

注 4.2.1 根據文獻的不同,也有將階差設為 $B_i = A_{i+1} - A_i$(前進階差)的情況,但此處為了便於說明,設為 $B_i = A_i - A_{i-1}$(後退階差)。

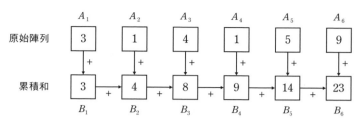

4.2.2 ─ 例題 1：計算入場者數

遊樂園「ALGO-RESORT」舉辦了為期 N 天的活動，第 i 天（$1 \leq i \leq N$）有 A_i 人前來參觀。請製作一個程式來回答以下共 Q 個問題。

- 第 1 個問題：從第 L_1 天到第 R_1 天的總入場者數是多少？
- 第 2 個問題：從第 L_2 天到第 R_2 天的總入場者數是多少？
  ⋮
- 第 Q 個問題：從第 L_Q 天到第 R_Q 天的總入場者數是多少？

條件： $1 \leq N, Q \leq 100000, 1 \leq A_i \leq 10000, 1 \leq L_j \leq R_j \leq N$

行時間制限： 1 秒

首先，應該會想直接計算答案，但一次問題中需要進行最多 N 個數的加法。由於問題共有 Q 個，計算複雜度會是 $O(NQ)$，無法在本問題限制的 1 秒內完成執行。因此，使用以下 2 個值會相等的性質吧。

- 從第 x 天到第 y 天的總入場者數
- [到第 y 天為止的總入場者數] – [到第 x–1 天為止的總入場者數]

換句話說，當考慮 $[A_1, A_2, ... , A_N]$ 的累積和 $[B_1, B_2, ... , B_N]$ 時，第 j 個問題的答案以 $B_{Rj} - B_{Lj-1}$ 表示。下圖顯示了每天入場者數為 3, 1, 4, 1, 5, 9, 2, 6 人時，計算總入場者數的示例，與直接求解時的計算結果一致。

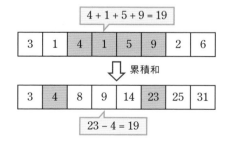

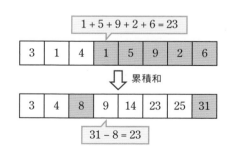

因此，如**程式碼 4.2.1** 所示撰寫程式，在計算累積和後，對各個問題輸出 $B_{Rj} - B_{Lj-1}$ 的話，就可以用計算複雜度 $O(N + Q)$ 得出正確的答案。請注意 $L_j = 1$ 時的實作（設定為 $B_0 = 0$ 的話實作上會很輕鬆）。

```cpp
#include <iostream>
using namespace std;

int N, A[100009], B[100009];
int Q, L[100009], R[100009];

int main() {
    // 輸入 → 求出累積和
    cin >> N >> Q;
    for (int i = 1; i <= N; i++) cin >> A[i];
    for (int j = 1; j <= Q; j++) cin >> L[j] >> R[j];
    B[0] = 0;
    for (int i = 1; i <= N; i++) B[i] = B[i - 1] + A[i];
    // 輸出答案
    for (int j = 1; j <= Q; j++) cout << B[R[j]] - B[L[j] - 1] << endl;
    return 0;
}
```

4.2.3　例題 2：降雪模擬

ALGO 國家分為 N 個地區，從西開始按順序編號為 1 到 N。一開始不管哪個地區都沒有積雪，但預計在接下來的 Q 天會持續下雪，並且在第 i 天（$1 \leq i \leq Q$）時，地區 $L_i, \ldots, R_i$ 的積雪將增加 X_i cm。

請按照預測製作程式，顯示下完雪後積雪的大小關係，並輸出 $N–1$ 個字元的字串。第 i 個字元如下所示。

- （地區 i 的積雪）>（地區 $i+1$ 的積雪）時：>
- （地區 i 的積雪）=（地區 $i+1$ 的積雪）時：=
- （地區 i 的積雪）<（地區 $i+1$ 的積雪）時：<

例如，如果積雪從地區 1 開始依次為 [3, 8, 5, 5, 4] 時，則輸出 <>==> 為正解。

條件：$2 \leq N \leq 100000, 1 \leq Q \leq 100000, 1 \leq L_i \leq R_i \leq N, 1 \leq X_i \leq 10000$

執行時間限制：1 秒

　　首先，思考將地區 i 目前的積雪 A_i 記入陣列，並透過加上 A_i 來直接模擬的方法。但是，每天要進行最多 N 次加法運算，並持續 Q 天，因此計算複雜度為 $O(NQ)$，無法在本問題限制的 1 秒內完成執行。

　　因此來使用階差吧。如果將地區 i 的積雪減去地區 $i-1$ 的積雪設為 B_i，則從地區 1 到地區 r 的積雪增加 x cm 的操作對應於以下操作。

- B_l 的值增加 x，B_{r+1} 的值減少 x。

　　下頁的圖顯示了積雪 $[A_1, A_2, \ldots, A_N]$ 及其階差 $[B_1, B_2, \ldots, B_N]$ 變化的示例。相對於積雪在一天內有好幾個地區會變化，其階差則只有 2 個地區會改變。

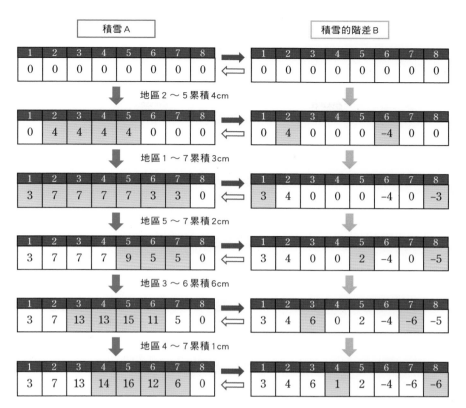

地區 i 的積雪與地區 $i+1$ 的積雪的大小關係可以透過是否 $B_{i+1} > 0$ 來判定。因此，如果像**程式碼 4.2.2** 一樣，撰寫將階差 B_i 記錄在陣列中並適當地進行加法運算的程式，就可以用計算複雜度 $O(N+Q)$ 得出正確的答案。

另外，如果使用階差的相反為累積和的性質，則不僅可以計算相鄰地區的大小關係，還可以計算出下雪後各地區的積雪。具體而言，若對計算出的階差 $[B_1, B_2, \ldots, B_N]$ 取累積和，則會成為積雪 $[A_1, A_2, \ldots, A_N]$（➡ **節末問題 4.2.2**）^{注 4.2.2}。

程式碼 4.2.2 解決例題 2 的程式

```cpp
#include <iostream>
using namespace std;

int N, B[100009];
int Q, L[100009], R[100009], X[100009];

int main() {
    // 輸入、階差的計算
    cin >> N >> Q;
    for (int i = 1; i <= Q; i++) {
        cin >> L[i] >> R[i] >> X[i];
```

下一頁

注 4.2.2　這些技術在程式競賽中被稱為「IMOS 法」。

```
        B[L[i]] += X[i];
        B[R[i] + 1] -= X[i];
    }

    // 輸出答案
    for (int i = 2; i <= N; i++) {
        if (B[i] > 0) cout << "<";
        if (B[i] == 0) cout << "=";
        if (B[i] < 0) cout << ">";
    }
    cout << endl;
    return 0;
}
```

▌節末問題

問題 4.2.1 問題 ID：040 ★★★

ALGO 鐵路的資訊線有 N 個站，從西開始按順序從 1 編號到 N。車站 i 和車站 $i+1$（$1 \leq i \leq N-1$）為雙向連接，距離為 A_i 公尺。太郎制定了從車站 B_1 出發，依次經過車站 B_2、B_2、...、B_{M-1}，在車站 B_M 結束旅行的計劃。請製作程式，以計算複雜度 O(N+M) 求出他整個旅程要移動多少公尺。(出處：第 9 回日本情報オリンピック本選 1- 旅人 改題)

問題 4.2.2 問題 ID：041 ★★★

一家便利商店在 0 點開門，T 點關門。這家便利商店有 N 位員工，第 i 位（$1 \leq i \leq N$）員工在 L_i 點上班，R_i 點下班。其中，L_i、R_i 為整數，滿足 $0 \leq L_i < R_i \leq T$。請製作程式，針對 $t = 0, 1, 2, ..., T - 1$ 分別輸出當 $t + 0.5$ 點時，在便利商店的員工數。計算複雜度最好為 $O(N + T)$。

問題 4.2.3 ★★★★

函數 $f(x)$ 是以 $f(x) = ax^2 + bx + c$ 的形式表示的函數（a、b、c 的值也可能為 0）。對此，太郎說了「$f(1) = A_1$, $f(2) = A_2$, ... ,$f(N) = A_N$」。以下取 2 次階差的程式，會在太郎確實是說謊時回傳 false，不一定是說謊時回傳 true。請進行證明。

```
// 設 f(1)=A[1]，f(2)=A[2]，…，f(N)=A[N]
// 例如，當 N=3，A=[1,4,9,16] 時，B=[3,5,7]，C=[2,2]，回傳 true
bool func() {
    for (int i = 1; i <= N - 1; i++) B[i] = A[i + 1] - A[i];
    for (int i = 1; i <= N - 2; i++) C[i] = B[i + 1] - B[i];
    for (int i = 1; i <= N - 3; i++) {
        if (C[i] != C[i + 1]) return false;
    }
    return true;
}
```

4.3 牛頓法 ～試著進行數值計算吧～

大家可以透過使用電腦或使用程式的 sqrt 函式輕鬆獲得 $\sqrt{2}$ 等的值。但是，其中的計算到底是如何進行的呢？本節在解說完用於理解演算法所必需的「微分法」後，將探討「牛頓法」這個以有效率聞名的數值計算方法。

4.3.1 引言：微分的概念

求出某點的「函數斜率（➡ 第 2.3.5 項）」的操作稱為**微分**。

以計算 $y = x^2$ 圖形中 $x = 1$ 附近的斜率來當一個簡單的例子。將圖形放大的話，會接近 x 的值每增加 0.01 時 y 的值增加 0.02 的直線，因此所求的斜率如下。

$$所求斜率 = \frac{y\,的增加量}{x\,的增加量} = \frac{0.02}{0.01} = 2$$

計算這樣的值就是所謂微分的操作。

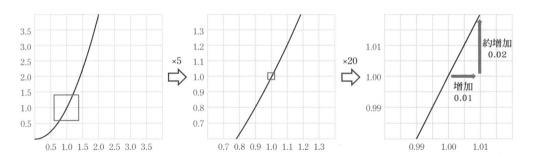

通常，$y = f(x)$ 圖形中附近的斜率稱為「$x = a$ 的微分係數」，並寫為 $f'(a)$。例如，當 $f(x) = x^2$ 時，$x = 1$ 附近的斜率是 2，因此 $f'(1) = 2$。

再舉一個具體的例子吧。例如，如果放大 $y = 1/x$ 的圖形，可知 $x = 2$ 附近的斜率是 -0.25，因此 $f(x) = 1/x$ 時 $f'(2) = -0.25$。掌握到微分的概念了嗎？

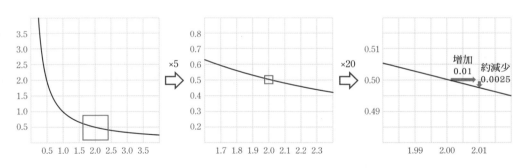

4.3.2 ― 切線和微分係數的關係

接著，函數 $y = f(x)$ 的圖形與點 $(a, f(a))$ 相接的直線稱為**切線**。舉例來說：

- $y = x^2$ 上的點 $(1, 1)$ 的切線如下圖所示為 $y = 2x - 1$
- $y = x^2$ 上的點 $(2, 4)$ 的切線如下圖所示為 $y = 4x - 4$

請注意，函數及其切線在點 $(a, f(a))$ 處相接，但不相交。另外，在平滑函數[注4.3.1] 的狀況下，切線一定為一條。

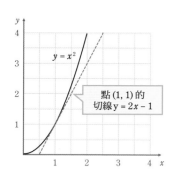 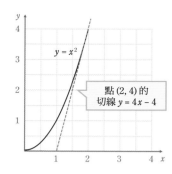

因此，有一重要性質是：切線在點 $(a, f(a))$ 處的斜率會與微分係數 $f'(a)$ 一致。例如，切線在 $f(x) = x^2$ 上的點 $(1, 1)$ 處的斜率是 2，且此值等於 $f'(1) = 2$。此性質之所以成立的原因，如果注意到在放大圖形時，函數與其切線看起來一致這一點，就很容易理解。

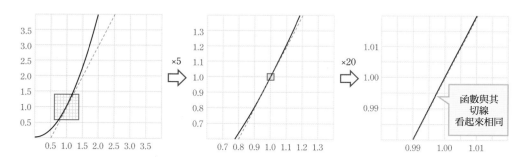

4.3.3 ― 各種函數的微分

在第 4.3.1 項中，是透過放大函數圖形來求微分係數 $f'(x)$，但是對於某些函數，即使不用進行這樣麻煩的動作也可以計算 $f'(x)$ 的值。探討過一次函數的微分作為明顯的例子後，本項將介紹對一般多項式函數進行微分的方法。

注 4.3.1　在數學術語中稱之為**可微分**。

模式 1：一次函數的微分

首先，由於一次函數 $f(x) = ax + b$ 的斜率在任一點都是 a，故對所有實數 x 來說 $f'(x) = a$。例如，當 $f(x) = 2x - 1$ 時，$f'(1) = 2$，$f'(2) = 2$。

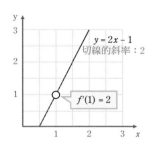 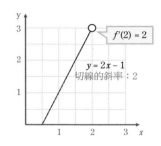

模式 2：一般多項式函數的微分

其次，$f(x)$ 為一般的多項式函數（➡ **第 2.3.7 項**）時，可透過以下步驟計算微分係數。

1. 將 $f(x)$ 的所有項乘以自己的次數後，將次數減 1 的函數設為 $f'(x)$
2. $x = t$ 時的微分係數為 $f'(t)$

下圖顯示了 2 個依上述步驟求微分係數的例子。特別是 $f(x) = x^2$ 時 $f'(x) = 2x$，$f(x) = x^3$ 時 $f'(x) = 3x^2$，$f(x) = x^4$ 時 $f'(x) = 4x^3$。

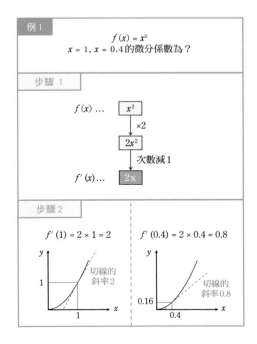 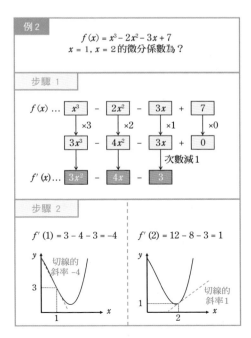

4.3.4 — 更嚴謹的微分定義

接下來，我們將介紹比單純的「函數斜率」更嚴謹的微分定義[注4.3.2]。在高中數學中，本項所記載的式子常被當成定義。下一項介紹「求 $\sqrt{2}$ 的問題」，雖然不需要使用這個定義也可以解決，但還是建議要了解一下。

> 對於函數 $f(x)$，令以下值為 $x = a$ 的微分係數，並寫成 $f'(a)$。
>
> $$f'(a) = \lim_{h \to 0} \frac{f(a + h) - f(a)}{h}$$

此式使用 lim 符號，在此為「當間距 h 無限接近 0 時，式子的值是多少？」的意思。例如，在 $f(x) = x^2$ 的 $x = 1$ 時，如下求出微分係數 $f'(1)$。

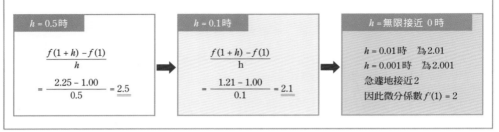

4.3.5 — 用牛頓法求 $\sqrt{2}$ 吧！

準備好了數學知識，因此即將要進入正題了。牛頓法是一種演算法，透過反覆拉出函數的切線來計算某個數字的近似值。例如，可以使用以下演算法求出 $\sqrt{2}$ 的近似值。

> 1. 設定適當的初始值 a，繪製函數 $y = x^2$ 和 $y = 2$ 的圖形。
> 2. 重複多次以下操作。
>   - $y = x^2$ 上的點 (a, a^2) 畫切線。
>   - 將 a 的值變更為「切線與直線 $y = 2$ 交點的 x 座標」。
> 3. 操作結束後的 a 的值就是 $\sqrt{2}$ 的近似值

例如，如果設初始值 $a = 2$，並運用上面的演算法，則會如下一頁所顯示。a 的值由 $2 \to 1.5 \to 1.416\cdots$ 變化，急遽地接近 $\sqrt{2} = 1.414213\cdots$。這是因為 $y = x^2$ 和 $y = 2$ 圖形交點的 x 座標為 $\sqrt{2}$。

另外，在圖中的第 3 步驟和第 6 步驟中，是利用當 $f(x) = x^2$ 時，$f'(x) = 2x$ 的事實。

1 步驟1.	**2** 步驟1.
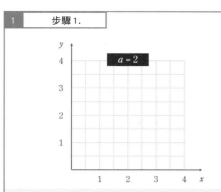	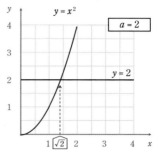
設定接近 $\sqrt{2}$ 的初始值 a。 在此設定為 $a=2$。	繪製函數 $y=x^2$ 和 $y=2$ 的圖形。 此處的重點是，2個圖形交點的 x 座標為 $\sqrt{2}$。
3 步驟2.〔第1次〕	**4** 步驟2.〔第1次〕
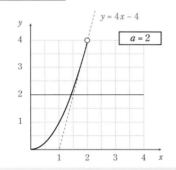	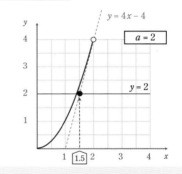
$a=2$，因此拉出通過點 $(2,4)$ 的切線。 設 $f(x)=x^2$，切線的斜率為 $f'(2)=2\times 2=4$， 因此切線的式子為 $\underline{y=4x-4}$。	切線與直線 $y=2$ 交點的 x 座標為 $\dfrac{3}{2}=1.5$。
5 步驟2.〔第1次〕	**6** 步驟2.〔第2次〕
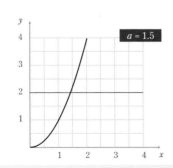	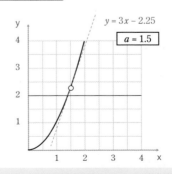
在〔4〕求得的交點的 x 座標為1.5， 因此變更成 $a=1.5$（第1次變更）。	$a=1.5$時，因此拉出通過點 $(1.5、2.25)$ 的切線。 假設 $f(x)=x^2$，則切線的斜率為 $f'(1.5)=2\times 1.5=3$， 因此切線的式子為 $\underline{y=3x-2.25}$。

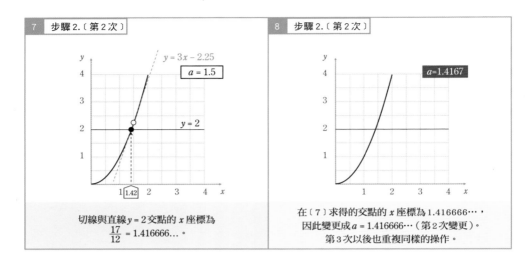

| 7 | 步驟 2.〔第 2 次〕 |
| 8 | 步驟 2.〔第 2 次〕 |

切線與直線 $y = 2$ 交點的 x 座標為 $\dfrac{17}{12} = 1.416666\cdots$。

在〔7〕求得的交點的 x 座標為 $1.416666\cdots$，因此變更成 $a = 1.416666\cdots$（第 2 次變更）。第 3 次以後也重複同樣的操作。

如果進一步反覆進行一系列操作，則 a 的值將如下所示變化。紅字表示與 $\sqrt{2}$ 的正確值 $1.41421356\cdots$ 一致的部分

操作次數	A 的值	一致的位數
初始值	2.000000000000000000000000	0 位
第 1 次操作後	1.500000000000000000000000	1 位
第 2 次操作後	1.416666666666666666666666	3 位
第 3 次操作後	1.414215686274509803921568	6 位
第 4 次操作後	1.414213562374689106262955	12 位
第 5 次操作後	1.414213562373095048801689	24 位

一致的位數加倍了。像這樣使用牛頓法，只需要幾次計算，即可幾乎準確地求出 $\sqrt{2}$ 的值。思考程式碼 4.3.1 為實作例。

程式碼 4.3.1 牛頓法的實作例

```cpp
#include <iostream>
using namespace std;

int main() {
    double r = 2.0; // 因為欲求√2
    double a = 2.0; // 將初始值適當的設定為 2.0

    for (int i = 1; i <= 5; i++) {
        // 求點 (a, f(a)) 的 x 座標及 y 座標
        double zahyou_x = a;
        double zahyou_y = a * a;

        // 求切線的方程式 [ 設為 y=(sessen_a)x+sessen_b]
        double sessen_a = 2.0 * zahyou_x;
```

下一頁

```
        double sessen_b = zahyou_y - sessen_a * zahyou_x;

        // 求下一個 a 的值 next_a
        double next_a = (r - sessen_b) / sessen_a;
        printf("Step #%d: a = %.12lf -> %.12lf\n", i, a, next_a);
        a = next_a;
    }
    return 0;
}
```

4.3.6 ─ 牛頓法的一般化

前項中介紹了求 $\sqrt{2}$ 的演算法，一般情況下，$f(x) = r$ 的 x 值可透過以下步驟求得。

---

1. 設定適當的初始值 a。
2. 重複數次以下操作。
   - 求 $y = f(x)$ 上的點 $(a, f(a))$ 的切線。
   - 將 a 的值變更為「求得的切線與直線 $y = r$ 交點的 x 座標」。
3. 操作結束後 a 的值是 $f(x) = r$ 的近似值。

使用通用的牛頓法，可以計算如下所示的各種近似值。

- 設 $f(x) = x^2$，$r = 2$ 時，計算 $\sqrt{2}$。
- 設 $f(x) = x^2$，$r = 2$ 時，計算 $\sqrt{3}$。
- 設 $f(x) = x^3$，$r = 2$ 時，計算 $\sqrt[3]{2}$（**➡節末問題 4.3.2**）
- 設 $f(x) = e^x$，$r = 2$ 時，計算 $\log_e 2$。（**➡最終確認問題 21**）
- 設 $f(x) = x^x$，$r = 2$ 時，計算使 $x^x = 2$ 的 x 的值。

4.3.7 ─ 數值計算的代表性問題

一般而言，將無法透過手動計算求解的數學式及大規模的數式利用程式來高效計算稱為**數值計算**。在第 4.3.5 項中，作為數值計算的例子介紹了牛頓法，除此之外還有很多已知的問題。於本節最後列出一些代表性的問題。

數值微分、數值積分

並非世界上的所有的函數都像多項式函數一樣，可以求出正確的微分係數。取而代之的是，以數值方法求出近似值，這稱為**數值微分**。例如，單純根據嚴謹的微分定義（**➡第 4.3.4 項**）中的公式進行計算。另外，求出與微分相反操作的積分（**➡第 4.4 節**）的近似值稱為**數值積分**（**➡節末問題 4.4.2**）。

多倍長整數運算

進行像「100 萬位 ×100 萬位的乘法」這樣巨大數量的運算的問題。例如，在乘法運算中，將位數設為 N 時，筆算的計算複雜度為 $O(N^2)$，但使用 Karatsuba 法或快速傅立葉轉換的話可以改進計算複雜度。

問題 4.3.1　★

1・設函數 $f(x) = 7x + 5$ 時，請將 $f'(x)$ 用 x 的方程式表示。
2・設函數 $f(x) = x^2 + 4x + 4$ 時，請將 $f'(x)$ 用 x 的方程式表示。
3・設函數 $f(x) = x^5 + x^4 + x^3 + x^2 + x + 1$ 時，請將 $f'(x)$ 用 x 的方程式表示。

問題 4.3.2　★★

請透過適當更改程式碼 4.3.1 中的以下變數來計算 $\sqrt[3]{2}$ 的近似值。

● zahyou_y：點 $(a, f(a))$ 的 y 座標值 $f(a)$
● sessen_a：切線斜率的值

問題 4.3.3　★★★

$\sqrt{2}$ 的值也可以透過使用以下**二元搜尋法**（➡ **第 2.4.7 項**）的演算法進行計算。

1・$1 \le \sqrt{2} \le 2$，因此設定為 $l = 1, r = 2$。
2・重複以下操作。在此，$l \le \sqrt{2} \le r$ 始終成立。
　　● 設 $m = (l + r) / 2$。
　　● 如果 $m^2 < 2$，則將 l 的值變更為 m。。
　　● 如果 $m^2 \ge 2$，則將 r 的值變更為 m。

請求出一致的位數達到 6 位之前的操作次數，並將性能與牛頓法進行比較。

問題 4.3.4　★★★★

請製作程式，只使用四則運算來計算 $10^{0.3}$ 的近似值。不能使用非四則運算的函式，如 pow 函式或 sqrt 函式等。另外，可以不使用牛頓法。

4.4 埃拉托斯特尼篩法

已知有各種方法可以列舉 N 以下的質數。例如，使用第 3.1 節中介紹的質數判定法，按照「1 是質數嗎」、「2 是質數嗎」、「3 是質數嗎」等順序求解時，計算複雜度為 $O(N^{1.5})$。另一方面，使用稱為「埃拉托斯特尼篩」的演算法的話，可以用比 $O(N \log N)$ 更佳的計算複雜度列出質數。因此，本節介紹演算法後，會解說對估算計算複雜度所需的積分知識。

4.4.1 — 什麼是埃拉托斯特尼篩法？

首先，使用以下稱為**埃拉托斯特尼篩**的演算法，可以有效地列出從 1 到 N 的質數。

1. 首先，寫下整數 2、3、4、…、N。
2. 在無標記的最小數「2」上畫圈，並在其他 2 的倍數上畫叉。
3. 在無標記的最小數「3」上畫圈，並在其他 3 的倍數上畫叉。
4. 在無標記的最小數「5」上畫圈，並在其他 5 的倍數上畫叉。
5. 以下同樣，對無標記的最小數畫圈，重複對其倍數畫叉的操作。當所有 $\sqrt{N}$ 以下的整數都被標記時，結束操作 注4.4.1。
6. 只有畫圈的整數或者無標記的剩餘整數才是質數。

使用該演算法來列舉 100 以下的質數吧。一系列的流程如下圖所示，可知 2、3、5、7、11、…、89、97 共計有 25 個質數。

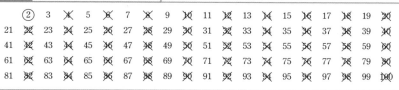

注 4.4.1　在 $\sqrt{N}$ 為止中斷的理由是，N 以下的所有合成數會具有 2 以上 $\sqrt{N}$ 以下的因數（➡**第 3.1 節**）。

153

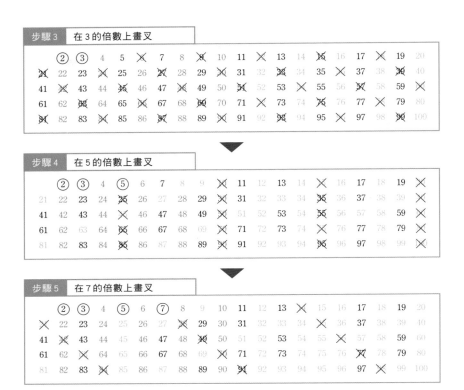

接下來，考慮實作方法。雖然可惜程式中無法在步驟 1 中實際寫入數字，但改準備陣列 prime 即可實作。如果整數 x 未被畫叉，則 prime[x]=true，如果整數 x 被畫叉，則 prime[x]=false。

已知埃拉托斯特尼篩的計算量為 $O(N \log \log N)$ [注 4.4.2]。**程式碼 4.4.1** 是將 N 以下的質數以從小到大的順序輸出的程式，在作者的環境中 $N = 10^8$ 時，去除輸入輸出，會在 0.699 秒內完成執行（可通過本書的自動評分系統〔問題 ID：011〕確認程式是否正確）。

那麼，為什麼會出現這樣的計算複雜度呢？為了理解這一點，需要有積分的知識，因此在下一項中對積分的基本知識進行說明。

程式碼 4.4.1 輸出所有 N 以下質數的程式

```cpp
#include <iostream>
using namespace std;

int N;
bool prime[100000009];

int main() {
    // 輸入→陣列的初始化
    cin >> N;
    for (int i = 2; i <= N; i++) prime[i] = true;
```

下一頁

注 4.4.2　$N \log \log N$ 與 $N \times \log (\log N)$ 的含義相同。當 $N = 10^8$ 時，$\log(\log N)$ 的值約為 5（設對數底數為 2）。

```
    // 埃拉托斯尼篩
    for (int i = 2; i * i <= N; i++) {
        if (prime[i] == true) {
            for (int x = 2 * i; x <= N; x += i) prime[x] = false;
        }
    }

    // 將 N 以下的質數以從小到大的順序輸出
    for (int i = 2; i <= N; i++) {
        if (prime[i] == true) cout << i << endl;
    }
    return 0;
}
```

4.4.2 — 積分的概念

　　求出從某個函數所得區域面積的操作稱為**積分**。積分分為**不定積分**和**定積分**兩種，其中定積分由下式表示，稱為「將函數 $f(x)$ 從 a 到 b 進行積分」（本書由於篇幅原因，不探討不定積分）。

$$\int_a^b f(x)\,dx$$

　　如下圖所示，這相當於計算由 3 條直線 $x = a$，$x = b$，$y = 0$ 和函數圖形 $y = f(x)$ 包圍部分（有符號）的面積。相對於微分是著眼於「微小變化」、「差分」者，積分則是著眼於「累積」，因此可說是與微分相反的概念（➡ **第 4.2 節**）。

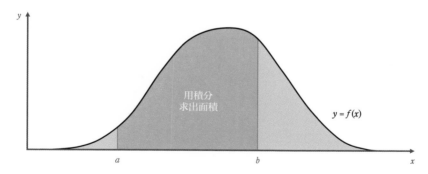

　　那麼來舉幾個具體的例子吧。首先，計算下式作為簡單的例子。

$$\int_3^5 4\,dx$$

　　這代表求下一頁圖中著色部分的面積，是由 3 條直線 $x = 3$，$x = 5$，$y = 0$ 和函數 $y = 4$ 所包圍而成。此部分是高的長度為 4，寬的長度為 2 的長方形，故面積為 $4 \times 2 = 8$。

　　因此，所求定積分的值如下。

$$\int_3^5 4\,dx = 8$$

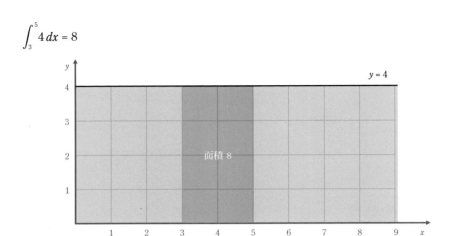

接著是一些比較複雜的例子。計算一下以下式子吧。

$$\int_0^5 (x-2)\,dx$$

這代表求下圖中著色部分（有符號）的面積，由 3 條直線 $x=0$，$x=5$，$y=0$ 和函數 $y=x-2$ 所包圍而成。此部分分為 2 個，左側面積為 2，右側面積為 4.5。

因此，也許有人會認為「答案是 4.5 + 2 = 6.5」，但**積分對應的面積是有帶正負符號的**，故出現在負方向的部分為負。因此，求得的定積分的值如下所示。

$$\int_0^5 (x-2)\,dx = (4.5-2) = 2.5$$

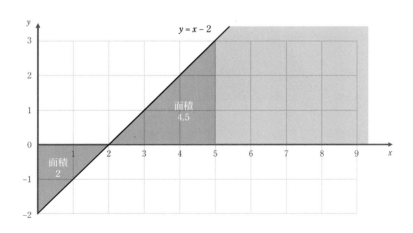

前項中，透過實際繪製圖形並求面積來進行積分計算。但是，與微分一樣，對於某些函數，無需執行這些繁瑣的操作。本項介紹多項式函數的積分和 $1/x$ 的積分這 2 種。利用積分法與微分法的相反操作，也可自行導出。但是，在分析演算法的計算複雜度等情況下，重要的是能夠實際進行定積分的計算，因此請當作公式記住。

模式 1：多項式函數的積分

函數 $f(x)$ 為多項式函數時，可透過以下步驟求出 a 至 b 的積分。

1. 將 $f(x)$ 的所有項的次數增加 1 後，除以自身次數的函數設為 $f(x)$[注4.4.3]。
2. 求得的積分的值為 $F(b) - F(a)$。

下圖顯示了依照以上步驟將函數進行積分的兩個例子。例 1 中，與積分計算對應的區域為上底 5，下底 11，高度 3 的梯形，其面積為 $(5 + 11) \times 3 \div 2 = 24$，可知可以正確計算。

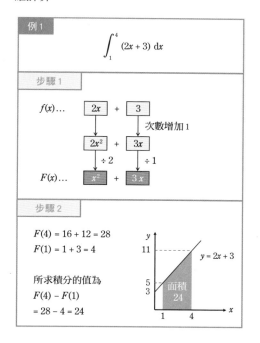

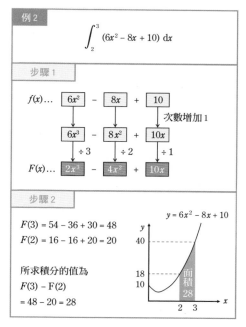

其中，關於步驟 1，下述事實成立。思考在多項式函數的微分（ **➡ 第 4.3.3 項** ）中次數只減少了 1 這一點的話，就很容易理解[注4.4.4]。

注 4.4.3　$F(x)$ 有時稱為**原始函數**。與本書中未探討的不定積分有很深的關聯。
注 4.4.4　對於一般的實數 t（$t \neq -1$），函數 $f(x) = x^t$ 從 a 到 b 的積分值為 $(b^{t+1} - a^{t+1}) / (t + 1)$

- $f(x) = x$ 時 $F(x) = x^2/2$
- $f(x) = x^2$ 時 $F(x) = x^3/3$
- $f(x) = x^3$ 時 $F(x) = x^4/4$

模式 2：$1/x$ 積分

接著，、$f(x) = 1/x$，$0 < a < b$ 時的定積分可計算如下。其中，e 是約 2.718 的常數，稱為**自然對數的底數**。

$$\int_a^b \frac{1}{x}\, dx = (\log_e b - \log_e a)$$

例如，根據對數函數的公式（➡ **第 2.3.10 項**），函數 $1/x$ 從 0.5 到 3 的積分值為 $\log_e 3 - \log_e 0.5 = \log_e 6$（約 1.8）。此積分與下圖中著色部分的面積相對應。另外，$1/x$ 的積分也用於埃拉托斯特尼篩的計算複雜度分析。

第

第
4
章

進
階
的
演
算
法

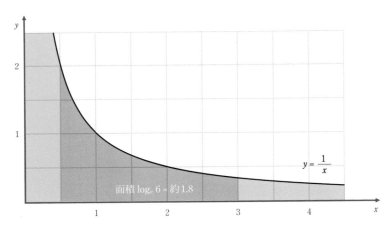

4.4.4 — 關於倒數 $(1/x)$ 的和

已知由以下形式表示的式子的值大約為 $\log_e N$。

$$\frac{1}{1} + \frac{1}{2} + \frac{1}{3} + \cdots + \frac{1}{N}$$

對於具體的 N 的式子的值如下[注 4.4.5]。另外，將 N 無限大的無限和稱為**調和級數**，已知其發散到正的無限大（無論多少都會變大）。

N	100	10000	1000000	100000000
調和級數	5.1874	9.7876	14.3927	18.9979
參考：$\log_e N$	4.6052	9.2103	13.8155	18.4207

注 4.4.5　N 非常大時，已知 $1/x$ 的總和比 $\log_e N$ 大了約 0.5772。此約 0.5772 的值稱為**歐拉常數**。

倒數的和會成為 log 的證明

接下來，讓我們思考一下總和接近 $\log_e N$ 的原因。首先，對於以下 3 個區域，（**區域 A 的面積**）≦（**區域 B 的面積**）≦（**區域 C 的面積**）的不等式成立。

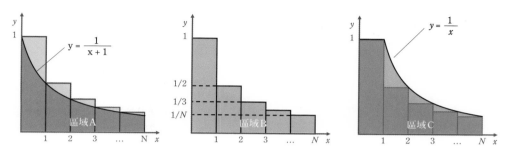

因此，由於區域 B 面積與倒數的和 $1/1 + 1/2 + \cdots + 1/N$ 一致，所以設區域 A 的面積為 S_A，區域 C 的面積為 S_C 時，下式成立。

$$S_A \leqq \frac{1}{1} + \frac{1}{2} + \frac{1}{3} + \cdots + \frac{1}{N} \leqq S_C$$

來計算一下區域 A 的面積吧。如下圖所示，於 x 軸的正向上移動 1 時，區域 A 是由三條直線 $x = 1$，$x = N + 1$，$y = 0$ 和函數 $y = 1/x$ 所包圍的部分。此面積如下。

$$\int_1^{N+1} \frac{1}{x}\, dx = \log_e (N + 1) - \log_e 1 = \log_e (N + 1)$$

故 $S_A = \log_e (N + 1)$。

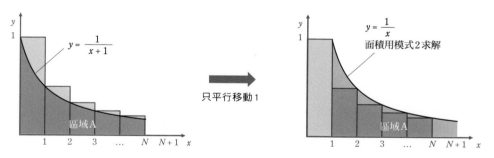

接下來，將區域 C 分為「$0 < x < 1$ 的部分」和「$1 \leqq x \leqq N$ 的部分」。前者的面積明顯為 1，後者的面積可藉由以下定積分計算。

$$\int_1^N \frac{1}{x}\, dx = \log_e N - \log_e 1 = \log_e N$$

因此，$S_C = 1 + \log_e N$。由此可導出倒數的和為 $\log_e (N + 1)$ 以上，$1 + \log_e N$ 以下。

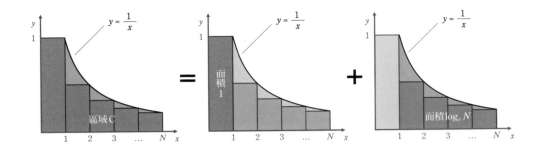

4.4.6 — 埃拉托斯特尼篩的計算複雜度

最後，讓我們估計一下本節開頭介紹的「埃拉托斯特尼篩」的計算複雜度吧。再次說明，在此演算法是進行以下處理。

- 在整數 2 上畫圈，在剩下的 2 的倍數上畫叉（共計在 $\lfloor N/2 \rfloor$ 個數上標記）
- 在整數 3 上畫圈，在剩下的 3 的倍數上畫叉（共計在 $\lfloor N/3 \rfloor$ 個數上標記）
- 在整數 5 上畫圈，在剩下的 5 的倍數上畫叉（共計在 $\lfloor N/5 \rfloor$ 個數上標記）
- 在整數 7 上畫圈，在剩下的 7 的倍數上畫叉（共計在 $\lfloor N/7 \rfloor$ 個數上標記）
- 對於之後的質數也以同樣的方式進行標記

因此，將標記 1 次視為 1 次計算時，計算次數如下所示。

$$\left\lfloor \frac{N}{2} \right\rfloor + \left\lfloor \frac{N}{3} \right\rfloor + \left\lfloor \frac{N}{5} \right\rfloor + \left\lfloor \frac{N}{7} \right\rfloor + \cdots$$

此值明顯小於下式所表示的值。

$$\frac{N}{1} + \frac{N}{2} + \frac{N}{3} + \cdots + \frac{N}{N} = N\left(\frac{1}{1} + \frac{1}{2} + \frac{1}{3} + \cdots + \frac{1}{N} \right)$$

此時，$1/x$ 的和約為 $\log_e N$，因此可以證明計算次數約為 $N \log_e N$ 次以下。在這個時候可說是相當有效率的。

不過，N 的具體計算次數如下，遠遠少於 $N \log_e N$。其原因是因為 1、2、3、…、N 中，畫圈的只有極少數。例如，當 $N = 100$ 時，畫圈的數字為 4 個，即 2、3、5、7，遠遠少於 100 個。

N	100	10000	1000000	100000000
計算次數	117	18016	2198007	248305371
參考：$N \log_e N$	461	92103	13815511	1842068074

此外，已知 N 以下的整數中質數的比例約為 $1/\log_e N$ 的質數定理，這可以證明埃拉托斯特尼篩的計算複雜度為 $O(N \log \log N)$。因為難度高，所以本書不討論，但是有興趣的人請透過網路等研究看看。

問題 4.4.1 ★★

請分別計算以下定積分。

$$\int_3^5 (x^3 + 3x^2 + 3x + 1)\, dx \qquad \int_1^{10} \left(\frac{1}{x} - \frac{1}{x+1} \right) dx \qquad \int_1^{10} \frac{1}{x^2 + x}\, dx$$

問題 4.4.2 ★★★

請求出以下定積分的近似值。撰寫程式來計算也沒關係。最好與 GitHub 上刊載的「實際解」的絕對誤差為 10^{-12} 以下。

$$\int_0^1 2^{x^2} dx$$

問題 4.4.3 問題 ID：042 ★★★★

給定正整數 N。令整數 x 的正的因數個數為 $f(x)$，請製作一個輸出以下值的程式。計算複雜度最好為 $O(N \log N)$。（出處：AtCoder Beginner Contest 172 D - Sum of Divisors）

$$\sum_{i=1}^N i \times f(i) = (1 \times f(1)) + (2 \times f(2)) + \cdots + (N \times f(N))$$

問題 4.4.4 ★★★★★

請求出 $1/1 + 1/2 + \cdots + 1/N$ 首次超過 30 的 N 值。

4.5 使用圖的演算法

圖（graph）是如同連接事物和事物的網路結構。朋友關係、鐵路路線圖、任務的依賴關係等，世上的各種事物都可以用圖來表現。另外，如果能夠熟練地處理圖，就可以解決以最短路徑問題為代表的許多問題，解決問題的範圍會一下子擴大。本節在前半部分對這一新概念進行說明，在後半部分介紹「深度優先搜尋」和「廣度優先搜尋」作為演算法的例子。此外，本書的自動評分系統中，登錄了深度優先搜尋（第 4.5.6 項／問題 ID：043）、廣度優先搜尋（第 4.5.7 項／問題 ID：044）。

4.5.1 什麼是圖？

表示事物和事物的連結方式的網路結構稱為圖。大家聽到「圖」這個詞後，可能會想到折線圖或圓餅圖等，但在演算法的脈絡中指的是網路結構。

圖由**頂點**和**邊**構成。頂點表示事物，在圖中將其繪製為點。另一方面，邊表示連結事物之間的關係，並繪製為連結兩個頂點的線。沒有概念的人可以想成是鐵道路線圖的車站為頂點，連結車站之間的鐵路為邊。

另外，為了識別不同的頂點，在演算法的脈絡中，可能會對頂點進行像 1、2、3、⋯這樣的編號。

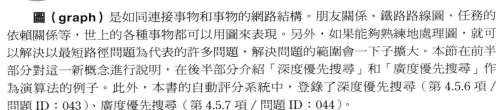

4.5.2 各種種類的圖

圖種類繁多。在本節中，我們先逐一看過。

無向圖和有向圖

如下圖左側所示，邊沒有方向的圖稱為**無向圖**。另一方面，如下圖右側所示，邊帶有方向的圖稱為**有向圖**。詳細內容將在第 4.5.3 項中敘述，例如迷宮可以表現為無向圖，社群軟體的追蹤關係可以表現為有向圖。

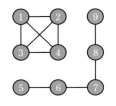 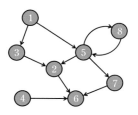

無權重圖和加權圖

如下圖左側所示,邊沒有附加「權重」(以鐵道路線圖為例的話是移動時間等)的圖稱為**無權重圖**。另一方面,如下圖右側所示,邊具有權重的圖稱為**加權圖**。例如,新幹線的運費可以表示為加權圖。另外,在許多情況下,無權重圖可以被視為所有邊的權重為 1。

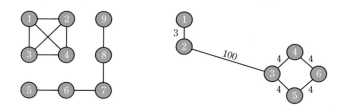

二部圖

可以將圖形以白色和黑色兩種顏色著色區分,以使直接由邊連結的(相鄰的)頂點為不同顏色的圖稱為**二部圖**。此外,可用 n 色著色區分的圖稱為**可著 n 色圖**。其中,二部圖是可著 2 色圖。

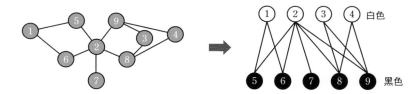

平面(性)圖

可以在平面上繪製成任兩個邊都不相交的圖稱為**具平面性的圖**(編按:左圖連接 14 或 23 的邊可以改畫從圖形外圍連接而不彼此相交)。此外,實際繪製成不相交的稱為**平面圖**。平面圖的性質已知有邊數小於頂點數的 3 倍,一定可著 4 色(**四色定理**)等(➡**最終確認問題 15**)。

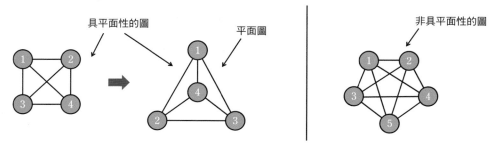

尤拉圖

存在有從某個頂點出發,通過所有邊正好一次並返回原頂點的路徑的圖稱為**尤拉圖**。雖然很難證明,但連通的(➡**第 4.5.4 項**)無向圖為尤拉圖這點,與「從所有頂點伸出的邊的條數皆為偶數」等價。下一頁的圖顯示尤拉圖的一例,頂點上記的數字為邊的條數。

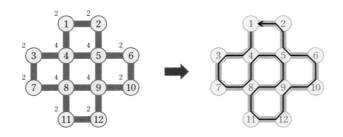

樹狀結構

　　連通的（➡ 第 4.5.4 項）無向圖中，不存在「同一頂點僅經過一次就能返回原頂點的路徑」（稱為**環**）者稱為**樹**。樹具有邊數剛好比頂點數少 1 等各式各樣的性質[注4.5.1]。

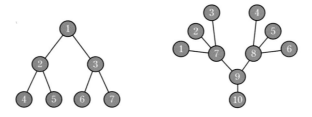

其他代表性圖

　　最後，列出之前未介紹過的有名圖。

- **完全圖**：無向圖中，所有頂點之間都存在一條邊。
- **正則圖**：無向圖中，所有頂點的次數（➡ 第 4.5.4 項）都相等。
- **完全二部圖**：二部圖中，在塗有不同顏色的所有頂點之間都存在一條邊。
- **有向無環圖（DAG）**：有向圖中，不存在「同一頂點僅經過一次就能返回原頂點的路徑」（環）。

4.5.3 ― 可用圖表示的實際生活問題 ――――――――――――

　　圖的應用範圍非常廣泛。世界上有各種問題可以用前項介紹的圖來表示。在此以 7 個具體例為基礎，介紹在什麼情況下可以使用圖。

具體例 1：SNS 追蹤關係

　　若以用戶為頂點，則 SNS（社群網路）上的追蹤關係可以用以下圖表示。對於只存在雙向關係的 SNS，可以使用無向圖，但是，在 Twitter 等，也有自己正在追蹤，但對方卻不回追的狀況，因此需要區分方向而用有向圖來表示。關於此圖，可以思考例如「哪些使用者擁有最多的追蹤者？」

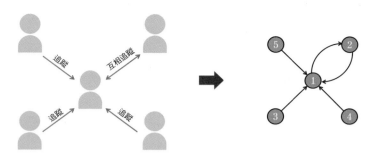

具體例 2：用方格表示的迷宮

如下圖所示的一般迷宮中不存在單行道，因此，令各方格為頂點，上下左右相鄰的關係為邊時，可以用無向圖表示。關於此圖，可以思考例如「從左上方的方格到右下方的方格最短可以用多少步移動？」（➡ **節末問題 4.5.6**）。

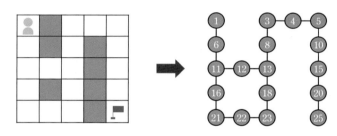

※設從上數第 i 行、從左數第 j 列的頂點編號為 $5(i-1)+j$

具體例 3：任務依賴關係

「要先起床才能上學」，「要上學才能收到作業」，「要完成作業才能睡覺」等依賴關係可以用以下有向圖來表現。關於此圖，可以思考例如「列出幾個如何執行所有任務的方法」。

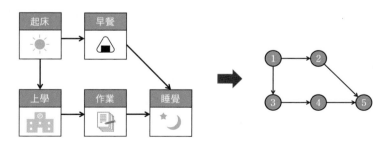

具體例 4：新幹線移動時間

新幹線的移動時間可以用加權無向圖來表示。當上行路線和下行路線的移動時間不同時，需要使用加權有向圖。關於此圖，可以思考例如「最短可以用幾小時幾分鐘從東京移動到大阪？」（參考：最短路徑問題➡**第 4.5.8 項**）。

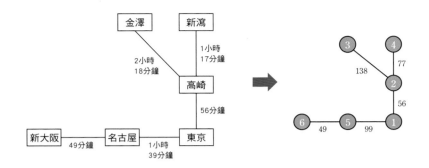

具體例 5：更換班級座位

在班上換座位的時候，會有「○○的視力不好，所以前排比較好」、「△△最好坐靠窗的座位」、「最好不要有和換座位前的座位一樣的學生」等期望。事實上，這種情況也可以分別將座位和學生設為頂點，各學生的希望設為邊，用二部圖來表現。

關於此圖，可以思考例如規劃一個座位決定方法以滿足所有期望的問題（參考：二部匹配問題➡**第 4.5.8 項**）。

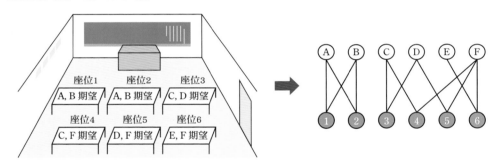

具體例 6：都道府縣的鄰接關係

以頂點表示都道府縣，邊表示它們的鄰接關係時，可以思考例如「是否存在用 4 色將相鄰的都道府縣塗上不同顏色的方法」等問題。

通常，當平面分為多個區域時，表示其鄰接關係的圖一定是具平面性的圖，因此根據四色定理（➡**第 4.5.2 項**）答案必為 Yes（成為具平面性的圖的證明就留給讀者作為課題）。

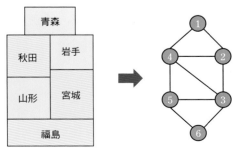

具體例 7：上司和部下的關係

　　直屬上司和下屬的關係可以用有向圖來表示。此外，社長以外的所有人員只有 1 名直屬上司時，圖形呈樹狀結構。對於此圖，可以思考例如「令部下的部下為部下時，每個員工有多少名部下？」等問題。

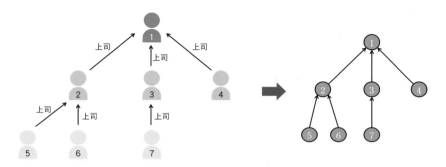

　　像這樣，可以將實際生活中的各種事物用圖表現出來。大家也可以尋找身邊的題材，思考看看是否能用圖呈現。

4.5.4　關於圖的術語

　　接下來，我們將整理圖論中重要的術語。

鄰接關係、連通分量

　　當頂點 u 和頂點 v 直接由邊連結時，u 和 v 稱為**彼此相鄰**。例如，以下圖中，頂點 1 和頂點 2 是相鄰的。頂點 1 和頂點 3 可以雙向往來，但並非直接連結，因此不能說是相鄰。

　　接著，當可以在任意頂點之間沿著幾條邊移動時，稱圖為**連通**的。此外，將可相互往來的頂點分為同一組時，分出來的各組稱為**連通分量**。例如，以下圖由四個連通分量組成：$\{1, 2, 3, 4\}$／$\{5, 6, 7, 8, 9\}$／$\{10, 11, 12\}$／$\{13\}$。

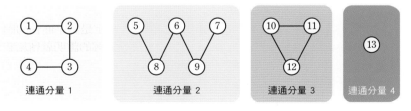

頂點的度

　　與頂點連接的邊的條數稱為**度**。在有向圖中區別為 2 種：從頂點伸出的邊的條數稱為**出度**，進入頂點的邊的條數稱為**入度**。

　　在無向圖中，度的總和必為邊數的 2 倍。此外，在有向圖中，入度的合計、出度的合計兩者必都等於邊的條數。

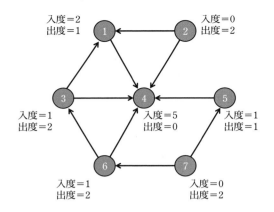

入度的合計
$$2 + 0 + 1 + 5 + 1 + 1 + 0 = 10$$

出度的合計
$$1 + 2 + 2 + 0 + 1 + 2 + 2 = 10$$

多重邊和自環

如果相同頂點之間有複數條邊，則該邊稱為**多重邊**（或**平行邊**）。此外，連結相同頂點的邊稱為**自環**。具體例如下所示。

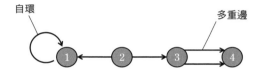

關於最短路徑

某個圖中，從頂點 s 到頂點 t 的**最短路徑**可以如下定義。

- 無權重圖的情況：從 s 向 t 移動的路徑中，通過邊的條數最少的路徑
- 加權圖的情況：從 s 向 t 移動的路徑中，通過邊的權重總和最小的路徑

例如，在下圖左側的圖中，從頂點 1 到頂點 2 的最短路徑為「1 → 5 → 4 → 2」，其長度為 3。 另外， 下圖右側的圖中， 從頂點 1 到頂點 2 的最短路徑為「1 → 3 → 4 → 7 → 2」，其長度為 2800。

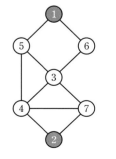
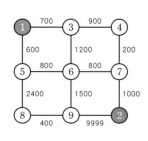

因為已結束圖的種類和基本術語的解說，接下來將介紹實際運用圖的方法。如果想先了解使用了圖的演算法，可以暫時跳過並進入第 4.5.6 項，亦可根據需要進行參照。

作為代表性的實用方法，有只管理各頂點的相鄰頂點列表的**鄰接表**示意方法。下圖顯示對具體圖的鄰接表的例子[注 4.5.2]。

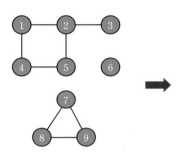

頂點編號	相鄰頂點
1	{2, 4}
2	{1, 3, 5}
3	{2}
4	{1, 5}
5	{2, 4}
6	{}
7	{8, 9}
8	{7, 9}
9	{7, 8}

由於鄰接表表示只需要與（頂點數）＋（邊數）成比例的記憶體容量，因此即使管理邊數為數百萬左右的巨大圖，消耗的容量最多也不過 100MB 左右。近年來家用電腦可以使用 1GB 以上的記憶體，因此是相當實際的。

列表的實現方法有很多種，在 C++ 中，使用標準庫 std::vector 可以輕鬆實現[注 4.5.3]。**程式碼 4.5.1** 的程式，是在接收無向圖作為輸入後，針對各頂點輸出相鄰頂點的編號。為了使不知道 C++ 標準庫的人也能理解，在註解中記載了對列表進行的操作，請充分利用。

此外，本節中揭載的所有原始碼都使用鄰接表表示。另外，會用以下格式輸入圖。

$$N \quad M$$
$$A_1 \quad B_1$$
$$A_2 \quad B_2$$
$$\vdots$$
$$A_M \quad B_M$$

※ 其中，令圖形的頂點數為 N，邊數為 M，第 i 條邊（$1 \leq i \leq M$）是頂點 A_i 和頂點 B_i 的雙向連結。

程式碼 4.5.1 利用鄰接表形式的例子

```cpp
#include <iostream>
#include <vector>
using namespace std;
```

下一頁

注 4.5.2 雖然還有其他使用鄰接表表示的方法，但由於需要與頂點數平方成比例的記憶體，因此不太有效率。
注 4.5.3 Python、Java、C 的實作例請瀏覽 GitHub 的頁面（第 1.3 節）。

```
int N, M, A[100009], B[100009];
vector<int> G[100009]; // G[i]  是與頂點 i 相鄰頂點的列表

int main() {
    // 輸入
    cin >> N >> M;
    for (int i = 1; i <= M; i++) {
        cin >> A[i] >> B[i];
        G[A[i]].push_back(B[i]); // 添加 B[i] 作為與頂點 A[i] 相鄰的頂點
        G[B[i]].push_back(A[i]); // 添加 A[i] 作為與頂點 B[i] 相鄰的頂點
    }

    // 輸出（G[i].size() 為與頂點 i 相鄰頂點的列表的大小 = 度）
    for (int i = 1; i <= N; i++) {
        cout << i << ": {";
        for (int j = 0; j < (int)G[i].size(); j++) {
            if (j >= 1) cout << ","; // 以逗號為區隔來輸出
            cout << G[i][j]; // G[i][j] 是與頂點 i 相鄰頂點之中的第 j 個頂點
        }
        cout << "}" << endl;
    }
    return 0;
}
```

4.5.6 深度優先搜尋

在第 4.5.6 項、第 4.5.7 項中，作為正式的圖演算法的例子，將介紹深度優先搜尋和廣度優先搜尋。雖然這兩個都是難度較高的主題，但是如果能夠熟練地使用這兩種演算法的話，就可以解決許多使用圖的問題，像是最短路徑問題等。更進一步來增加解決問題的手段吧。

首先，深度優先探索是以「盡可能向前進，到達盡頭的話就退回一步」的想法來搜尋圖的演算法。英語寫成 Depth First Search，簡稱為 DFS。

運用深度優先搜尋的想法可以解決很多問題，例如，在判定圖是否為連通的問題中，可以形成如下演算法。

步驟 1·將所有頂點塗成白色。
步驟 2·最先訪問頂點 1，並將頂點 1 塗成灰色。
步驟 3·然後，重複以下操作。在頂點 1，如果符合以下 a 的話，則搜尋結束。
      a·如果相鄰頂點均為灰色，則退後一步。
      b·否則，訪問相鄰的白色頂點中編號最小的頂點[注4.5.4]。在訪問新的頂點時，把頂點塗成灰色。
步驟 4·如果最終所有頂點都被塗成灰色，則圖為連通。

將此演算法運用於具體的圖時，會形成如下一頁的圖。粗線表示移動路徑的軌跡，退回一步時會消除軌跡。

注 4.5.4　此處是為了方便說明的作法，但即使不是編號最小的頂點，只要從相鄰的白色頂點中任意選擇一個，演算法即可正確運行。

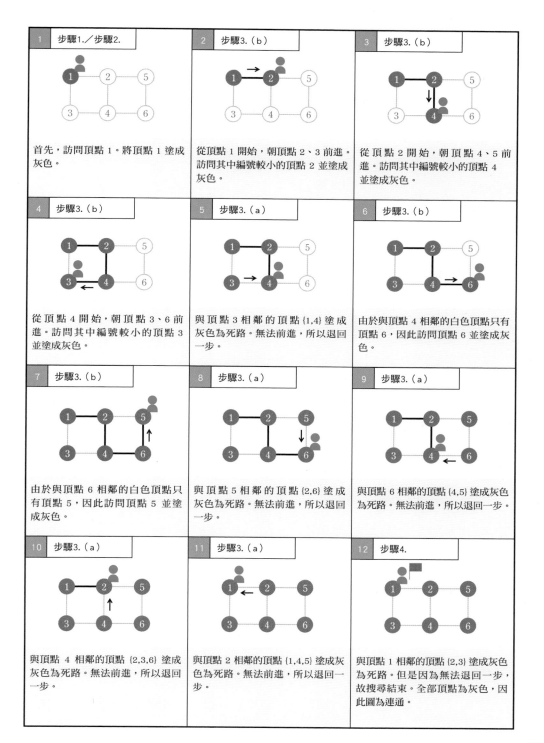

1	步驟1./步驟2.

首先,訪問頂點 1。將頂點 1 塗成灰色。

2	步驟3.(b)

從頂點 1 開始,朝頂點 2、3 前進。訪問其中編號較小的頂點 2 並塗成灰色。

3	步驟3.(b)

從頂點 2 開始,朝頂點 4、5 前進。訪問其中編號較小的頂點 4 並塗成灰色。

4	步驟3.(b)

從頂點 4 開始,朝頂點 3、6 前進。訪問其中編號較小的頂點 3 並塗成灰色。

5	步驟3.(a)

與頂點 3 相鄰的頂點 {1,4} 塗成灰色為死路。無法前進,所以退回一步。

6	步驟3.(b)

由於與頂點 4 相鄰的白色頂點只有頂點 6,因此訪問頂點 6 並塗成灰色。

7	步驟3.(b)

由於與頂點 6 相鄰的白色頂點只有頂點 5,因此訪問頂點 5 並塗成灰色。

8	步驟3.(a)

與頂點 5 相鄰的頂點 {2,6} 塗成灰色為死路。無法前進,所以退回一步。

9	步驟3.(a)

與頂點 6 相鄰的頂點 {4,5} 塗成灰色為死路。無法前進,所以退回一步。

10	步驟3.(a)

與頂點 4 相鄰的頂點 {2,3,6} 塗成灰色為死路。無法前進,所以退回一步。

11	步驟3.(a)

與頂點 2 相鄰的頂點 {1,4,5} 塗成灰色為死路。無法前進,所以退回一步。

12	步驟4.

與頂點 1 相鄰的頂點 {2,3} 塗成灰色為死路。但是因為無法退回一步,故搜尋結束。全部頂點為灰色,因此圖為連通。

171

舉以下兩種實現深度優先搜尋的代表性方法。

1. 使用陣列或堆疊^{注 4.5.5} 記錄「移動路徑的軌跡」，藉此求出退回一步時會移動到哪個頂點。
2. 使用遞迴函式（➡ **第 3.6 節**）來實作。

程式碼 4.5.2 是使用 2. 的遞迴函式的方法，以計算複雜度 $O(N+M)$ 進行連通性判定的程式^{注 4.5.6}。由於頁數關係，本書只能記載 1 個實作例，但使用陣列或堆疊的實作例已刊載在 GitHub 上，請務必參閱。GitHub 的連結、對應的程式語言等，請參考「關於本書的結構與學習內容（➡ **第 1.3 節**）」。

程式碼 4.5.2 使用遞迴函式的深度優先搜尋的實作

```
#include <iostream>
#include <vector>
#include <algorithm>
using namespace std;

int N, M, A[100009], B[100009];
vector<int> G[100009];
bool visited[100009]; // visited[pos]=false 時頂點 x 為白色，true 時為灰色

void dfs(int pos) {
    visited[pos] = true;
    // 像 for (inti : G[pos]) 這樣的寫法稱為「範圍 for 敘述」(APG4b 2.01 節 )
    for (int i : G[pos]) {
        if (visited[i] == false) dfs(i);
    }
}

int main() {
    // 輸入
    cin >> N >> M;
    for (int i = 1; i <= M; i++) {
        cin >> A[i] >> B[i];
        G[A[i]].push_back(B[i]);
        G[B[i]].push_back(A[i]);
    }

    // 深度優先搜尋
    dfs(1);

    // 判定是否連通 (Answer=true 時為連通)
    bool Answer = true;
    for (int i = 1; i <= N; i++) {
        if (visited[i] == false) Answer = false;
    }
    if (Answer == true) cout << "The graph is connected." << endl;
    else cout << "The graph is not connected." << endl;
    return 0;
}
```

注 4.5.5　可進行「在最上層堆積元素」、「查找堆積在最上層的元素」、「刪除堆積在最上層的元素」三種操作的資料結構。本書不會詳細討論，但請透過本書卷末刊載的推薦書籍等了解一下。

注 4.5.6　此程式不一定會從編號最小的頂點開始訪問，但仍可正確判斷 (參照注 4.5.4)。

4.5.7 ─ 廣度優先搜尋

廣度優先搜尋是以「從接近出發地點的頂點開始依次查看」的想法來搜尋圖的演算法。英語寫成 Breadth First Search，也簡稱為 BFS。在廣度優先搜尋中，會使用「佇列」這一資料結構，所以先針對此來學習吧。

什麼是佇列？

佇列（Queue）是指可以執行以下三種操作的資料結構。

操作 1：在佇列的末尾添加元素 x。
操作 2：查看佇列開頭的元素。
操作 3：取出佇列開頭的元素。

想像拉麵店排起隊的樣子，應該更容易有概念。操作 1 對應人排到隊伍的末尾，操作 2 對應檢查隊伍開頭的人的姓名，操作 3 對應讓開頭的人進入店內。下圖顯示了佇列變化樣子的例子。

佇列的實作方式有很多種。可以使用陣列實作，但在 C++ 中，使用標準庫 `std::queue` 可以輕鬆實現。有關詳細程式的撰寫方法，請參閱後述的廣度優先搜尋原始碼。

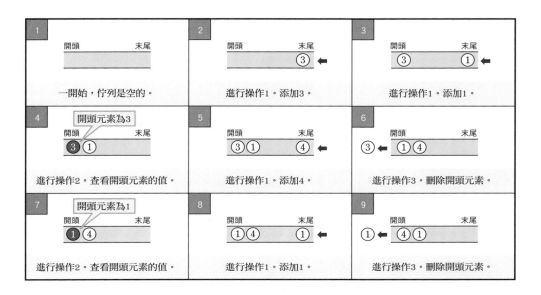

廣度優先搜尋的流程

接著介紹廣度優先搜尋演算法的流程。應用廣度優先搜尋的想法可以解決的問題有很多，例如在求頂點 1 到各頂點的最短路徑長度（➡ **4.5.4 項**）的問題中，會形成如下的演算法。其中，在陣列 dist[x] 中會記錄從頂點 1 到頂點 x 的最短路徑長度。

步驟 1·所有頂點都塗成白色。

步驟 2·將頂點 1 添加到佇列 Q。設 dist[1]=0，並將頂點 1 塗成灰色。

步驟 3·重複以下操作，直到佇列 Q 為空。

· 查看 Q 開頭的元素 pos。

· 取出 Q 開頭的元素。

· 針對與頂點 pos 相鄰且塗為白色的頂點 nex，將 dist[nex] 更新為 dist[pos]+1，並將 nex 添加到 Q 中。向佇列添加頂點時，將頂點塗成灰色。

　　將此演算法運用於具體圖形時，會形成如下狀況。在此圖中，頂點的左上角記有最短路徑長度，人形的位置表示現在搜尋中的頂點 pos。

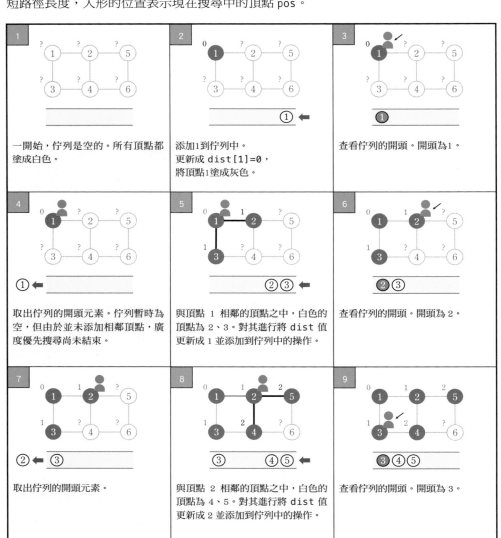

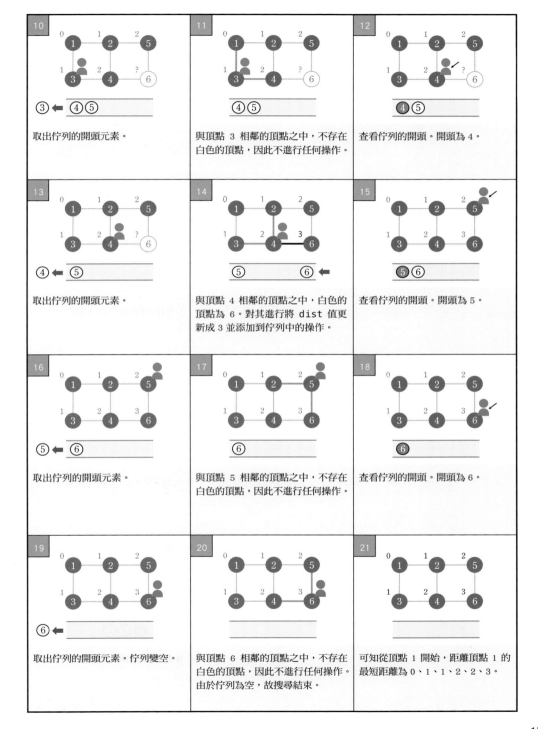

10

$3 \leftarrow$ ④⑤

取出佇列的開頭元素。

11

④⑤

與頂點 3 相鄰的頂點之中，不存在白色的頂點，因此不進行任何操作。

12

④⑤

查看佇列的開頭。開頭為 4。

13

$4 \leftarrow$ ⑤

取出佇列的開頭元素。

14

⑤ ⑥ ←

與頂點 4 相鄰的頂點之中，白色的頂點為 6。對其進行將 dist 值更新成 3 並添加到佇列中的操作。

15

⑤⑥

查看佇列的開頭。開頭為 5。

16

$5 \leftarrow$ ⑥

取出佇列的開頭元素。

17

⑥

與頂點 5 相鄰的頂點之中，不存在白色的頂點，因此不進行任何操作。

18

⑥

查看佇列的開頭。開頭為 6。

19

$6 \leftarrow$

取出佇列的開頭元素。佇列變空。

20

與頂點 6 相鄰的頂點之中，不存在白色的頂點，因此不進行任何操作。由於佇列為空，故搜尋結束。

21

可知從頂點 1 開始，距離頂點 1 的最短距離為 0、1、1、2、2、3。

在廣度優先搜尋中，如下所示，從最短路徑長度較小的頂點開始添加到佇列中。

- 首先，將最短路徑長度為 0 的頂點添加到佇列中
- 當 pos 是最短路徑長度為 0 的頂點時，將最短路徑長度為 1 的頂點添加到佇列中
- 當 pos 是最短路徑長度為 1 的頂點時，將最短路徑長度為 2 的頂點添加到佇列中
- 當 pos 是最短路徑長度為 2 的頂點時，將最短路徑長度為 3 的頂點添加到佇列中

這就是為什麼以廣度優先搜尋可以求出正確的最短路徑長度的理由。

實作廣度優先搜尋

那麼，來實作演算法吧。在程式設計中，無法把頂點塗成灰色，因此改用以下操作。

- 一開始，將 dist[x] 的值設定為不可能的值（例如 -1）。
- 如此，可知當 dist[x] 為不可能的值時，頂點 x 為白色，否則頂點 x 為灰色。

程式碼 4.5.3 是使用 C++ 標準庫 std::queue 的實作例，當令圖的頂點數為 N，邊數為 M 時，計算複雜度為 $O(N+M)$。為使不熟悉 C++ 標準庫的人易於閱讀，註解中記載了對佇列所進行的操作。另外，其他程式語言的實作例刊載於 GitHub 中。

程式碼 4.5.3 使用佇列的廣度優先搜尋的實作

```cpp
#include <iostream>
#include <vector>
#include <queue>
using namespace std;

int N, M, A[100009], B[100009];
int dist[100009];
vector<int> G[100009];

int main() {
    // 輸入
    cin >> N >> M;
    for (int i = 1; i <= M; i++) {
        cin >> A[i] >> B[i];
        G[A[i]].push_back(B[i]);
        G[B[i]].push_back(A[i]);
    }

    // 廣度優先搜尋的初始化（dist[i]=-1 時，為未到達的白色頂點）
    for (int i = 1; i <= N; i++) dist[i] = -1;
    queue<int> Q; // 定義佇列 Q
    Q.push(1); dist[1] = 0; // 將 1 添加到 Q 中（操作 1）

    // 廣度優先搜尋
    while (!Q.empty()) {
        int pos = Q.front(); // 查看 Q 的開頭（操作 2）
        Q.pop(); // 取出 Q 的開頭（操作 3）
        for (int i = 0; i < (int)G[pos].size(); i++) {
            int nex = G[pos][i];
            if (dist[nex] == -1) {
                dist[nex] = dist[pos] + 1;
                Q.push(nex); // 將 nex 添加到 Q 中（操作 1）
```

下一頁

```
        }
      }
    }

    // 輸出從頂點 1 到各頂點的最短距離
    for (int i = 1; i <= N; i++) cout << dist[i] << endl;
    return 0;
}
```

4.5.8 ── 其他代表性的圖演算法

至此，介紹了透過深度優先搜尋判定圖的連通、透過廣度優先搜尋計算最短距離的兩個問題，但我們知道其他還有很多使用圖的問題。在本節最後，列出幾個代表性的例子。其中，計算複雜度的 N 表示頂點數，M 表示邊數。

單一起點最短路徑問題

求出從某個起點到各頂點的最短路徑長度的問題。對無權重圖，透過廣度優先搜尋（➡ **第 4.5.7 項**）以 $O(N + M)$ 時間求解。對加權圖，透過 Dijkstra 法可在 $O(N^2)$ 時間內求解，如果使用優先佇列這樣的資料結構，則計算複雜度為 $O(M \log N)$ 注 4.5.7。

全點對間最短路徑問題

確定所有兩個頂點之間的最短路徑長度的問題。透過 Warshall-Floyd 方法可在 $O(N^3)$ 時間內求解。其特徵是完全不使用佇列等資料結構，而可以用簡單的三重迴圈實現。

最小全域樹問題

有複數個城市，當給定幾個「為了建造連接某城市與城市的道路，需要○○日圓」的形式的資訊時，求出以最小金額使任何城市之間都能來往的方法的問題。使用 Prim 法、Kruskal 法等演算法，即使資訊數量達到數十萬左右，也可以在 1 秒內算出答案。

最大流量問題

有複數個水箱，當給定幾個「從某水箱通向某水箱連接著管線，每秒可流○○公升的水」的形式的資訊時，求出從起點到終點每秒最多可流多少公升的水的問題。Ford-Fulkerson 法、Dinic 法等許多演算法因此被提出。

二部匹配問題

當給定二部圖時，在不共用頂點的條件下，求出選擇最多邊的方法的問題。已知使用 Hopcroft–Karp 的演算法可以在 $O(M\sqrt{N})$ 時間求解。

特別是在競技程式設計（➡ **專欄 1**）中，出了很多可以使用這種演算法的問題。由於頁數的關係，省略演算法的說明，有興趣的人請閱讀本書卷末刊載的推薦書籍等並進行研究。

注 4.5.7　具有權重為負的邊時，Dijkstra 法並不可行。取而代之的是透過使用 Bellman-Ford 法，以 O(NM) 時間來解決。

問題 4.5.1　★

對下圖中的 A ～ D 各圖，請回答是分類為：無權重無向圖、無權重有向圖、加權無向圖或加權有向圖。此外，請回答度（有向圖時為出度）為最大的頂點的編號。

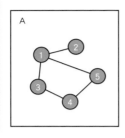 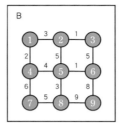 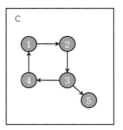 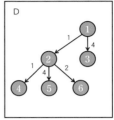

問題 4.5.2　★★

對下圖中 E、F 各圖，請判斷是否存在從某個頂點出發，將所有的邊通過一次並返回原頂點的路徑。如果存在，請求出一條這樣的路徑。

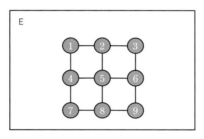 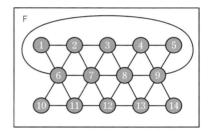

問題 4.5.3　★★

對下圖，請回答以下問題。

1. 請證明不存在將圖頂點用紅、藍兩種顏色著色的方法，可以避免使相鄰頂點變成相同顏色。
2. 請建構一種將圖頂點用紅、藍、綠三種顏色著色的方法，避免使相鄰頂點變成相同顏色。

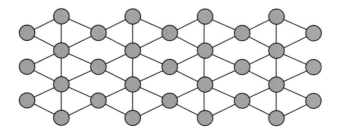

問題 4.5.4　★★★

將深度優先搜尋應用於下圖時，訪問的頂點編號的順序是什麼？其中，假設從頂點 1 出發，在未訪問的相鄰頂點中訪問編號最小的頂點。

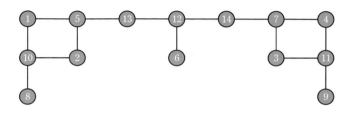

問題 4.5.5　問題 ID：045　★★★

給定頂點數為 N，邊數為 M 的圖。將各頂點從 1 編號到 N，第 i 條邊（$1 \leq i \leq$ M）雙向連接頂點 A_i 和頂點 B_i。

製作程式，輸出具有以下特性的頂點數：在相鄰頂點中，只有 1 個頂點編號比自身小。計算複雜度最好是 $O(N + M)$。（出處：競技程式設計典型 90 題 078 - Easy Graph Problem）

問題 4.5.6　問題 ID：046　★★★

請製作程式，對第 4.5.3 項中看到的迷宮，求出從起點到終點最短能走幾步。如果迷宮的大小為 $H \times W$，計算複雜度最好是 $O(HW)$。下圖顯示了迷宮的具體例。（出處：AtCoder Beginner Contest 007 C - 廣度優先搜尋）

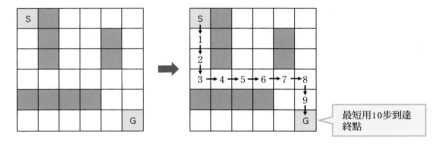

最短用 10 步到達終點

問題 4.5.7　問題 ID：047　★★★★

給定頂點數為 N，邊數為 M 的圖。將各頂點從 1 編號到 N，第 i 條邊（$1 \leq i \leq$ M）雙向連接頂點 A_i 和頂點 B_i。
請製作判定圖形是否為二部圖的程式。計算複雜度最好是 $O(N + M)$。

問題 4.5.8　問題 ID：048　★★★★★

由於給定整數 K，請製作一個程式，對 K 的正倍數，求出十進制中各個位數之和的最小值。計算複雜度最好是 $O(K)$。（出處：AtCoder Regular Contest 084 D - Small Multiple）

4.6 高效的餘數計算

透過程式設計來解決問題時，求「大的整數除以任意數後的餘數」的情況不少。不僅經常被出在程式競賽中，RSA 密碼等在現實生活中也會使用。本節將解說用於求餘數很重要的知識如「模倒數」等，並會介紹三個例題。另外，第 4.6.2 項到第 4.6.4 項的難度較高，如果覺得困難，也可以跳過閱讀。

4.6.1 ─ 加法、減法、乘法與餘數

在計算只使用加法、減法、乘法的式子的值除以 M 的餘數時，具有即使在計算過程中的任意時間取餘數也能正確計算的性質。例如，思考 $12 \times (34 + 56 + 78 - 91)$ 除以 10 的餘數的計算：

- 如果直接計算，$12 \times (34 + 56 + 78 - 91)$ $12 \times 77 = 924$（餘數 4）
- 如果在計算前全部取餘數，則 $2 \times (4 + 6 + 8 - 1) \rightarrow 2 \times 17 = 34$（餘數 4）
- 如果在計算過程中也取餘數，則 $2 \times (4 + 6 + 8 - 1) \rightarrow 2 \times 7 = 14$（餘數 4）

如上所述，確實為一致。下圖顯示了其他三個例子，全部可以正確計算。如左起第三個例子所示，藉由在適當的時間取餘數，則不需要在計算過程中處理巨大數值，計算會變得輕鬆。

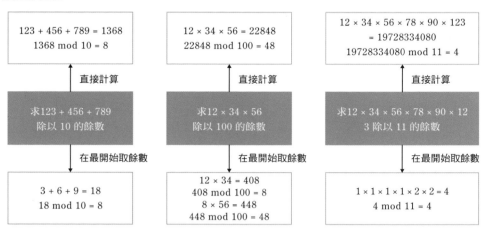

此性質用數學式表示如下。其中，c、d 是 a、b 除以 M 的餘數。

- $a + b \equiv c + d \pmod{M}$
- $a - b \equiv c - d \pmod{M}$
- $a \times b \equiv c \times d \pmod{M}$
- 其中 $\equiv$ 是同餘，指的是當 $x \equiv y \pmod{M}$ 時，$|x - y|$ 的值為 M 的倍數。特別當

x、y 是非負整數時，$x \bmod M = y \bmod M$。

著眼於左邊和右邊之間的差的話，可以證明此性質。例如，對加法的算式，設 $a - c = V_1$, $b - d = V_2$ 時，則左邊和右邊之間的差是 $V_1 + V_2$。由於 V_1 和 V_2 都為 M 的倍數，因此左邊和右邊之間的差也是 M 的倍數。減法、乘法的情況也可以同樣地進行證明，請思考看看。

4.6.2 — 除法時能做同樣的事嗎？

在前項中，解說了對於由加法、減法、乘法組成的式子，即使在過程中取餘數也能夠正確計算，且依情況可以不需要在計算過程中處理巨大數值。相對於此，除法無法正常計算。例如，$100 \div 50$ 除以 11 的餘數為 2，但首先計算餘數的話，將變為 $1 \div 6$ 無法整除。

但現在放棄還為時過早。事實上，當整數 a、b 滿足以下三個條件時，如下圖所示 $a \div b$ 除以 11 的餘數一定為 2。

- a 除以 11，餘 1
- b 除以 11，餘 6
- a 可以被 b 整除

因此，是否能像「在 mod 11 的世界中，$1 \div 6 = 2$」這樣順利地定義除法呢？M 為質數時，可使用下節介紹的「模倒數」。

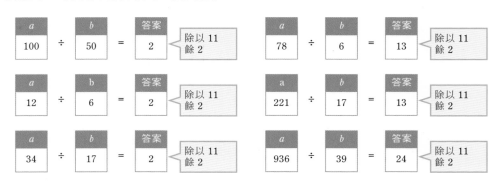

4.6.3 — 除法的餘數與模倒數

令 M 為質數，定義 $\bmod M$ 中的除法時，重要的是乘法的相反是除法。例如，下面的情況是必須成立的（如第 4.6.1 項所述，用 ≡ 連接的式子為同餘）。

- $4 \times 2 \equiv 8 \pmod{11}$，因此 $8 \div 2 \equiv 4 \pmod{11}$
- $2 \times 6 \equiv 1 \pmod{11}$，因此 $1 \div 6 \equiv 2 \pmod{11}$

否則在乘以某個數字後除以相同數字時，原數字會變化。

現在，根據此規則來思考 mod 11 中的「$\div 2$」，如下一頁的圖。

| 代表 1×2 除以 11 的餘數等於 2 | 代表 $1 \div 2$ 除以 11 的餘數等於 6 |

$1 \times 2 \equiv 2 \ (\text{mod } 11) \longrightarrow 2 \div 2 \equiv 1 \ (\text{mod } 11)$	$6 \times 2 \equiv 1 \ (\text{mod } 11) \longrightarrow 1 \div 2 \equiv 6 \ (\text{mod } 11)$
$2 \times 2 \equiv 4 \ (\text{mod } 11) \longrightarrow 4 \div 2 \equiv 2 \ (\text{mod } 11)$	$7 \times 2 \equiv 3 \ (\text{mod } 11) \longrightarrow 3 \div 2 \equiv 7 \ (\text{mod } 11)$
$3 \times 2 \equiv 6 \ (\text{mod } 11) \longrightarrow 6 \div 2 \equiv 3 \ (\text{mod } 11)$	$8 \times 2 \equiv 5 \ (\text{mod } 11) \longrightarrow 5 \div 2 \equiv 8 \ (\text{mod } 11)$
$4 \times 2 \equiv 8 \ (\text{mod } 11) \longrightarrow 8 \div 2 \equiv 4 \ (\text{mod } 11)$	$9 \times 2 \equiv 7 \ (\text{mod } 11) \longrightarrow 7 \div 2 \equiv 9 \ (\text{mod } 11)$
$5 \times 2 \equiv 10 \ (\text{mod } 11) \longrightarrow 10 \div 2 \equiv 5 \ (\text{mod } 11)$	$10 \times 2 \equiv 9 \ (\text{mod } 11) \longrightarrow 9 \div 2 \equiv 10 \ (\text{mod } 11)$

因此可以定義除法了，但是光這樣很難實際計算。例如，在 mod 11 中計算 $9 \div 2$ 時，必須進行「1×2 除以 11 的餘數為 9 嗎？」、「2×2 除以 11 的餘數為 9 嗎？」…「10×2 除以 11 的餘數為 9 嗎？」這樣全部檢查。

因此，mod11 中的「$\div 2$」具有與「$\times 6$」等價這樣非常有趣的性質。例如：

- 相對 $9 \div 2 \equiv 10 \ (\text{mod } 11)$，$9 \times 6 \equiv 10 \ (\text{mod } 11)$
- 相對 $4 \div 2 \equiv 2 \ (\text{mod } 11)$，$4 \times 6 \equiv 2 \ (\text{mod } 11)$
- 相對 $5 \div 2 \equiv 8 \ (\text{mod } 11)$，$5 \times 6 \equiv 8 \ (\text{mod } 11)$

使用此性質，可以用 1 次乘法來計算「$\div 2$」。

接下來，思考 mod11 中的「$\div 3$」。這與 $\div 2$ 的情況相同，如果按照乘法的相反為除法的規則來確定，則如下圖所示。

$1 \times 3 \equiv 3 \ (\text{mod } 11) \longrightarrow 3 \div 3 \equiv 1 \ (\text{mod } 11)$	$6 \times 3 \equiv 7 \ (\text{mod } 11) \longrightarrow 7 \div 3 \equiv 6 \ (\text{mod } 11)$
$2 \times 3 \equiv 6 \ (\text{mod } 11) \longrightarrow 6 \div 3 \equiv 2 \ (\text{mod } 11)$	$7 \times 3 \equiv 10 \ (\text{mod } 11) \longrightarrow 10 \div 3 \equiv 7 \ (\text{mod } 11)$
$3 \times 3 \equiv 9 \ (\text{mod } 11) \longrightarrow 9 \div 3 \equiv 3 \ (\text{mod } 11)$	$8 \times 3 \equiv 2 \ (\text{mod } 11) \longrightarrow 2 \div 3 \equiv 8 \ (\text{mod } 11)$
$4 \times 3 \equiv 1 \ (\text{mod } 11) \longrightarrow 1 \div 3 \equiv 4 \ (\text{mod } 11)$	$9 \times 3 \equiv 5 \ (\text{mod } 11) \longrightarrow 5 \div 3 \equiv 9 \ (\text{mod } 11)$
$5 \times 3 \equiv 4 \ (\text{mod } 11) \longrightarrow 4 \div 3 \equiv 5 \ (\text{mod } 11)$	$10 \times 3 \equiv 8 \ (\text{mod } 11) \longrightarrow 8 \div 3 \equiv 10 \ (\text{mod } 11)$

因此，mod11 中的「$\div 3$」具有與「$\times 4$」等價這樣非常有趣的性質。例如以下會成立。

- 相對 $8 \div 3 \equiv 10 \ (\text{mod } 11)$，$8 \times 4 \equiv 10 \ (\text{mod } 11)$
- 相對 $9 \div 3 \equiv 3 \ (\text{mod } 11)$，$9 \times 4 \equiv 3 \ (\text{mod } 11)$
- 相對 $10 \div 3 \equiv 7 \ (\text{mod } 11)$，$10 \times 4 \equiv 7 \ (\text{mod } 11)$

使用此性質，可以用 1 次乘法來計算「$\div 3$」。

在此，「$\div 3$」與「$\times 4$」等價的理由是因為滿足 $3 \times 4 \equiv 1 \ (\text{mod } 11)$。這對實數世界中互為倒數[注 4.6.1]的 3 和 1/3 來說，「$\div 3$」與「$\times 1/3$」等價的情況相同。

對於一般的自然數 b，當滿足 $b \times b^{-1} \equiv 1 \ (\text{mod } 11)$ 時，在 mod 11 中可以將 b^{-1} 視

注 4.6.1　實數 a 的倒數是 $1/a$。滿足 $a \times (1/a) = 1$。

為 b 的倒數，可以說「÷b」與「×b^{-1}」等價。另外，mod 的倒數與一般的倒數不同，稱為模倒數。下一頁的表顯示了與「÷4」、「÷5」等等價的乘法。

除法	÷4	÷5	÷6	÷7	÷8	÷9	÷10
等價的乘法	×3	×9	×2	×8	×7	×5	×10
理由	4 × 3 = 12	5 × 9 = 45	6 × 2 = 12	7 × 8 = 56	8 × 7 = 56	9 × 5 = 45	10 × 10 = 100

如果到此為止能夠理解，將 mod 11 中的除法如下以 1 次乘法求出。

- 7 ÷ 9 (mod 11) 的值為 7 × 5 = 35 除以 11 的餘數「2」
- 8 ÷ 4 (mod 11) 的值為 8 × 3 = 24 除以 11 的餘數「2」
- 9 ÷ 5 (mod 11) 的值為 9 × 9 = 81 除以 11 的餘數「4」
- 10 ÷ 7 (mod 11) 的值為 10 × 8 = 80 除以 11 的餘數「3」

對於一般 mod M 中的除法（M 為質數）也是如此。滿足 $b \times b^{-1} \equiv 1 \ (\text{mod } M)$ 的整數 b^{-1} 稱為「整數 b 對 mod M 的模倒數」，除以 b 的操作等價於乘以 b^{-1}。因此，mod M 中的 $a \div b$ 值與 $a \times b^{-1}$ 除以 M 的餘數一致，因此只需知道模倒數的值即可進行除法運算。

4.6.4 透過費馬小定理計算模倒數

接著介紹如何計算 b 對 mod M 的模倒數。有如下逐個檢查的簡單方法。

- $b \times 1 \equiv 1 \ (\text{mod } M)$
- $b \times 2 \equiv 1 \ (\text{mod } M)$
- $b \times 3 \equiv 1 \ (\text{mod } M)$
  ⋮
- $b \times (M - 1) \equiv 1 \ (\text{mod } M)$

但計算複雜度為 $O(M)$，速度較慢。

因此，使用費馬小定理，即「對於質數 M 和 1 以上且 $M - 1$ 以下的整數 b，$b^{M-1} \equiv 1 \ (\text{mod } M)$ 成立」的話，從 $b \times b^{M-2} = b^{M-1}$，可知求出的模倒數是 b^{M-2} 除以 M 的餘數。此值使用重複平方法（➡ **4.6.7 項**）後，可以用 $O(\log M)$ 時間進行計算。

4.6.5 統整餘數的計算方法

以上是關於 mod M 的四則運算的探討，由於篇幅很長，因此統整如下。但是，請注意使用除法的計算方法時，M 必須為質數。

演算	計算方法
$a + b \ (\text{mod } M)$	可以在計算過程中取餘數（第 4.6.1 項）
$a - b \ (\text{mod } M)$	可以在計算過程中取餘數（第 4.6.1 項）
$a \times b \ (\text{mod } M)$	可以在計算過程中取餘數（第 4.6.1 項）
$a \div b \ (\text{mod } M)$	以重複平方法（第 4.6.7 項）計算 $a \times b^{M-2} \ \text{mod } M$

第 4.6.6 項開始，將針對可以使用這種計算方法的問題，進行包含實作的說明。

4.6.6 例題 1：費波那契數列的餘數

問題 ID：049

給定整數 N。請求出費波那契數列 $a_1 = 1$, $a_2 = 1$, $a_n = a_{n-1} + a_{n-2}$（$n \geq 3$）的第 N 項 a_N 除以 10000007 後的餘數。

條件：$3 \leq N \leq 10^7$

執行時間限制：1 秒

首先，有直接計算 a_N 的值後，最後求出除以 10000007 餘數的方法。自然實作時，如**程式碼 4.6.1** 所示。

程式碼 4.6.1 費波那契數的計算方法①

```cpp
#include <iostream>
using namespace std;

int N, a[10000009];

int main() {
    cin >> N;
    a[1] = 1; a[2] = 1;
    for (int i = 3; i <= N; i++) a[i] = a[i - 1] + a[i - 2];
    cout << a[N] % 1000000007 << endl;
    return 0;
}
```

現在，讓我們以 $N = 1000$ 執行此程式。以下是費波那契數列的第 1000 項。

434665576869374564356885276750406258025646605173717804024817290895365554179490518904038798400792551692959225930803226347752096896232398733224711616142996440906533187938298969649928516003704476137795166849228875

其為 209 位的數字，因此，如果將其除以 10000007，本來應該輸出 517691607。但是上面的程式會輸出錯誤值 556111428。

這是因為在計算過程中，數值變得非常大，產生了超過電腦可以處理極限的溢出現象。例如，對 C++ 的 int 型別，只能處理 $2^{31}-1$ 以下的整數，對 long long 型別，只能處理 $2^{63}-1$ 以下的整數，如果超過上限值，則無法正確計算。對 Python，可以處理較大的數字，但較大的數字連進行四則運算也需要大量的時間。在本問題中，$N = 10^7$ 時需要計算超過 200 萬位的巨大數字，因此無法在 1 秒內算出答案。

因此，如第 4.6.1 項所述，如果在計算過程中取餘數，可防止溢出。思考程式碼 4.6.2 作為實作例。

程式碼 4.6.2 費波那契數的計算方法②

```cpp
#include <iostream>
using namespace std;
```

```
int N, a[10000009];
int main() {

    cin >> N;
    a[1] = 1; a[2] = 1;
    for (int i = 3; i <= N; i++) a[i] = (a[i - 1] + a[i - 2]) % 1000000007;
    cout << a[N] % 1000000007 << endl;
    return 0;
}
```

4.6.7 — 例題 2：a 的 b 次方的餘數

給定整數 a、b。請計算 a^b 除以 10000007 的餘數。

條件：$1 \leq a \leq 100, 1 \leq b \leq 10^9$

執行時間限制：1 秒

出處：AOJ NTL_1_B - Power

首先，有直接計算 a^b 後除以 10000007 取餘數的方法，但不幸的是會發生溢出。例如，當 $a = 100$，$b = 10^9$ 時，需要計算 100 的 10 億次方（約 20 億位），已經可說是不可能的了。因此，如果在每次進行乘法運算（如**程式碼 4.6.3**）時都取餘數，則可以防止溢出。

但是，這個方法也會有問題。計算複雜度為 $O(b)$，以此問題的條件，最多要進行 10^9 次以上取餘數的計算。餘數的計算比加法、減法還花時間，雖然很接近，但無法在 1 秒內完成執行。

程式碼 4.6.3　a 的 b 次方的計算方法①

```
#include <iostream>
using namespace std;

const long long mod = 1000000007;
long long a, b, Answer = 1; // a 的 0 次方為 1，因此初始化成 Answer=1

int main() {
    cin >> a >> b;
    for (int i = 1; i <= b; i++) {
        Answer = (Answer * a) % mod;
    }
    cout << Answer << endl;
    return 0;
}
```

因此，可以使用以下的重複平方法，將計算複雜度減少為 $O(\log b)$。

1. 計算 $a^2 = a^1 \times a^1$ 除以 1000000007 的餘數。
2. 計算 $a^4 = a^2 \times a^2$ 除以 1000000007 的餘數。
3. 計算 $a^8 = a^4 \times a^4$ 除以 1000000007 的餘數。
4. 對 a^{16}、a^{32}、a^{64}、… 也按照相同的要領進行計算。
5. 根據指數法則（➡ **第 2.3.9 項**）a^b 可以用 a^1、a^2、a^4、a^8、的乘積來表示，因此將其相乘。例如，

$$a^{14} = a^2 \times a^4 \times a^8 \text{。}$$

※ 在 5. 中，只有當 b 以二進制表示的 2^i 的位數為 1 時，a^{2^i} 才被包含在乘積中

下圖是採用重複平方方法計算 a^{14}、a^{20}、a^{25} 的過程。

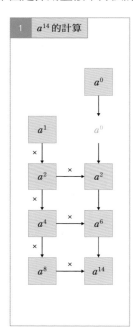
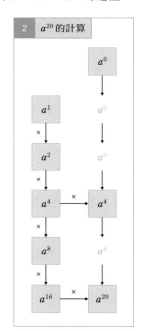
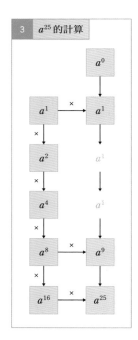

由於整數 b 的二進制表示法中的 2^i 位等於 1 和 $b \text{ AND } 2^i \neq 0$，因此重複平方方法可以如**程式碼 4.6.4** 中所述實現。

請注意，根據本問題的條件，b 的值小於 2^{30}，因此只要計算到 a^1、a^2、a^4、$\cdots$、$a^{2^{29}}$ 就足夠了（這就是將迴圈次數設定為 30 次的原因）。

程式碼 4.6.4 a 的 b 次方的計算方法②

```cpp
#include <iostream>
using namespace std;

long long modpow(long long a, long long b, long long m) {
    // 重複平方方法 (p 取 a^1、a^2、a^4、a^8、…的值)
    long long p = a, Answer = 1;
    for (int i = 0; i < 30; i++) {
        if ((b & (1 << i)) != 0) { Answer *= p; Answer %= m; }
        p *= p; p %= m;
    }
    return Answer;
}

const long long mod = 1000000007;
```

```
long long a, b;

int main() {
    cin >> a >> b;
    cout << modpow(a, b, mod) << endl;
    return 0;
}
```

4.6.8 — 例題 3：路徑數的餘數

問題 ID：051

如下圖所示，有足夠大的網格，在左下方的網格中放置一個棋子。以（*a*, *b*）代表將第一個棋子從所在的網格向右移動 a 個，然後向上移動 b 個。

此時，從網格 (0, 0) 出發，透過重複向上或向右移動到相鄰的網格，可以到達網格 (X, Y) 的方法有幾種？給定整數 X、Y，請求出將答案除以 10000007（質數）的餘數。

條件：$1 \leq X, Y \leq 100000$

執行時間限制：1 秒

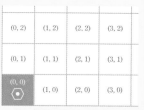

網格的例子　　　　　(X, Y) = (3, 2) 時的移動路徑的例子

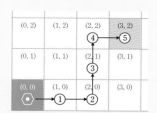

首先，若要使棋子移動到網格 (X, Y)，整體是進行 X + Y 次移動，其中必須有 Y 次向上。反過來說，只要滿足這個條件，就一定會到達目的地。

因此，所求的情況數是從 X + Y 中選擇 Y 個的方法數 $_{X+Y}C_Y$ 種（→ **第 3.3.5 項**）。下圖顯示了 (X, Y) = (3, 2) 的移動路徑，共有 $_5C_2 = 10$ 種。

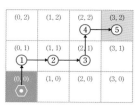

上、上、右、右、右的情況　　　上、右、上、右、右的情況　　　上、右、右、上、右的情況

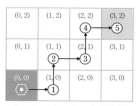

上、右、右、右、上的情況　　　右、上、上、右、右的情況　　　右、上、右、上、右的情況

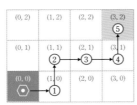

右、上、右、右、上的情況

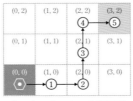

右、右、上、上、右的情況

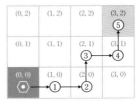

右、右、上、右、上的情況

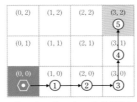

右、右、右、上、上的情況

因此，求得的二項係數的值以下式表示。

$$_{X+Y}C_Y = \frac{(X+Y)!}{X! \times Y!}$$

另外，10000007 為質數，在除法中可使用第 4.6.4 項中介紹的方法。因此，根據以下演算法，可以計算將答案除以 10000007 的餘數。

---

1. 計算將分子 $(X+Y)!$ 除以 1000000007 的餘數，將其設為 a
2. 計算將分母 $X! \times Y!$ 除以 1000000007 的餘數，將其設為 b
3. 透過求出將 $a \times b^{1000000005}$ 除以 1000000007 的餘數，來計算 $a \div b \pmod{1000000007}$ 的值

令 $M = 1000000007$，演算法整體的計算複雜度為 $O(X + Y + \log M)$。如**程式碼 4.6.5** 所示實作後，可在 1 秒內算出正確的答案。另外，Division(a，b，m) 是求 $a \div b \pmod{m}$ 的函式。

程式碼 4.6.5　求路徑數的程式①

```cpp
#include <iostream>
using namespace std;

const long long mod = 1000000007;
int X, Y;

// Division(a, b, m) 是回傳 a÷b mod m 的函式
long long Division(long long a, long long b, long long m) {
    // 函式 modpow 參照程式碼 4.6.4（此處省略）
    return (a * modpow(b, m - 2, m)) % m;
}

int main() {
    // 輸入
```

下一頁

```
    cin >> X >> Y;

    // 求出二項係數的分子和分母（步驟 1./步驟 2.）
    long long bunshi = 1, bunbo = 1;
    for (int i = 1; i <= X + Y; i++) { bunshi *= i; bunshi %= mod; }
    for (int i = 1; i <= X; i++) { bunbo *= i; bunbo %= mod; }
    for (int i = 1; i <= Y; i++) { bunbo *= i; bunbo %= mod; }

    // 求出答案（步驟 3.）
    cout << Division(bunshi, bunbo, mod) << endl;
    return 0;
}
```

另一個實作方法是預先計算階乘值 1!、2!、3!、4!、…除以 10000007 的餘數，如程式碼 4.6.6。例如，對本問題而言，由於 $X + Y$ 的最大值為 200000，因此最好提前計算到 200000!。如此，以下的值會以常數時間求出。

- 二項係數 $_{X+Y}C_Y$ 的分母 $a = (X + Y)!$ 除以 M=1000000007 的餘數
- 二項係數 $_{X+Y}C_Y$ の分子 $b = X! \times Y!$ 除以 M=1000000007 的餘數

因此，由於 $a \div b \pmod M$ 的值可以透過重複平方來計算，二項係數以計算複雜度 $O(\log M)$ 求出。在本問題中，由於二項係數只計算一次，因此階乘的預先計算會成為計算時間的瓶頸，兩個程式的執行時間沒有太大的差異。但是，在將二項係數的計算進行多次的情況下是有效率的（➡ 第 5.7 節）。

程式碼 4.6.6 求路徑數的程式②

```
#include <iostream>
using namespace std;

const long long mod = 1000000007;
long long X, Y;
long long fact[200009];

long long Division(long long a, long long b, long long m) {
    // 函式 modpow 參照程式碼 4.6.4（此處省略）
    return (a * modpow(b, m - 2, m)) % m;
}

long long ncr(int n, int r) {
    // ncr 是 n! 除以 r!×(n-r)! 的值
    return Division(fact[n], fact[r] * fact[n - r] % mod, mod);
}

int main() {
    // 陣列初始化（fact[i] 是 i 的階乘除以 10000007 的餘數）
    fact[0] = 1;
    for (int i = 1; i <= 200000; i++) fact[i] = 1LL * i * fact[i - 1] % mod;

    // 輸入→答案輸出
    cin >> X >> Y;
    cout << ncr(X + Y, Y) << endl;
    return 0;
}
```

延伸：關於 RSA 密碼

最後，介紹「RSA 密碼」這個與餘數計算有密切關聯的主題。

首先，每個接收者都有不同的一對**公鑰**和**私鑰**，公鑰是正整數的組 (n, e)，私鑰是正整數 d。n 以兩個不同質數 p、q 的乘積來表示。在此，對 $n-1$ 以下的所有非負整數 m，設定一組公鑰和私鑰，使得 $m^{ed} \equiv m \pmod{n}$ [注4.6.2]。公鑰從發送者側為可見，但發送者無法知道私鑰。

假設發送者 X 想對接收者 Y 發送郵件。此時，使用以下稱為 RSA 密碼的方法，可以安全地發送。

1. 發送者 X 獲得接收者 Y 的公鑰
2. 將以數值表示郵件文章的內容設為 m，計算 m^e 除以 n 的餘數 x。
3. 將 2. 所計算出的值 x 發送給接收者 Y
4. 計算 x^d 除以 n 的餘數。此時，由於 $x^d = m^{ed} \equiv m \pmod{n}$，所以可以解鎖看到原來的文章。

在此，重點是非對稱性。截至 2021 年，即使公鑰 n、e 是 500 位左右的大數，也還沒發現能以現實的時間從公鑰求出私鑰 d 的演算法。反過來，可以列舉質數 p、q 並計算乘方。這就是為什麼密碼是安全的。

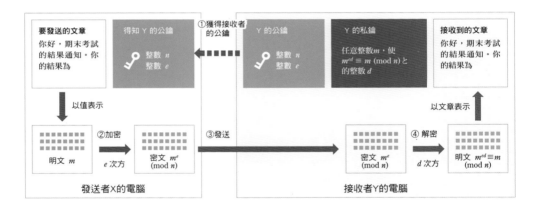

注 4.6.2　如果確定了整數 e、d 使 $ed \equiv 1 \pmod{(p-1)(q-1)}$，則可知對所有非負整數 m，必定為 $m^{ed} \equiv m \pmod{n}$。可以藉由擴展歐幾里得演算法求出這樣一組整數。

問題 4.6.1 ★

1・請計算 $21 \times 41 \times 61 \times 81 \times 101 \times 121$ 除以 20 的餘數。

2・請計算 202112^5 除以 100 的餘數。

問題 4.6.2 問題 ID：052 ★★★★

在二維網格上的原點 $(0, 0)$ 中有一個西洋棋的騎士棋子。騎士的棋子位於格子 (i, j) 時，只能移動到 $(i + 1, j + 2)$ 或 $(i + 2, j + 1)$ 的格子。將騎士移動到格子 (X, Y) 的方法有幾種？請製作一個程式，求出將答案除以 10000007 的餘數。（出處：AtCoder Beginner Contest 145 D - Knight）

問題 4.6.3 問題 ID：053 ★★★★

給定正整數 N，請製作程式，輸出 $4^0 + 4^1 + \cdots + 4^N$ 除以 10000007 的餘數。在滿足 $N \le 10^{18}$ 的輸入的情況下，最好在 1 秒內完成執行。

4.7 矩陣乘方
～費波那契數列的快速計算～

第 4 章也終於到了最後一節。本節將思考求出費波那契數列的第 N 項的問題，但由於費波那契數列呈指數函數增加，答案會變為非常龐大的數，因此並不現實。換個角度，是否可以求出答案的後 9 位數？

如第 4.6.6 項所述，依照遞迴式一面取餘數一面計算時，計算複雜度為 $O(N)$，效率較低，但使用矩陣可加速到計算複雜度 $O(\log N)$。本節中，將對矩陣的運算和基本性質進行說明，並會介紹求出矩陣乘方的演算法。

4.7.1 什麼是矩陣？

將數字等縱向和橫向排列者稱為 **矩陣**，以縱向 N 列、橫向 M 行形式排列的稱為 N × M 矩陣。例如，下面的矩陣 A 是 3 × 5 矩陣，B 是 4 × 7 矩陣。

$$
A = \begin{bmatrix} 3 & 1 & 4 & 1 & 5 \\ 9 & 2 & 6 & 5 & 3 \\ 5 & 8 & 9 & 7 & 9 \end{bmatrix}
\qquad
B = \begin{bmatrix} 1 & 2 & 4 & 8 & 6 & 2 & 4 \\ 1 & 3 & 9 & 7 & 1 & 3 & 9 \\ 1 & 4 & 6 & 4 & 6 & 4 & 6 \\ 1 & 5 & 5 & 5 & 5 & 5 & 5 \end{bmatrix}
$$

(2, 7)元素為9

從上數第 i 列（$1 \leq i \leq N$）、從左數第 j 行（$1 \leq j \leq M$）的值稱為 (i, j) 元素，記為 $A_{i,j}$、 $B_{i,j}$ 等。例如，矩陣 B 的上數第 2 列和左數第 7 行的值是 9，因此 $B_{2,7} = 9$。

4.7.2 矩陣的加法、減法

列數和行數相等的矩陣 A、B 可以進行加法 A + B 和減法 A − B。如下圖所示，將相對應的元素進行加減計算。請注意，在列數或行數不相符的情況下，則無法進行加減運算。

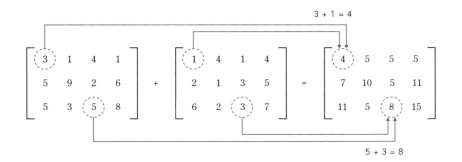

3 + 1 = 4

$$
\begin{bmatrix} 3 & 1 & 4 & 1 \\ 5 & 9 & 2 & 6 \\ 5 & 3 & 5 & 8 \end{bmatrix}
+
\begin{bmatrix} 1 & 4 & 1 & 4 \\ 2 & 1 & 3 & 5 \\ 6 & 2 & 3 & 7 \end{bmatrix}
=
\begin{bmatrix} 4 & 5 & 5 & 5 \\ 7 & 10 & 5 & 11 \\ 11 & 5 & 8 & 15 \end{bmatrix}
$$

5 + 3 = 8

4.7.3 — 矩陣的乘法

　　只有當矩陣 A 的行數等於矩陣 B 的列數時，才能計算乘積 AB。當矩陣 A、B 的大小分別為 $N \times M$、$M \times L$ 時，乘積 AB 為 $N \times L$ 矩陣，乘積的 (i, j) 元素由下式計算。

$$\sum_{k=1}^{M} A_{i,k} B_{k,j} = (A_{i,1} B_{1,j} + A_{i,2} B_{2,j} + \cdots + A_{i,M} B_{M,j})$$

　　雖然有點難，但可以想像成是 A 的第 i 列和 B 的第 j 行的對應元素相乘後全部相加的感覺。下圖顯示了 4×5 矩陣和 5×3 矩陣的乘積的計算例（計算結果為 4×3 矩陣）。

第3行

$$\begin{bmatrix} 3 & 1 & 4 & 1 & 5 \\ 9 & 2 & 6 & 5 & 3 \\ 5 & 8 & 9 & 7 & 9 \\ 3 & 2 & 3 & 8 & 4 \end{bmatrix} \begin{bmatrix} 1 & 4 & 1 \\ 4 & 2 & 1 \\ 3 & 5 & 6 \\ 2 & 3 & 7 \\ 3 & 0 & 9 \end{bmatrix} = \begin{bmatrix} 36 & 37 & 80 \\ 54 & 85 & 109 \\ 105 & 102 & 197 \\ 48 & 55 & 115 \end{bmatrix}$$

第2列

A 的第2列是	9,	2,	6,	5,	3
B 的第3行是	1,	1,	6,	7,	9
相乘	9,	2,	36,	35,	27

(2, 3) 元素為　9+2+36+35+27=109

4.7.4 — 關於矩陣乘法的重要性質

　　關於矩陣的乘積，交換律 $AB = BA$ 不成立。例如，如果矩陣 A 為 3×5 矩陣，矩陣 B 為 5×7 矩陣，則可以計算 AB，但不能計算 BA。此外，即使 AB 和 BA 兩邊都能進行計算，結果是 $AB \neq BA$，如下例所示。

$$A = \begin{bmatrix} 1 & 1 \\ 0 & 0 \end{bmatrix} \quad B = \begin{bmatrix} 1 & 0 \\ 1 & 0 \end{bmatrix} \text{ 時} \qquad AB = \begin{bmatrix} 2 & 0 \\ 0 & 0 \end{bmatrix} \quad BA = \begin{bmatrix} 1 & 1 \\ 1 & 1 \end{bmatrix}$$

　　另一方面，關於矩陣乘積，結合律 $(AB)C = A(BC)$ 是成立的。例如以下所示。

$$\left(\begin{bmatrix} 1 & 2 \\ 3 & 4 \end{bmatrix} \begin{bmatrix} 3 & 1 \\ 4 & 1 \end{bmatrix} \right) \begin{bmatrix} 1 & 0 \\ 2 & 4 \end{bmatrix} = \begin{bmatrix} 11 & 3 \\ 25 & 7 \end{bmatrix} \begin{bmatrix} 1 & 0 \\ 2 & 4 \end{bmatrix} = \begin{bmatrix} 17 & 12 \\ 39 & 28 \end{bmatrix}$$

$$\begin{bmatrix} 1 & 2 \\ 3 & 4 \end{bmatrix} \left(\begin{bmatrix} 3 & 1 \\ 4 & 1 \end{bmatrix} \begin{bmatrix} 1 & 0 \\ 2 & 4 \end{bmatrix} \right) = \begin{bmatrix} 1 & 2 \\ 3 & 4 \end{bmatrix} \begin{bmatrix} 5 & 4 \\ 6 & 4 \end{bmatrix} = \begin{bmatrix} 17 & 12 \\ 39 & 28 \end{bmatrix}$$

　　確實會一致。因此，無論按何種順序計算多個矩陣的乘積，結果都不會改變。

4.7.5 — 矩陣的乘方

　　與實數同樣，矩陣也可以定義乘方。將列數和行數相等的矩陣 A 乘以 n 次，矩陣 $A \times A \times A \times \cdots \times A$ 稱為「A 的 n 次方」，並寫成 A^n。例如，設 A 如下。

$$A = \begin{bmatrix} 1 & 1 \\ 1 & 0 \end{bmatrix}$$

則 A^2、A^3、A^4、A、A^6 和 A^7 的值如下所示。此外，由於結合律成立，因此矩陣的乘方無論依何種順序計算都不會改變計算結果。例如，求 A^4 時，亦可計算 $A^2 \times A^2$。

A^2 的值
$$A \times A = \begin{bmatrix} 1 & 1 \\ 1 & 0 \end{bmatrix}\begin{bmatrix} 1 & 1 \\ 1 & 0 \end{bmatrix} = \begin{bmatrix} 2 & 1 \\ 1 & 1 \end{bmatrix}$$

A^5 的值
$$A^4 \times A = \begin{bmatrix} 5 & 3 \\ 3 & 2 \end{bmatrix}\begin{bmatrix} 1 & 1 \\ 1 & 0 \end{bmatrix} = \begin{bmatrix} 8 & 5 \\ 5 & 3 \end{bmatrix}$$

A^3 的值
$$A^2 \times A = \begin{bmatrix} 2 & 1 \\ 1 & 1 \end{bmatrix}\begin{bmatrix} 1 & 1 \\ 1 & 0 \end{bmatrix} = \begin{bmatrix} 3 & 2 \\ 2 & 1 \end{bmatrix}$$

A^6 的值
$$A^5 \times A = \begin{bmatrix} 8 & 5 \\ 5 & 3 \end{bmatrix}\begin{bmatrix} 1 & 1 \\ 1 & 0 \end{bmatrix} = \begin{bmatrix} 13 & 8 \\ 8 & 5 \end{bmatrix}$$

A^4 的值
$$A^3 \times A = \begin{bmatrix} 3 & 2 \\ 2 & 1 \end{bmatrix}\begin{bmatrix} 1 & 1 \\ 1 & 0 \end{bmatrix} = \begin{bmatrix} 5 & 3 \\ 3 & 2 \end{bmatrix}$$

A^7 的值
$$A^6 \times A = \begin{bmatrix} 13 & 8 \\ 8 & 5 \end{bmatrix}\begin{bmatrix} 1 & 1 \\ 1 & 0 \end{bmatrix} = \begin{bmatrix} 21 & 13 \\ 13 & 8 \end{bmatrix}$$

4.7.6　來計算費波那契數列的後 9 位數吧

接著使用矩陣來解開正式的問題吧。

問題 ID：054

給定整數 N。請求出費波那契數列 $a_1 = 1$，$a_2 = 1$，$a_n = a_{n-1} + a_{n-2}$（$n \geq 3$）的第 N 項 a_N 的後 9 位數。

條件：$3 \leq N \leq 10^{18}$

執行時間限制：1 秒

首先，著重於第 4.7.5 項中所求的矩陣的乘方。費波那契數列為 1、1、2、3、5、8、13、21、34、55、89、144、…這樣延續，所以可能存在某種關係。

- A^2 第 2 列的總和為 $1 + 1 =$ **2**
- A^3 第 2 列的總和為 $2 + 1 =$ **3**
- A^4 第 2 列的總和為 $3 + 2 =$ **5**
- A^5 第 2 列的總和為 $5 + 3 =$ **8**
- A^6 第 2 列的總和為 $8 + 5 =$ **13**
- A^7 第 2 列的總和為 $13 + 8 =$ **21**

從結論來說，當由 1、1、1、0 組成的 2×2 矩陣設為 A，則費波那契數列的第 N 項是 A^{N-1} 的第 2 列的總和（本項後半將探討快速計算矩陣乘方的方法）。

成為矩陣乘方的原因

接著說明用 A^{N-1} 表示 a_N 的原因。首先，如下所示，(a_2, a_3) 可以表示成使用了 (a_1, a_2) 的式子。左邊的 (1, 1) 元素代表「$a_3 = a_2 + a_1$」，(2, 1) 元素代表「$a_2 = a_2$」。

$$\begin{bmatrix} a_3 \\ a_2 \end{bmatrix} = \begin{bmatrix} 1 & 1 \\ 1 & 0 \end{bmatrix}\begin{bmatrix} a_2 \\ a_1 \end{bmatrix}$$

然後，如下所示，(a_3, a_4) 可以表示成使用了 (a_1, a_2) 的式子。左邊的 $(1, 1)$ 元素代表「$a_4 = a_3 + a_2$」，$(2, 1)$ 元素代表「$a_3 = a_3$」。

$$\begin{bmatrix} a_4 \\ a_3 \end{bmatrix} = \begin{bmatrix} 1 & 1 \\ 1 & 0 \end{bmatrix}\begin{bmatrix} a_3 \\ a_2 \end{bmatrix}$$
$$= \begin{bmatrix} 1 & 1 \\ 1 & 0 \end{bmatrix}\left(\begin{bmatrix} 1 & 1 \\ 1 & 0 \end{bmatrix}\begin{bmatrix} a_2 \\ a_1 \end{bmatrix}\right) = \begin{bmatrix} 1 & 1 \\ 1 & 0 \end{bmatrix}^2\begin{bmatrix} a_2 \\ a_1 \end{bmatrix}$$

如果對 (a_4, a_5) 之後也重複相同的計算，則會出現以下情況。由此可知，a_N 值是 A^{N-1} 的 $(2, 1)$ 元素和 $(2, 2)$ 元素的總和。

$$\begin{bmatrix} a_{N+1} \\ a_N \end{bmatrix} = \begin{bmatrix} 1 & 1 \\ 1 & 0 \end{bmatrix}^{N-1}\begin{bmatrix} a_2 \\ a_1 \end{bmatrix} = A^{N-1}\begin{bmatrix} 1 \\ 1 \end{bmatrix}$$

下圖顯示了矩陣與費波那契數列之間的關係。

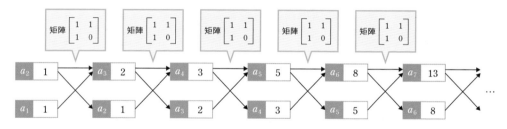

快速計算矩陣的方法

最後，A^{N-1} 的值是通過將重複平方方法（➡ **第 4.6.7 項**）應用於矩陣，以計算複雜度 $O(\log N)$ 來求出的。具體的演算法記載如下。

1. 計算 $A^2 = A^1 \times A^1$。
2. 計算 $A^4 = A^2 \times A^2$。
3. 計算 $A^8 = A^4 \times A^4$。
4. 對 A^{16}、A^{32}、A^{64}、⋯也按照相同的要領，計算到需要的部分為止。
5. 由於 A^{N-1} 可以用 A^1、A^2、A^4、A^8、⋯的乘積來表示，因此將其相乘。例如，$A^{11} = A^1 \times A^2 \times A^8$。

※ 在 5. 中，只有在 $N - 1$ 以二進制表示時的第 2^i 位為 1 時，乘積中才包含 A^{2^i}

下一頁的圖顯示為了計算費波那契數列的第 12 項而求出 A^{11} 的過程。費波那契數列的第 12 項為 144，因此計算是正確的。

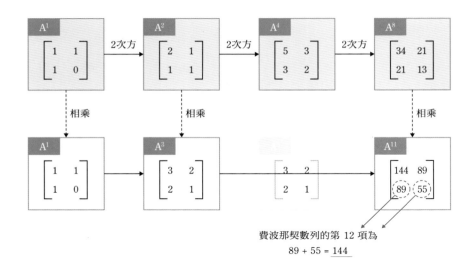

費波那契數列的第 12 項為

$$89 + 55 = \underline{144}$$

綜上所述，如**程式碼 4.7.1** 所示實作後，可快速求出答案。例如，$N = 10^{12}$ 時，依遞迴式直接計算的話，在作者的作業環境中需要 121 分鐘，但是使用重複平方法的話，在 0.0001 秒以內就完成計算了。

實作上要注意，「某數的後 9 位」與「某數除以 10 億的餘數」相同，因此在計算過程中取除以 10 億的餘數。另外，本問題的條件是 $N < 2^{60}$，因此只要計算到、A^1、A^2、A^4、⋯、$A^{2^{59}}$ 即可。

程式碼 4.7.1 費波那契數列的計算

```cpp
#include <iostream>
using namespace std;

struct Matrix {
    long long p[2][2] = { {0, 0}, {0, 0} };
};
Matrix Multiplication(Matrix A, Matrix B) { // 回傳 2×2 矩陣 A、B 乘積的函式
    Matrix C;
    for (int i = 0; i < 2; i++) {
        for (int k = 0; k < 2; k++) {
            for (int j = 0; j < 2; j++) {
                C.p[i][j] += A.p[i][k] * B.p[k][j];
                C.p[i][j] %= 1000000000;
            }
        }
    }
    return C;
}
Matrix Power(Matrix A, long long n) { // 回傳 A 的 n 次方的函式
    Matrix P = A, Q; bool flag = false;
    for (int i = 0; i < 60; i++) {
        if ((n & (1LL << i)) != 0LL) {
            if (flag == false) { Q = P; flag = true; }
            else { Q = Multiplication(Q, P); }
```

下一頁

```
        }
        P = Multiplication(P, P);
    }
    return Q;
}

int main() {
    // 輸入→乘方的計算（請注意，N 必須大於 2 才能正常運作）
    long long N;
    cin >> N;
    Matrix A; A.p[0][0] = 1; A.p[0][1] = 1; A.p[1][0] = 1;
    Matrix B = Power(A, N - 1);
    // 輸出（請注意，倒數第 9 位為 0 時，以開頭不含 0 的形式輸出）
    cout << (B.p[1][0] + B.p[1][1]) % 1000000000 << endl;
    return 0;
}
```

▌ 節末問題

問題 4.7.1 ★

請計算以下數學式。

$$\begin{bmatrix} 1 & 0 & 1 \\ 0 & 0 & 1 \end{bmatrix} \begin{bmatrix} 1 & 0 & 1 \\ 1 & 1 & 1 \\ 1 & 0 & 1 \end{bmatrix} + \begin{bmatrix} 1 \\ 2 \end{bmatrix} \begin{bmatrix} 1 & 1 & 1 \end{bmatrix}$$

問題 4.7.2 問題 ID：055 ★★

請製作程式，將滿足以下遞迴式的數列的第 N 項 a_N 除以 10000007 的餘數，用計算複雜度 $O(\log N)$ 求出。

● $a_1 = 1, a_2 = 1$
● $a_n = 2a_{n-1} + a_{n-2} (n \geq 3)$

問題 4.7.3 問題 ID：056 ★★★

請製作程式，將滿足以下遞迴式的數列的第 N 項 a_N 除以 10000007 的餘數，求得計算複雜度 $O(\log N)$。請注意，這種數列稱為泰波那契數列（提示：請思考 (a_1, a_2, a_3) 和 (a_2, a_3, a_4) 的關係）。

● $a_1 = 1, a_2 = 1, a_3 = 2$
● $a_n = a_{n-1} + a_{n-2} + a_{n-3} (n \geq 4)$

問題 4.7.4 問題 ID：057 ★★★★★

請分別製作程式，求出將以下的值除以 10000007 的餘數。

1．將 $2 \times N$ 的矩形以 1×2 或 2×1 的矩形完全鋪滿的方法數
2．將 $3 \times N$ 的矩形以 1×2 或 2×1 的矩形完全鋪滿的方法數
3．將 $4 \times N$ 的矩形以 1×2 或 2×1 的矩形完全鋪滿的方法數

可以假設 $N \geq 5$。計算複雜度最好是 $O(\log N)$。

197

三角函數

　　第 4.1 節介紹了計算幾何學的演算法，特別是在求解與圓相關的問題時，不僅需要向量，還需要三角函數的知識。因此，本專欄將介紹三角比和三角函數。此外，由於頁數的原因，不會探討應用例。有興趣的人請透過網路等研究。

什麼是三角比？

　　sin, cos, tan 等稱為三角比。在二維平面上，以原點為中心的半徑為 1 的圓，與「將 x 軸正的部分逆時針旋轉 θ 後的線」的交點座標表示為 $(\cos\theta, \sin\theta)$。例如，如下圖所示，半徑為 1 的圓與「將 x 軸正的部分逆時針旋轉 90 度的線」之間的交點座標為 $(0, 1)$，因此 $\cos 90° = 0$，$\sin 90° = 1$。

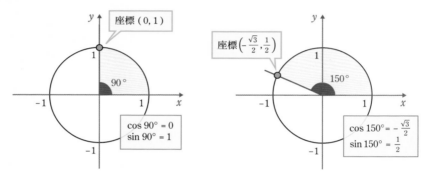

　　然後，令 $\sin\theta$ 除以 $\cos\theta$ 的值為 $\tan\theta$，其代表連接座標 $(0, 0)$ 和 $(\cos\theta, \sin\theta)$ 的直線的斜率（➡ **第 2.3.5 項**）。例如像以下進行計算。

$$\tan 0° = \sin 0° \div \cos 0° = 0 \div 1 = 0$$

$$\tan 150° = \sin 150° \div \cos 150° = \frac{1}{2} \div \left(-\frac{\sqrt{3}}{2}\right) = -\frac{\sqrt{3}}{3} \fallingdotseq -0.577$$

對於典型的角度 θ，三角比的值如下所示。但是，當 $\cos\theta = 0$ 時，不考慮 $\tan\theta$。此外，$\frac{\sqrt{3}}{3}$ 約 0.577，$\frac{\sqrt{2}}{2}$ 約 0.707，$\frac{\sqrt{3}}{2}$ 約 0.866。

角度	0°	30°	45°	60°	90°	120°	135°	150°	180°
$\sin\theta$	0	$\frac{1}{2}$	$\frac{\sqrt{2}}{2}$	$\frac{\sqrt{3}}{2}$	1	$\frac{\sqrt{3}}{2}$	$\frac{\sqrt{2}}{2}$	$\frac{1}{2}$	0
$\cos\theta$	1	$\frac{\sqrt{3}}{2}$	$\frac{\sqrt{2}}{2}$	$\frac{1}{2}$	0	$-\frac{1}{2}$	$-\frac{\sqrt{2}}{2}$	$-\frac{\sqrt{3}}{2}$	−1
$\tan\theta$	0	$\frac{\sqrt{3}}{3}$	1	$\sqrt{3}$	—	$-\sqrt{3}$	−1	$-\frac{\sqrt{3}}{3}$	0

什麼是弧度法？

　　如 30°、60° 這樣使用「°」表示角度的方法稱為度數法。相對的，弧度法是用半徑與圓弧長度的比值來表示角度的方法，單位為弧度（rad），但有時不寫單位。

一般而言，將以度數法表示的角度乘以 $\frac{\pi}{180}$，即可將單位從「°」轉換為 rad。轉換的具體例如下所示。

- 用弧度法表示 30° 時，為 $30 \times \frac{\pi}{180} = \frac{\pi}{6}$ rad（約 0.524）
- 用弧度法表示 45° 時，為 $45 \times \frac{\pi}{180} = \frac{\pi}{4}$ rad（約 0.785）
- 用弧度法表示 60° 時，為 $60 \times \frac{\pi}{180} = \frac{\pi}{3}$ rad（約 1.047）

另外，以 $\frac{\pi}{180}$ 這樣非整數的值相乘的理由，是因為半徑為 1 且弧長為 1 的扇形中心角被定為 1 rad。

什麼是三角函數？

函數 $y = \sin x$、$y = \cos x$、$y = \tan x$ 稱為**三角函數**。各圖形如下所示，尤其 sin、cos 的圖形如同波浪（稱為正弦波）。此處請注意 x 的單位為 rad [注 4.8.1]。

此外，在 C++ 中可以使用 sin(x)、cos(x) 和 tan(x) 來計算三角函數，而在 Python 中可以使用 math.sin(x)、math.cos(x) 和 math.tan(x) 來計算三角函數。這會在包含➡**節末問題 4.1.4** 在內的多個計算幾何學問題上使用，請務必熟悉。

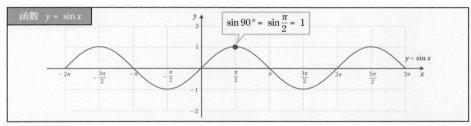

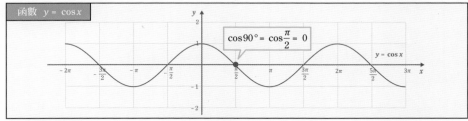

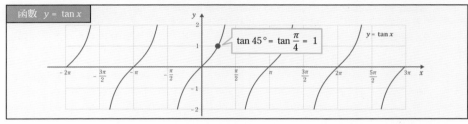

注 4.8.1　$\sin x$、$\cos x$、$\tan x$ 在 x 為負或超過 2π 時也可計算。

梯度下降法

梯度下降法是一種演算法，如同下山一樣來求函數 $f(x)$ 的最小值。梯度下降法的基本概念如下。

---

1. 確定常數 α 和初始值 X
2. 重複進行「從 X 的值中減去 $\alpha \times f'(X)$」的處理

※ 其中，$f'(X)$ 是函數 $f(X)$ 在 $x = X$ 中的斜率（➡ **4.3 節**）

此處的 α 是表示在 1 次的處理中，使 X 值改變多少的參數。太小時，X 很難接近 $f(x)$ 的最小值，但過大時，X 會跳過最小值，因此重要的是因應處理的問題來進行調整。下圖顯示了在 $\alpha = 0.05$ 時，求函數 $f(x) = x^4 - x + 1$ 的最小值的過程。

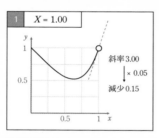

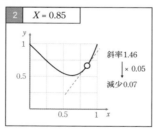

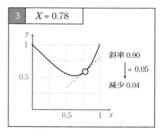

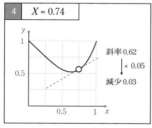

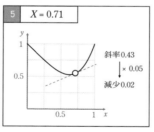

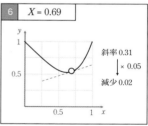

　梯度下降法亦可應用在像是 $f(x, y) = xy$ 這樣具有多個參數的函數上。例如，在由 x、y 組成的兩個變數函數的狀況下，分別計算「x 方向截面圖的斜率」和「y 方向截面圖的斜率」，可知往哪個方向移動才能下山。下一頁的圖為其中一例。此外，求截面圖中斜率的操作稱為**偏微分**。

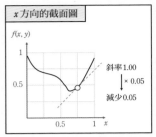

x 方向的截面圖

f(x, y)

斜率 1.00
↓ × 0.05
減少 0.05

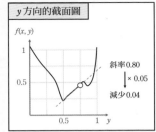

y 方向的截面圖

f(x, y)

斜率 0.80
↓ × 0.05
減少 0.04

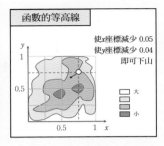

函數的等高線

使 x 座標減少 0.05
使 y 座標減少 0.04
即可下山

大
↓
小

梯度下降法的應用例

梯度下降法可以應用於各種最佳化問題。例如，在二維平面上有數個白點，放置 1 個紅點以使總距離最小的問題。當紅點的座標為 (x, y) 時，總距離由函數 $f(x, y)$ 表示，因此可以運用兩個變數的梯度下降法來求得答案。

另一個例子是對以兩個量 x、y 表示的資料，求出最適合的直線（稱為**回歸直線**）的問題。換句話說，是當使用兩個參數 a、b 並以 $y = ax + b$ 的式子表示直線時，求出 a、b 的值，以使誤差（例如，與直線距離的平方總和）$f(a, b)$ 為最小值的問題。這可以透過兩個變數的梯度下降法來解決。

另外，在近年的熱門領域「深度學習」中，也使用了梯度下降法。

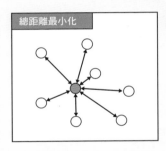

總距離最小化

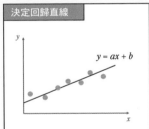

決定回歸直線

$y = ax + b$

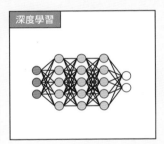

深度學習

梯度下降法的問題點

首先，梯度下降法並不一定會導出最佳解。例如下圖所示，谷底（稱為**局部最佳解**）有 2 個，從它們之中往高的方向進行的情況下，則很不幸無論採取多少步驟都無法求出全域最佳解。為了避免這種情況，可能需要採取一些措施，例如從多個初始值進行搜尋，或者使用將函數加上隨機性的隨機梯度下降法等。

另外，世界上的最佳化問題，大致分為參數取連續值的連續最佳化問題，和參數取整數等分散值的離散最佳化問題兩種，但後者無法計算微分，因此很難使用梯度下降法。因此，在離散最佳化問題上想進行類似的方法時，可以利用登山法、模擬退火法等。本書並未進行探討，但有興趣的人請務必研究看看。

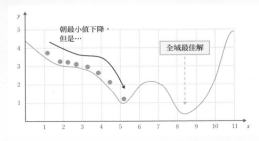

朝最小值下降，但是⋯

全域最佳解

4.1 向量與計算幾何

什麼是向量？
如同有大小和方向的箭頭

什麼是計算幾何學？
為了用電腦解決幾何學問題，尋求有效演算法的學問
代表性問題：凸包的構造、最近點對問題等

4.2 階差及累積和

階差
對於數列 $[A_1, A_2, ..., A_N]$
$B_i = A_i - A_{i-1}$
（或 $B_i = A_{i+1} - A_i$）

累積和
對於數列 $[A_1, A_2, ..., A_N]$
$B_i = A_1 + \cdots + A_i$

4.3 微分法及牛頓法

什麼是微分法？
求出某點切線斜率的操作
$x = a$ 的函數 $f(x)$ 的微分係數以 $f'(a)$ 表示

牛頓法
計算 x 的近似值使 $f(x) = r$ 的演算法
反覆將實數 a 更新為以下值：
點 $(a, f(a))$ 的切線與直線 $y = r$ 的交點的 x 座標

4.4 積分法及倒數之和、埃拉托斯特尼篩

什麼是積分法？
求取從某個函數 $f(x)$ 得到區域的面積的操作

倒數之和的性質
$1/1 + 1/2 + ... + 1/N = O(\log N)$
可從 $1/x$ 的積分導出

埃拉托斯特尼篩
以 $O(N \log \log N)$ 將 N 以下的質數列舉出來的方法

4.5 圖論

什麼是圖？
表示事物與事物之間關係性的構造
由「頂點」和「邊」構成

圖分類
有向圖：邊有方向
無向圖：邊無方向
二部圖：可用兩種顏色著色區分
樹狀結構：不存在閉路的連通圖

使用圖的演算法
深度優先搜尋：透過盡可能訪問相鄰的頂點來搜尋圖
廣度優先搜尋：透過從最短距離較近的頂點開始依次訪問來搜尋圖

其他代表性問題
最短路徑問題、最小全域樹問題、二部匹配等

4.6 餘數的計算、模倒數

計算以 M 相除的餘數的方法
$+ / - / \times$：在計算過程中可以取餘數
$\div$：M 為質數時 $a \div b \equiv a \times b^{M-2} \pmod{M}$

重複平方法
計算 $a^b \bmod M$ 時
先計算 $a^1 \cdot a^2 \cdot a^4 \cdot a^8 \cdot \cdots$

4.7 矩陣及其乘方

什麼是矩陣？
元素為縱向和橫向排列
結合律成立，但交換律不成立

矩陣計算
加法 $A+B$：將相同元素彼此相加
乘法 AB：(i, j) 元素是 $A_{i,1}B_{1,j} + \cdots + A_{i,M}B_{M,j}$
乘方 A^n 可透過重複平方法計算

用以解決問題的 數學思考

第 2、3、4 章不僅介紹了多種演算法,還整理了用來理解它們所需的數學知識。獲得這些知識對於透過程式設計來解決問題非常重要。但是,光靠盲目地學習演算法和數學知識無法解決,而需要數學思考力的問題也不少。來介紹一個具體的例子吧。

5.1.1 — 例題:移動棋子的問題

如下圖所示,在無限寬的網格中放置一個棋子。從現在開始,你必須進行正好 N 次「將棋子移動到上下左右相鄰的網格」的操作。

設網格 (a, b) 為從最初放置棋子的網格向右移動 a 個後,向上移動 b 個的位置,請判定最終能否將棋子移動到網格 (X, Y)。

條件:$1 \leq N \leq 10^9$,$-10^9 \leq X, Y \leq 10^9$

執行時間限制:2 秒

(-4, 2)	(-3, 2)	(-2, 2)	(-1, 2)	(0, 2)	(1, 2)	(2, 2)	(3, 2)	(4, 2)
(-4, 1)	(-3, 1)	(-2, 1)	(-1, 1)	(0, 1)	(1, 1)	(2, 1)	(3, 1)	(4, 1)
(-4, 0)	(-3, 0)	(-2, 0)	(-1, 0)	☆	(1, 0)	(2, 0)	(3, 0)	(4, 0)
(-4, -1)	(-3, -1)	(-2, -1)	(-1, -1)	(0, -1)	(1, -1)	(2, -1)	(3, -1)	(4, -1)

例如,如果 $(N, X, Y) = (10, 2, 2)$,因為透過如下圖所示的路徑移動棋子即可達到目的,答案是 Yes。另一方面,$(N, X, Y) = (9, 3, 1)$ 時,答案是 No。

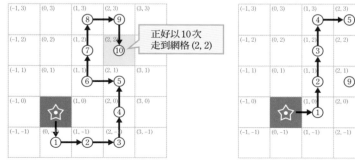

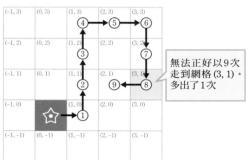

此問題如果進行全搜尋等操作的話，會花費大量的執行時間[注5.1.1]，但實際上以下性質成立。

只有在滿足以下兩個條件時，答案為 Yes，否則為 No。

條件 1　$|X| + |Y| \leqq N$。
條件 2　$X + Y$ 的奇偶和 N 的奇偶相同。

因此，可以簡單地用條件分支以計算複雜度 O(1) 來求解。但是，要怎樣才能想到哪些條件合適呢？

5.1.2 　導出解法

因為很難立刻導出解法，所以動手思考一下以下幾點吧。

- 正好 1 次操作可以到達的網格是哪個？
- 正好 2 次操作可以到達的網格是哪個？
- 正好 3 次操作可以到達的網格是哪個？

首先，正好 1 次可以到達的網格，只有網格 (0, 1)、(0, -1)、(1, 0) 和 (-1, 0)。接下來，正好 2 次可以到達的網格，如以下樹狀圖所描繪，只有座標 (-2, 0)、(-1, -1)、(-1, 1)、(0, -2)、(0, 0)、(0, 2)、(1, -1)、(1, 1)、(2, 0)。

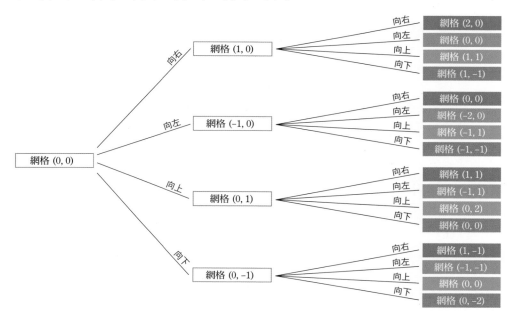

注 5.1.1　1 次操作中有 4 種動作方式，因此 N 次操作中有 4^N 種動作方式。如果搜尋所有方式，在 N = 30 時要算出答案需要天文數字的時間。

然後，將正好在 1、2、3 次操作可到達的網格統整如下圖所示。透過觀察圖形，可知可到達的網格範圍會逐漸擴大。透過以數學式表示此擴展程度，可以導出條件 1。

另外，如果僅將 a+b 為偶數的網格 (a,b) 塗成綠色的話，會變成如下。

- 正好 1 次操作可以到達的網格皆為白色
- 正好 2 次操作可以到達的網格皆為綠色
- 正好 3 次操作可以到達的網格皆為白色

似乎有某種規律性。

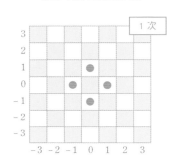
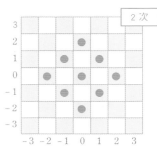
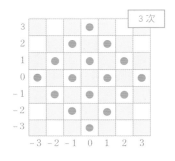

此規律性是否即使操作次數 N 較大也成立？首先，以下性質成立。

- 從綠色網格進行 1 次操作時，棋子必定移動到白色網格
- 從白色網格進行 1 次操作時，棋子必定移動到綠色網格

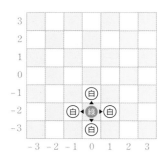
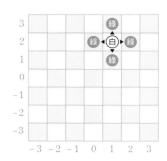

此外，由於最初放置棋子的網格 (0,0) 為綠色，因此可知進行操作時會如**綠色→白色→綠色→白色→綠色→**…這樣改變，可以導出**條件 2**。

如此，如果條件 1、2 的任一方都不滿足，可以證明答案是 No。「如果兩個都滿足則為 Yes」的證明就留給讀者作為課題，但可以從上一頁的圖中推斷「可能是這樣」。

5.1.3 — 數學思考很重要的理由

　　這個問題不用全搜尋、二元搜尋、動態規劃法、排序等典型演算法或相關的數學知識就可以解決。但是，思考時如果不注意以下幾點，就無法解決。

* 思考 N=1、2、3 這樣較小的案例（➡ **第 5.2 節**）
* 著眼於奇偶（➡ **第 5.3 節**）

　　除了本次介紹的問題之外，還有不少問題是像這樣追溯道理才能注意到本質。

　　也許大家之中有些人會有「如果沒有天才般的靈感，就無法解決這些問題」的悲觀印象，但實際上，是有一些典型的數學思考方式，即所謂的「數學思考的王道」的。在理解了重要演算法知識的基礎上，藉由熟悉思考模式，就能從而進一步拓寬可解決問題的範圍。

　　因此，在第 5 章中，在解答具體問題的同時，將典型的數學思考分為 9 個重點進行整理。

5.2 考慮規律性

首先介紹的數學思考是**規律性**。即使是乍一看認為很難解決的問題，也有透過研究較小的案例來發現規律性和週期性，進而簡單解決的情況。本節透過包括遊戲必勝法問題在內的兩個例題來說明這種技巧。

5.2.1 — 例題 1：2 的 N 次方的個位數

第一個問題是求乘方的計算問題。

給定正整數 N。請求出 2^N 的個位數。

條件：$1 \leq N \leq 10^{12}$

執行時間限制：1 秒

首先，有「$2^{10} = 1024$，所以個位數是 4」這樣直接計算 2^N 的方法，但是當 $N = 10^{12}$ 時，所求的值超過 3000 億位數，因此計算很耗時。此外，亦可使用重複平方法（➡ 第 **4.6.7 項**）進行求解，但實作上稍微有些困難。

此時，對於 $N = 1, 2, 3, \ldots, 16$，查看 2^N 的個位數，會如下圖所示。$2 \rightarrow 4 \rightarrow 8 \rightarrow 6$ $\rightarrow \cdots$ 週期地重複。

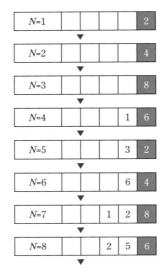

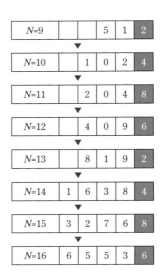

實際上，即使 N 變大，這個週期性也會成立。原因列舉如下。

- 個位數為 2 的數乘以 2，則個位數必定變成 4
- 個位數為 4 的數乘以 2，則個位數必定變成 8
- 個位數為 8 的數乘以 2，則個位數必定變成 6
- 個位數為 6 的數乘以 2，則個位數必定變成 2

因此，N 除以 4 的餘數為 1、2、3、0 時，答案是 2、4、8、6。如**程式碼 5.2.1** 所示，使用條件分支實現後，可以用計算複雜度 $O(1)$ 算出正確的答案。像這樣，也有透過著眼於規律性和週期性，而可使演算法更有效率的情況。

程式碼 5.2.1　解例題 1 的程式

```cpp
#include <iostream>
using namespace std;

int main() {
    long long N;
    cin >> N;
    if (N % 4 == 1) cout << "2" << endl;
    if (N % 4 == 2) cout << "4" << endl;
    if (N % 4 == 3) cout << "8" << endl;
    if (N % 4 == 0) cout << "6" << endl;
    return 0;
}
```

5.2.2 — 例題 2：找出遊戲的贏家

接下來要介紹的問題是，在雙方盡全力的狀況下，尋找遊戲贏家的問題。

問題 ID：060

有 N 個石頭，2 名玩家輪流拿石頭。每個回合需要拿 1～3 個石頭，第一個拿不到石頭的一方會輸。當雙方盡全力時，請求出哪一方會獲勝。先手必勝時請輸出 First，後手必勝時請輸出 Second。

條件：$1 \leq N \leq 10^{12}$

執行時間制限：1 秒

此問題也是從 N 較小的案例開始依次思考。首先，N 為 3 以下時，先手可以在第一個回合中抓住所有石頭，所以先手必勝。

接下來，當 $N = 4$ 時，先手有以下三種選項：

- 先手拿 1 個石頭，將石頭數減少到 3 個
- 先手拿 2 個石頭，將石頭數減少到 2 個
- 先手拿 3 個石頭，將石頭數減少到 1 個

在此，無論選擇哪一個，後手都能將石頭的數量減少到 0，所以**後手必勝**。

將以上結果總結如下頁的圖。在石頭數量為後手必勝的狀態下輪到自己的話會輸，所以此後先手必勝稱為「獲勝狀態」，後手必勝稱為「敗北狀態」。

石頭數	0	1	2	3	4	5	6	7	8	9	10	11
場上狀態	敗	勝	勝	勝	敗							

接下來，思考 N 為 5 以上的情況。遊戲的基本戰略是，對於對方而言，進入獲勝狀態，自己就會輸，所以最好採取轉換成敗北狀態的動作。此時狀態如下。

- $N = 5$ 時，拿 1 個石頭會變成敗北狀態（4 個）
- $N = 6$ 時，拿 2 個石頭會變成敗北狀態（4 個）
- $N = 7$ 時，拿 3 個石頭會變成敗北狀態（4 個）

因此，可知 $N = 5、6、7$ 時是獲勝狀態。

石頭數	0	1	2	3	4	5	6	7	8	9	10	11
場上狀態	敗	勝	勝	勝	敗	勝	勝	勝				

接下來是 $N = 8$。從 8 個石頭開始操作的方法有以下 3 個。

- 拿 1 個石頭，將石頭數減少到 7 個
- 拿 2 個石頭，將石頭數減少到 6 個
- 拿 3 個石頭，將石頭數減少到 5 個

但遺憾的是，5、6、7 個都是獲勝狀態。換句話說，有 8 個石頭的狀態下，輪到的玩家不能採取轉換到敗北狀態的動作。因此可知 $N = 8$ 為敗北狀態。

石頭數	0	1	2	3	4	5	6	7	8	9	10	11
場上狀態	敗	勝	勝	勝	敗	勝	勝	勝	敗			

接著是 $N = 9、10、11$，但無論哪種情況，都可以將石頭數量減少到 8 個（敗北狀態），因此這些是獲勝狀態。

至此為止，只有 $N = 4、8$ 時為後手必勝（敗北狀態），因此「是否只在 N 為 4 的倍數時為後手必勝？」這樣的週期性浮現在腦海中。

石頭數	0	1	2	3	4	5	6	7	8	9	10	11
場上狀態	敗	勝	勝	勝	敗	勝	勝	勝	敗	勝	勝	勝

這個週期性即使 N 變大也能成立嗎？答案是 Yes。採取以下策略時，N 為 4 的倍數時後手必勝，否則先手必勝。

N 為 4 倍數時的後手策略

· 假設先手前一次拿的石頭數是 x，則拿 $4 - x$ 個石頭。

N 為非 4 倍數時的先手策略

· 在第一個回合中，拿取石頭以使剩下的石頭數變成 4 倍數。
· 從第二次開始，假設後手前一次拿的石頭數是 x 時，拿 $4 - x$ 個石頭。

下圖表示兩者盡最大努力時，進行 $N = 12$、17 的遊戲的一個例子。獲勝的玩家拿走石頭後，石頭數總是為 4 的倍數。

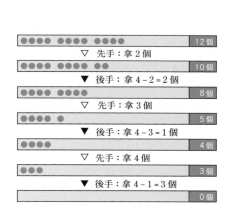

因此，如**程式碼 5.2.2** 所示實作的話，即可獲得正確答案。像這樣，調查 N 較小的案例並找到規律性，可能是解法或證明的提示。在 N 較大時很難找到最佳策略，但如前所述，思考「將遊戲轉換成敗北狀態時會獲勝」這樣的事情的話就很容易理解。

程式碼 5.2.2 解例題 2 的程式

```cpp
#include <iostream>
using namespace std;

int main() {
    long long N;
    cin >> N;
    if (N % 4 == 0) cout << "Second" << endl; // 後手必勝
    else cout << "First" << endl; // 先手必勝
    return 0;
}
```

問題 5.2.1 ★★

請手動算出以下問題。

    1. 分別求出費波那契數列（ ➡ **第 3.7.2 項**）的第 1 項至第 12 項除以 4 的餘數。
    2. 費波那契數列的第 10000 項除以 4 的餘數是多少？

問題 5.2.2 問題 ID：061 ★★★

有 N 個石頭。在每個回合，如果現在剩下的石頭數為 a 個，則必須取 1 個以上、$\frac{a}{2}$ 以下的石頭。另外，第一個拿不到石頭的一方會輸。請製作程式，當雙方盡全力時，求出先手和後手哪一方會獲勝。計算複雜度最好是 $O(\log N)$。

問題 5.2.3 問題 ID：062 ★★★★

有 N 個城鎮，將城鎮從 1 到 N 編號。各個城鎮都設有 1 臺發信機，城鎮 i（$1 \leq i \leq N$）的發信機的轉發地址為城鎮 A_i。

請製作程式，輸出從城鎮 1 出發，發信機正好使用了 K 次時，會到達哪個城鎮。在滿足 $N \leq 200000$，$K \leq 10^{18}$ 的情況下，最好在 1 秒內算出答案。（出處：AtCoder Beginner Contest 167 D - Teleporter）

5.3 著眼於奇偶

接下來要介紹的數學思考是奇偶（parity）。如果使用全搜尋等方法，計算次數會暴增，但即使是這樣的問題，如果用奇偶來區分情況，或使用一定數量的奇偶會交替變化的性質的話，也有可能瞬間就能解決。在本節中，通過兩個例題說明這些技巧。

5.3.1 例題 1：一筆畫網格的路徑

第一個問題是將網格一筆畫出的問題。

問題 ID：063

有 $N \times N$ 的網格。請判斷從左上方的網格出發，一邊反覆移動到上下左右相鄰的網格一邊返回出發地點的路徑之中，是否存在正好通過所有網格（除了起始和終點）一次的路徑。

條件：$2 \leq N \leq 100$

執行時間制限：1 秒

首先，有使用位元全搜尋（➡ **專欄 2**）、深度優先搜尋（➡ **第 4.5.6 項**）等，對可能存在的路徑進行全搜尋的方法。但是，移動網格的路徑數在 7×7 時超過 190 億種，如果是 100×100，得出答案則需要天文數字的時間。

因此，讓我們用 N 的奇偶來區分一下情況。首先，當 N 為偶數時，答案一定是 **Yes**。如下圖所示，在第 2 列和第 N 列之間往返並向右移動的話，可通過所有網格一次。覺得「此時自己想不到吧」的人，從 2×2 或 4×4 等較小的案例開始依次思考的話，很容易能想出來。

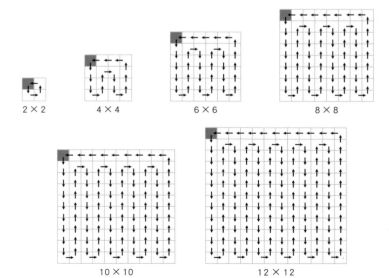

接著，N 是奇數時會如何呢？答案一定是 No。下圖顯示了 3×3 的路徑例子，但無論如何都會發生無法返回出發地點，或無法通過所有網格的情況。

那麼，為什麼是 No 呢？首先證明 $N = 3$ 的情況。

首先，將網格著色成像西洋棋盤的樣子，即上起第 i 列、左起第 j 行的格子設為 (i, j)，僅對 $i + j$ 為偶數的格子塗成綠色。此時，如下圖所示，從塗成綠色的開始地點進行移動時，網格的顏色為**綠色→白色→綠色→白色→綠色→**…這樣交替變化。

因此，假設存在一筆畫的路徑，將包括開始地點在內的第 1 網格、第 2 網格、…按照通過網格的順序來計數。網格共有 9 個，所以目標地點為第 10 個網格。因為 10 是偶數，所以終點應該是白色的。但是因為開始地點和目標地點為同一網格，所以終點應該是綠色的。

因此產生了矛盾，所以不存在一筆畫（參考：反證法➡**第 3.1 節**）。

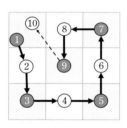

 如果存在一筆畫的路徑，則目標網格（第10網格）應該為白色，但開始網格為綠色。哎呀，真奇怪……這麼說來，一筆畫原來不存在呀！

然後，對於一般的奇數 N，也可以同樣進行證明。目標地點為第 $N^2 + 1$ 格，但 N 為奇數時 $N^2 + 1$ 為偶數，因此根據規則，目標地點為白色。這與開始地點為綠色互相矛盾，可以證明一筆畫不存在。

總結以上內容，N 為偶數時為 Yes、奇數時為 No，因此如**程式碼 5.3.1** 所示來實作即可獲得正確答案。像這樣，以奇偶來區分情況，可能會成為解法的提示。

程式碼 5.3.1 解例題 1 的程式

```cpp
#include <iostream>
using namespace std;

int main() {
    int N;
    cin >> N;
    if (N % 2 == 0) cout << "Yes" << endl;
    else cout << "No" << endl;
    return 0;
}
```

接著介紹的問題是第 5.1 節中探討的問題的一般化。

問題 ID：064

給定長度為 N 的數列 $A = (A_1, A_2, ..., A_N)$。你要進行正好 K 次「選擇 1 以上 N 以下的整數 x，並在 A_x 上加上 +1 或 –1」的操作。
請判定是否可以使數列中的所有元素變為零，即 $(A_1, A_2, ..., A_N) = (0, 0, ..., 0)$。

條件：$1 \leq N \leq 50, 1 \leq K \leq 50, 0 \leq A_i \leq 50$

執行時間限制：1 秒

出處：競技程式設計典型 90 題 024 Select +/– One 改題

此問題也可考慮全搜尋等解決方法，但操作方法共有 $(2N)^K$ 種（➡ **第 3.3.2 項**），因此計算次數會暴增。例如，如果 $N = K = 50$ 時，則操作方法將出現 10^{100} 種的可怕數量。

因此，著眼於數列元素總和 $A_1 + A_2 + \cdots + A_N$ 的奇偶吧。如下圖所示，可知每進行 1 次操作時奇偶會反轉，即「奇數→偶數→奇數→偶數→奇數→偶數→…」這樣變化。所有操作結束時總和必須為零（偶數），因此如果操作次數 K 的奇偶與 $A_1 + A_2 + \cdots + A_N$ 的奇偶不一致，則此時的回答為 No。

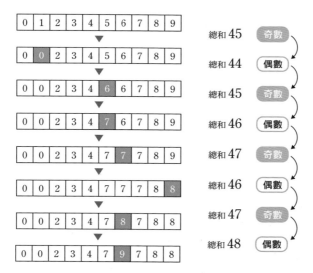

接下來考慮奇偶一致的情況。因為數列元素的總和在 1 次操作最多只能減 1，所以 $A_1 + A_2 + \cdots + A_N > K$ 時答案是 No。若不是這種情況，可以進行以下操作，確保所有元素為零。

1. 首先，只執行加上 –1 的操作，以最少次數（$A_1 + A_2 + \cdots + A_N$ 次）使全部為零
2. 在多餘的次數中，重複進行「對 A_1 加上 +1 後，再加上 –1」的操作

例如，$N = 3$，$K = 7$，$(A_1, A_2, A_3) = (1, 0, 2)$ 時的操作方法如下圖所示。

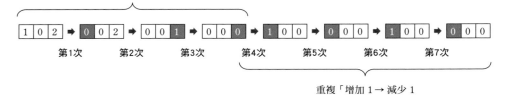

因此，如 **程式碼 5.3.2** 所示，可以用計算複雜度 $O(N)$ 來解決問題。像這樣，如果著眼於一定數量的奇偶會交替變化的性質，乍一看認為無法解決的問題也可能很容易解決。

程式碼 5.3.2 解例題 2 的程式

```cpp
#include <iostream>
using namespace std;

int N, K, A[59];
int sum = 0; // A[1]+A[2]+…+A[N] 的值

int main() {
    // 輸入 → 求數列元素的總和 sum
    cin >> N >> K;
    for (int i = 1; i <= N; i++) cin >> A[i];
    for (int i = 1; i <= N; i++) sum += A[i];

    // 輸出答案
    if (sum % 2 != K % 2) cout << "No" << endl;
    else if (sum > K) cout << "No" << endl;
    else cout << "Yes" << endl;
    return 0;
}
```

節末問題

問題 5.3.1　問題 ID：065　★★

有 $H \times W$ 的網格。左上方的網格放有將棋的角行（只能向斜方向自由移動）。請製作程式，輸出透過移動幾次角行後，可以到達的網格數。（出處：松下程式設計大賽 2020 B - Bishop）

問題 5.3.2　★★★

從 1、2、3、4、5、6、7、8、9、10 中選擇 0 個以上的方法有 $2^{10} = 1024$ 種，其中選出的整數總和是奇數的有多少種？

5.4 熟練處理集合

接著介紹的數學思考是熟練地處理集合（➡ **第 2.5.5 項**）的技術。具有代表性的有「著眼於餘事件」、「使用排容原理」兩種方法。本節通過具體的例題來說明這些技巧。

5.4.1 什麼是餘事件？

將「某情況」以外的情況稱為**餘事件**。例如，「擲骰子 2 次，總和為 3 以下」的餘事件是「擲骰子 2 次，總和為 4 以上」。用數學用語說明的話，對於全事件 U，事件 A 的餘事件是「包含在 U 中但不包含在 A 中的所有元素」，寫成 A^c。

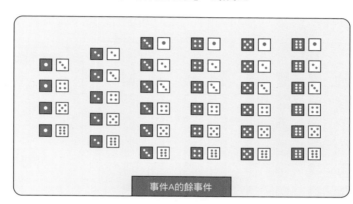

稍微放寬語言的用法，對於某個條件，「不滿足條件者」也可以說是餘事件。但是，在程式設計的問題中，可能不太清楚實際如何使用，所以來看一個具體的例子吧。

5.4.2 例題 1：滿足條件的卡片組合

問題 ID：066

有紅色、白色、藍色的卡片各一張。由於給定整數 N 和 K，因此，請求出有幾種方法，在各卡片寫上 1 以上 N 以下的整數，且滿足 1 個以上的下列條件。

· 紅色卡片和白色卡片上寫的整數之差的絕對值為 K 以上
· 紅色卡片和藍色卡片上寫的整數之差的絕對值為 K 以上
· 白色卡片和藍色卡片上寫的整數之差的絕對值為 K 以上

條件：$1 \leqq N \leqq 100000, 1 \leqq K \leqq 5$

執行時間限制：2 秒

首先想到的方法是對三張卡上寫的數進行全搜尋。但是，在卡上寫整數的方法共有 N^3 種（➡ **第 3.3.2 項**），計算很耗時。

因此，使用餘事件可以減少計算時間。在此，為了進行說明，將可被算進答案的寫法稱為「事件 A」，並非如此的寫法（餘事件）稱為「事件 B」。

首先考慮成為事件 B 的條件。通常，「複數個條件之中的一個以上為 Yes」的餘事件為「全部為 No」，因此事件 B 必須滿足以下所有條件。

條件 1　紅色卡片和白色卡片上寫的整數之差的絕對值為 $K-1$ 以下
條件 2　紅色卡片和藍色卡片上寫的整數之差的絕對值為 $K-1$ 以下
條件 3　白色卡片和藍色卡片上寫的整數之差的絕對值為 $K-1$ 以下

其次，由於所有的寫法都屬於事件 A 和事件 B 的任一方，因此答案（成為事件 A 的模式數）是總模式數 N^3 減去成為事件 B 的模式數後的值。因此，只要能計算事件 B，就能求出答案。例如，$N=3$，$K=1$ 時，則事件 B 有 3 種，因此事件 A 有 $3^3-3=24$ 種。

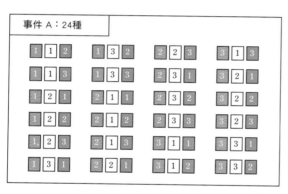
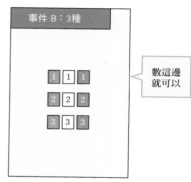

最後，思考求事件 B 的模式數的演算法。將寫在紅色、白色、藍色卡片上的數字分別設為 a、b、c 時，根據條件 1、2，以下 2 式會成立。

- $\max(1, a-(K-1)) \leqq b \leqq \min(N, a+(K-1))$
- $\max(1, a-(K-1)) \leqq c \leqq \min(N, a+(K-1))$

此時，可以將 a 的選項縮小到 N 種，b、c 的選項縮小到最多 $2K-1$ 種。當 $N=100000$，$K=5$ 時，需要搜尋的寫法全部只有 $100000 \times 9 \times 9 = 8.1 \times 10^6$ 種。因此，如 **程式碼 5.4.1** 所示，使用三重迴圈檢查各寫法是否滿足條件 3，可在 2 秒內算出答案。

像這樣，如果不滿足條件的模式數較少，則可能將餘事件計數的計算會比較快。就像在考試中接近滿分時，算出扣分能更簡單地計算出得分一樣。

程式碼 5.4.1　解例題 1 的程式

```
#include <iostream>
#include <cmath>
#include <algorithm>
using namespace std;
```

下一頁

```
int main() {
    // 輸入
    int N, K;
    cin >> N >> K;

    // 算出事件 B 的個數 yojishou → 輸出答案
    long long yojishou = 0;
    for (int a = 1; a <= N; a++) {
        for (int b = max(1, a-(K-1)); b <= min(N, a+(K-1)); b++) {
            for (int c = max(1, a-(K-1)); c <= min(N, a+(K-1)); c++) {
                if (abs(b - c) <= K - 1) yojishou += 1;
            }
        }
    }
    cout << (long long)N * N * N - yojishou << endl;
    return 0;
}
```

5.4.3 — 什麼是排容原理？

集合 P 和集合 Q 的聯集（➡ **第 2.5.5 項**）的元素數與「各集合的元素數相加後，減去 2 個集合的共同部分的大小的值」一致，即下式成立稱為**排容原理**。

$$|P \cup Q| = |P| + |Q| - |P \cap Q|$$

例如，想要求出 1 以上 30 以下的整數中，為 3 的倍數或 5 的倍數的數值個數。直接計算很麻煩，但 3 的倍數為 3、6、9、…、30 這 **10 個**，5 的倍數為 5、10、15、20、25、30 這 **6 個**，3 的倍數且是 5 的倍數（15 的倍數）為 15、30 這 **2 個**。所求答案為 **10 + 6 − 2 = 14 個**。這種思考法就是排容原理。

排容原理成立的原因，思考「單純將聯集的大小作為 2 個集合的大小的和來計算的話，共同的部分會數 2 次，所以必須從答案中減去」的話，就很容易理解了。

此外，排容原理可以擴展到求 3 個以上集合的聯集的狀況。本書不詳細探討，但在節末問題 5.4.3、5.4.4 中討論。

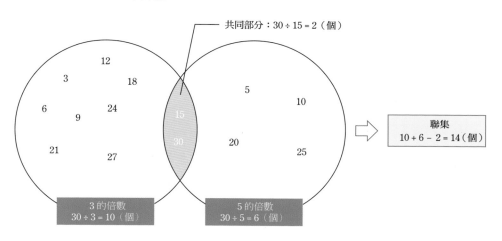

― **例題 2：特殊的百格計算** ―――――――――――

不使用程式設計來思考以下問題，當作使用排容原理的例子。

> 有以下 10×10 的網格：對於每個網格，請手動計算在同一列或同一行中的網格上寫的整數總和。例如，上起第 3 列或左起第 5 行網格中寫的整數是 5、9、6、2、6、4、3、3、8、3、2、7、8、9、0、3、8、8、1，因此對第三列、第五行網格的答案是將其全部加總的值 95。

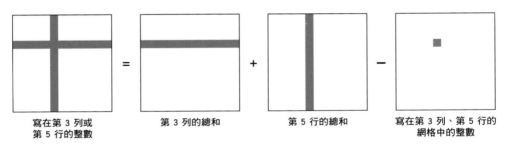

首先，雖然有直接計算每個網格的方法，但對 1 個網格需要進行 19 個數的加法。一想到要對 100 個網格每次都要進行這樣的操作，感覺都快昏倒了吧。

因此，使用排容原理的話，可知求出的答案為「從同一列的總和及同一行的總和中，減去該網格中寫的整數的值」。例如，求出上起第 3 列、左起第 5 行的網格的答案時的示意圖如下所示。

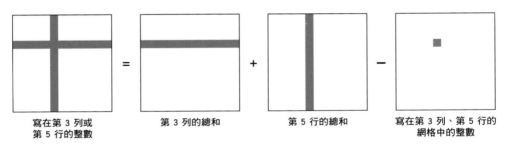

寫在第 3 列或第 5 行的整數 ＝ 第 3 列的總和 ＋ 第 5 行的總和 － 寫在第 3 列、第 5 行的網格中的整數

因此，如果預先計算**各列、各行的總和**，則可以輕鬆獲得各網格的答案。例如，對於上起第 3 列、左起第 5 行的網格的答案，有如下資訊。

- 上起第 3 列合計：44（已計算完畢）
- 上起第 5 行合計：54（已計算完畢）
- 上起第 3 行、左起第 5 列的網格：3

因此，答案是 44 + 54 – 3 = 95。最初介紹的方法需要 19 個數的加法，但是使用排容原理的話，僅用 3 個數的加法、減法就能求出答案。

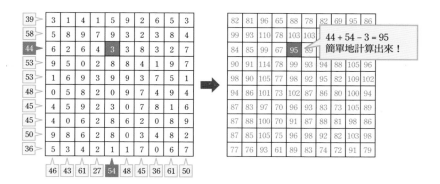

44 + 54 – 3 = 95
簡單地計算出來！

　　讓我們來考慮一下包括事前計算在內的整體計算次數吧。首先，要計算每列的總和，10 個數的加法運算必須進行 10 次。然後，要計算每行的總和，10 個數的加法運算必須進行 10 次。最後，要獲得每個網格的答案，將列的總和與行的總和相加且減去重複的計算，必須執行 100 次。

　　因此，將計算 n 個數所需的計算次數設為 n 次，則計算次數合計為如下次數。

$10 \times 10 + 10 \times 10 + 3 \times 100$

$= 100 + 100 + 300$

$= 500$

　　與直接計算時（$19 \times 100 = 1900$ 次）相比，速度非常快。

5.4.5　思考例題 2 的計算複雜度

　　最後，將 10×10 的問題一般化，思考以下問題。

問題 ID：067

有 $H \times W$ 的網格。上起第 i 列、左起第 j 行（$1 \leq i \leq H$，$1 \leq j \leq W$）的網格中寫有整數 $A_{i,j}$。給定整數 H、W、$A_{1,1}, A_{1,2}, \cdots, A_{H,W}$，請製作程式，針對各網格，求出同一列或同一行中所寫的整數總和。

條件：$2 \leq H, W \leq 2000, 1 \leq A_{i,j} \leq 99$

執行時間制限：2 秒

出處：競技程式設計典型 90 題 004 – Cross Sum

　　首先，直接計算時，因為對每個網格必須進行 $H + W - 1$ 個數的加法，計算複雜度為 $O(HW(H + W))$。另一方面，如果使用如第 5.4.4 項所述的排容原理，必須進行以下計算。

- 計算每列總和：H 次 W 個數的加法
- 計算每行總和：W 次 H 個數的加法
- 計算每個網格的答案：HW 次 3 個數的加、減法

因此，計算次數總計為 $5HW$，即計算複雜度為 $O(HW)$。像這樣，使用排容原理的話，可以改善不只常數倍的計算複雜度。另外，具體的程式實作在節末問題 5.4.2 中討論。

▌節末問題

問題 5.4.1 ★★
同時搖晃 3 個 1～6 點數會等機率出現的骰子。請以手動計算求出有任何 1 個出現 6 點的機率。

問題 5.4.2 ▶問題 ID：067 ★★
請製作解決第 5.4.5 項問題（Cross Sum）的程式。

問題 5.4.3 ★★★
關於在 1 以上 1000 以下的整數中，求出是 3、5 或 7 之倍數的個數問題（以下稱為問題 P），請回答以下問題。

1. 1 以上 1000 以下的整數中，將 3、5、7、15、21、35、105 之倍數的個數依序設為 A_1、A_2、A_3、A_4、A_5、A_6、A_7。請分別求出各個值。
2. 太郎回答「問題 P 的答案是 $A_1 + A_2 + A_3$ 個」，這是錯誤的。請指出哪些數被數了多次。
3. 次郎回答「問題 P 的答案是 $A_1 + A_2 + A_3 - A_4 - A_5 - A_6$ 個」。例如，15 這個數在 A_1、A_2 中被相加兩次，但在 A_4 中相減一次，因此乍看計算正確。但是其實錯了。請指出哪些數沒有正確計算。
4. 請將問題 P 的答案以使用了 A_1、A_2、A_3、A_4、A_5、A_6、A_7 的式子來表示。
5. 請求出問題 P 的答案。

問題 5.4.4 ★★★
請透過網路等來調查 4 個以上數字的排容原理。

問題 5.4.5 ▶問題 ID：068 ★★★★
給定正整數 N、K、V_1、V_2、…、V_K。製作一個程式，求出 1 以上 N 以下的整數中，為 V_1、V_2、…、V_K 任一個之倍數的個數。在 $N \leq 10^{12}$，$K \leq 10$，$V_i \leq 50$ 的條件下，最好在 1 秒內執行完成（提示：位元全搜尋➡**專欄 2**）。

第 5 章 用以解決問題的數學思考

5.5 考慮極限

下面介紹的數學思考是「思考邊界值的技巧」。如果嘗試所有模式就無法在現實的時間內算出答案，即使是這種問題，也可能可以透過僅搜尋邊界值來減少計算次數。在本節中，通過兩個例題來說明這些技巧。

5.5.1 例題 1：2 個數之乘積的最大值

第一個介紹的問題，是考慮兩個數字的乘積而求出最大值。

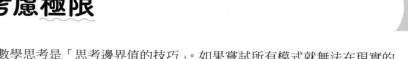

問題 ID：069

給出整數 a、b、c、d。對於滿足 $a \leq x \leq b$，$c \leq y \leq d$ 的整數 x、y，xy 的最大值是多少？

條件： $-10^9 \leq a \leq b \leq 10^9$，$-10^9 \leq c \leq d \leq 10^9$

執行時間制限： 2 秒

出處： AtCoder Beginner Contest 178 B – Product Max

最簡單的方法是將所有可能的 (x, y) 組合進行全搜尋。但是，必須調查全部共 $(b - a + 1)(d - c + 1)$ 種組合。不幸的是，此問題的條件下，可能要調查 10^{18} 種以上的情況，並非現實的解決方法。

因此，用具體的例子來嘗試一下在怎樣的 x、y 時，xy 為最大值。例如，以下狀況的 (x, y) 之乘積為最大。

- $(a, b, c, d) = (-3, 2, 5, 17)$ 時，$(x, y) = (b, d)$
- $(a, b, c, d) = (-7, -4, 1, 13)$ 時，$(x, y) = (b, c)$

無論哪種狀況，都是在下圖中的角落部分為最大值。

		y 的值											
		5	6	7	8	9	10	11	12	13	14	15	16	17
	-3	-15	-18	-21	-24	-27	-30	-33	-36	-39	-42	-45	-48	-51
	-2	-10	-12	-14	-16	-18	-20	-22	-24	-26	-28	-30	-32	-34
x 的值	-1	-5	-6	-7	-8	-9	-10	-11	-12	-13	-14	-15	-16	-17
	0	0	0	0	0	0	0	0	0	0	0	0	0	0
	1	5	6	7	8	9	10	11	12	13	14	15	16	17
	2	10	12	14	16	18	20	22	24	26	28	30	32	34

最大值

		\multicolumn{13}{c}{y 的值}
		1	2	3	4	5	6	7	8	9	10	11	12	13
x 的值	-7	-7	-14	-21	-28	-35	-42	-49	-56	-63	-70	-77	-84	-91
	-6	-6	-12	-18	-24	-30	-36	-42	-48	-54	-60	-66	-72	-78
	-5	-5	-10	-15	-20	-25	-30	-35	-40	-45	-50	-55	-60	-65
	-4	-4	-8	-12	-16	-20	-24	-28	-32	-36	-40	-44	-48	-52

最大值

事實上，無論是哪個情況，在 x、y 為邊界值時，即 $(x, y) = (a, c)$、(a, d)、(b, c)、(b, d) 時，xy 為最大值。這是因為將 x 和 y 的其中一方固定的話，將變為一次函數（➡ **第 2.3.5 項**），因此各列、各行會變成單調增加或單調減少。

因此，所求答案為 $\max(ac, ad, bc, bd)$，可如**程式碼 5.5.1** 來實作。透過僅搜尋邊界值，所調查的模式數量從 10^{18} 個以上減少到 4 個。

程式碼 5.5.1 解例題 1 的程式

```cpp
#include <iostream>
#include <algorithm>
using namespace std;

int main() {
    long long a, b, c, d;
    cin >> a >> b >> c >> d;
    cout << max({a * c, a * d, b * c, b * d}) << endl;
    return 0;
}
```

5.5.2 — 例題 2：包圍 K 個點的長方形

下面介紹稍微提高了難度的問題。

問題 ID：070

二維平面上有 N 個點。第 i 個點（$1 \leq i \leq N$）位於座標 (X_i, Y_i) 上。請對包圍 K 個以上的點的長方形，計算面積的最小值。其中，長方形的每個邊必須平行於 x 軸或 y 軸。

條件： $2 \leq K \leq N \leq 50, -10^9 \leq X_i, Y_i \leq 10^9, X_i \neq X_j, Y_i \neq Y_j \ (i \neq j)$

執行時間制限： 2 秒

出處： AtCoder Beginner Contest 075 D – Axis-Parallel Rectangle

首先想到的方針是將可能的長方形進行全搜尋。但是，因為存在無數個長方形，所以很不幸不能順利進行。

因此，集中於「有最佳的可能的長方形」來調查。一個重要的性質是，不碰撞到點而沒有收縮到極限的長方形絕對不是最佳選擇。因為藉由收縮，不會減少所包圍的點數，但可以減少長方形的面積。

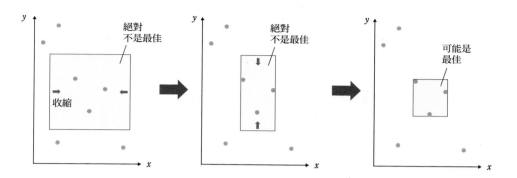

此外，為了收縮到極限，長方形的所有邊上都必須存在 1 個以上的點。也就是說，至少必須滿足以下所有條件。

- 長方形左端的 x 座標：與 X_1、X_2、X_3、$\cdots$、X_N 中的任一個一致
- 長方形右端的 x 座標：與 X_1、X_2、X_3、$\cdots$、X_N 中的任一個一致
- 長方形底部的 y 座標：與 Y_1、Y_2、Y_3、$\cdots$、Y_N 中的任一個一致
- 長方形頂端的 y 座標：與 Y_1、Y_2、Y_3、$\cdots$、Y_N 中的任一個一致

由於這種矩形只有 N^4 種，因此在本問題的條件下可以將它們進行全搜尋。因為計算被包圍的點的數（函數 check_numpoints）的計算複雜度是 $O(N)$，故演算法整體的計算複雜度是 $O(N^5)$。**程式碼 5.5.2** 是可能的實作例。

程式碼 5.5.2 解例題 2 的程式

```cpp
#include <iostream>
#include <algorithm>
using namespace std;

long long N, K, X[59], Y[59];
long long Answer = (1LL << 62); // 設定成不可能的值

int check_numpoints(int lx, int rx, int ly, int ry) {
    int cnt = 0;
    for (int i = 1; i <= N; i++) {
        // 判定長方形中是否包含點 (X[i],Y[i])
        if (lx <= X[i] && X[i] <= rx && ly <= Y[i] && Y[i] <= ry) cnt++;
    }
    return cnt;
}

int main() {
    // 輸入
    cin >> N >> K;
    for (int i = 1; i <= N; i++) cin >> X[i] >> Y[i];

    // 將左端 x、右端 x、下端 y 和上端 y 進行全搜尋（各自的編號為 i,j,k,l）
    for (int i = 1; i <= N; i++) {
        for (int j = 1; j <= N; j++) {
            for (int k = 1; k <= N; k++) {
                for (int l = 1; l <= N; l++) {
```

下一頁

```
                    int cl = X[i]; // 左端的 x 座標
                    int cr = X[j]; // 右端的 x 座標
                    int dl = Y[k]; // 下端的 y 座標
                    int dr = Y[l]; // 上端的 y 座標
                    if (check_numpoints(cl, cr, dl, dr) >= K) {
                        long long area = 1LL * (cr - cl) * (dr - dl);
                        Answer = min(Answer, area);
                    }
                }
            }
        }
    }

    // 輸出答案
    cout << Answer << endl;
    return 0;
}
```

像這樣，不加思索進行全搜尋的話，模式數會變成無限大，但即使是這樣的問題，透過只搜尋邊界值時，也可能改善演算法。本節介紹了 2 個問題，可以使用這種技巧的其他著名問題還有線性計劃問題（➡ **節末問題 5.5.1**）、最小包含圓問題等。

節末問題

問題 5.5.1 ★★

在滿足以下所有條件式的實數組 (x, y) 中，以手動計算求出 $x + y$ 的最大值（提示：繪製函數圖形）。

- $3x + y \leq 10$
- $2x + y \leq 7$
- $3x + 4y \leq 19$
- $x + 2y \leq 9$

此外，像這樣給定多個一次式的條件，並求出另一個一次式的最大值（或最小值）的問題稱為**線性計劃**問題。

問題 5.5.2 ▶ 問題 ID：071 ★★★

給定正整數 N 和正整數數組 (a_1, b_1, c_1)、(a_2, b_2, c_2)、$\cdots$、(a_N, b_N, c_N)。請製作程式，在滿足以下所有條件式的實數組 (x, y) 中，求出 $x + y$ 的最大值。

- $a_1x + b_1y \leq c_1$
- $a_2x + b_2y \leq c_2$
  $\vdots$
- $a_Nx + b_Ny \leq c_N$

這個問題可以用 $O(N)$ 時間解決，但在此設為可容許 $O(N^3)$ 時間。又，此問題是節末問題 5.5.1 的一般化。

5.6 分解成小問題

接下來要介紹的數學思考是「分成幾個小問題的想法」。可以透過程式設計解決的問題中，複雜且難以看清解法的問題也不少。但是，透過以下步驟試著分解成幾個問題，問題可能會變得明顯且易於處理。

1. 把問題分成幾個容易解決的小問題
2. 用有效率的計算複雜度解決小問題
3. 把小問題的答案全部加總等操作來合成，求出原題的答案

在本節中，通過兩個例題說明這些技巧。

5.6.1 例題 1：計算逗號數

第一個介紹的問題，是不使用程式設計的計算問題。

> 在黑板上逐個寫上 1 以上 3141592 以下的整數時，請以手動計算求出會出現幾個逗號。其中，令逗號從下算起，每 3 位區隔開。

如下圖所示，逐個計算逗號數並全部相加的方法最簡單。但是，僅憑人類的力量無法調查 300 萬個以上的數量。

數	逗號	累計
1	0	0
2	0	0
3	0	0
4	0	0
5	0	0
6	0	0
7	0	0
8	0	0
9	0	0
10	0	0
11	0	0
12	0	0
13	0	0
14	0	0
15	0	0

數	逗號	累計
995	0	0
996	0	0
997	0	0
998	0	0
999	0	0
1,000	1	1
1,001	1	2
1,002	1	3
1,003	1	4
1,004	1	5
1,005	1	6
1,006	1	7
1,007	1	8
1,008	1	9
1,009	1	10

數	逗號	累計
3,141,578	2	5,282,158
3,141,579	2	5,282,160
3,141,580	2	5,282,162
3,141,581	2	5,282,164
3,141,582	2	5,282,166
3,141,583	2	5,282,168
3,141,584	2	5,282,170
3,141,585	2	5,282,172
3,141,586	2	5,282,174
3,141,587	2	5,282,176
3,141,588	2	5,282,178
3,141,589	2	5,282,180
3,141,590	2	5,282,182
3,141,591	2	5,282,184
3,141,592	2	5,282,186

因此，考慮將問題分解如下。

- **小問題 0**：在寫有 0 次逗號的 3141592 以下的數之中，有幾個逗號？
- **小問題 1**：在寫有 1 次逗號的 3141592 以下的數之中，有幾個逗號？
- **小問題 2**：在寫有 2 次逗號的 3141592 以下的數之中，有幾個逗號？

各小問題可以比較容易解答。在 3141592 以下整數之中，分類如下。

- 逗號為 0 個的範圍為 1～9999（999 個）
- 逗號為 1 個的範圍為 1000～99999（999000 個）
- 逗號為 2 個的範圍為 1000000～3141592（2141593 個）

因此，小問題 0 的答案是 999 × 0 = 0，小問題 1 的答案是 999000 × 1 = 999000，小問題 2 的答案是 2141593 × 2 = 4283186。由於原問題的答案為「小問題答案的總和」，因此是 **0 + 999000 + 4283186 = 5282186**。

```
【原問題】
將 1～3141592
各寫一次時，逗
號會出現多少次
？
```

⇨ 小問題 0：   1 ～ 999，所以有 999 個
   逗號 0 個   →逗號為 999 × 0 = 0（個）

⇨ 小問題 1：   1,000 ～ 999,999，所以有 999000 個
   逗號 1 個   →逗號為 999000 × 1 = 999000（個）

⇨ 小問題 2：   1,000,000 ～ 3,141,592，所以有 2141593 個
   逗號 2 個   →逗號為 2141593 × 2 = 4283186（個）

原問題的答案是
小問題的總和
0 + 999000 + 4283186
= 5282186（個）

5.6.2 — 例題 2：最大公因數的最大值

分成小問題的思考方式抽象又困難，所以再介紹一個具體例子。

問題 ID：072

從 A 以上 B 以下之中選擇兩個相異的整數 x、y。求出 x 和 y 的最大公因數（➡ **第 2.5.2 項**）的最大值。例如，如果 $(A, B) = (9, 15)$，則答案是 5（選擇 $x = 10$，$y = 15$ 為最佳）。

條件：$1 \leq A < B \leq 200000$

執行時間制限：2 秒

出處：第二屆日本最強程式設計師學生選拔賽 C – Max GCD 2

首先，有直接將 x、y 進行全搜尋的方法，但即使使用輾轉相除法（➡ **第 3.2 節**）求出最大公因數，計算複雜度也會為 $O((B - A)^2 \log B)$，比較慢。

因此，使用答案一定為 B 以下的性質，分解為以下小問題。

- **小問題 1**：可以選擇 x、y 使兩方都為 1 的倍數嗎？
- **小問題 2**：可以選擇 x、y 使兩方都為 2 的倍數嗎？
- **小問題 3**：可以選擇 x、y 使兩方都為 3 的倍數嗎？
⋮
- **小問題 B**：可以選擇 x、y 使兩方都為 B 的倍數嗎？

此時，回答 Yes 的最大的小問題編號就是所求之最大公因數的最大值。下一頁的圖為 $A = 9$，$B = 15$ 時的例子，但小問題 1、2、3、5 為 Yes，小問題 4、6、7、8、9、10、11、12、13、14、15 為 No，因此答案為 5。

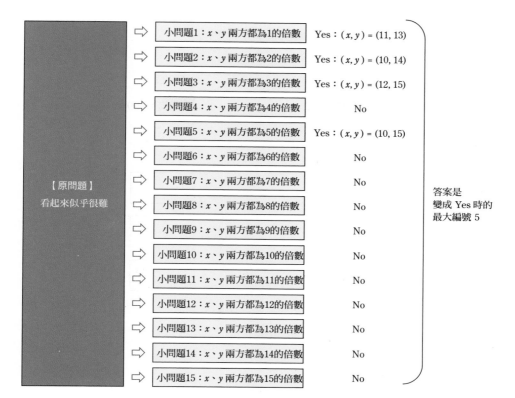

接下來，讓我們把小問題改成容易解答的形式。當 A 以上 B 以下的 t 的倍數為 0 個或 1 個時，明顯小問題的答案為 No。相反地，如果有兩個以上，就可以從 t 的倍數中選擇兩個，並分別指定為 x、y，藉此使 x、y 設為 t 的倍數。

例如，對於 $(A, B, t) = (9, 15, 5)$，在 9 以上 15 以下的整數中，有 2 個 5 的倍數 10、15，如下圖所示，設 $x = 10$、$y = 15$ 的話，可以使兩者都為 5 的倍數。

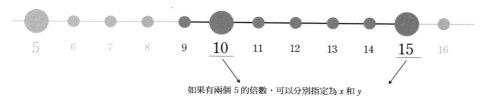

如果有兩個 5 的倍數，可以分別指定為 x 和 y

因此，各小問題可以改寫如下 注5.6.1 。

- **小問題 1：** $\lfloor B / 1 \rfloor - \lfloor A / 1 \rfloor \geq 1$ 嗎？
- **小問題 2：** $\lfloor B / 2 \rfloor - \lfloor A / 2 \rfloor \geq 1$ 嗎？
- **小問題 3：** $\lfloor B / 3 \rfloor - \lfloor A / 3 \rfloor \geq 1$ 嗎？

注 5.6.1　B 以下最大的 t 的倍數為 $\lfloor B / t \rfloor \times t$，$A$ 以上最小的 t 的倍數為 $\lceil A / t \rceil \times t$。因此，「$A$ 以上 B 以下的 t 的倍數有 2 個以上」的條件可以換算成 $\lfloor B / t \rfloor - \lfloor A / t \rfloor \geq 1$。

5.6

分解成小問題

⋮

• **小問題 B：** $\lfloor B / B \rfloor - \lfloor A / B \rfloor \geq 1$ 嗎？

因此，如果如**程式碼 5.6.1** 實作，則可以用計算複雜度 $O(B)$ 解決此問題。

程式碼 5.6.1 解例題 2 的程式

```cpp
#include <iostream>
using namespace std;

int A, B, Answer = 0;

// 求解小問題 t 的函式
bool shou_mondai(int t) {
    int cl = (A + t - 1) / t; // 將 A÷t 的小數點以下進位
    int cr = B / t; // 將 B÷t 的小數點以下捨去
    if (cr - cl >= 1) return true;
    return false;
}

int main() {
    cin >> A >> B;
    for (int i = 1; i <= B; i++) {
        if (shou_mondai(i) == true) Answer = i;
    }
    cout << Answer << endl;
    return 0;
}
```

▌節 末 問 題

問題 5.6.1 ★★

請就使用 50、100、500 日圓硬幣支付 1000 日圓的方法，回答以下問題。

1. 用 2 枚 500 日圓支付的方法有幾種？
2. 用 1 枚 500 日圓支付的方法有幾種？
3. 用 0 枚 500 日圓支付的方法有幾種？
4. 全部支付方式有幾種？

另外，這個問題即使硬幣種類增多，也可以利用本節所探討的「分解成小問題的技巧」，通過動態規劃法（➡ **第 3.7 節**）來解決。

問題 5.6.2 ▶ 問題 ID：073 ★★★★

從由小到大排列的 N 個正整數 A_1、A_2、$\cdots$、A_N 中選擇 1 個以上的方法有 $2^N - 1$ 種。有關於此，請製作程式，以計算複雜度 $O(N)$ 求出「所選整數的最大值」的總和。答案可能會非常大，請輸出除以 10000007 的餘數。

例如，如果 $N = 2$、$A_1 = 3$、$A_2 = 5$，則有三種選擇：{3}、{5}、{3、5}，因此，所求答案為 $3 + 5 + 5 = 13$。

5.7 考慮相加的次數

接下來要介紹的數學思考是「考慮相加次數的技巧」。該方法的通用性很高，可以廣泛應用於小學算術教科書中的加法金字塔等。但是，如果之前沒有接觸過，可能會覺得抽象的思考方式很難。本節準備了 5 個例題，將簡單的問題和困難的問題組合在一起循序漸進地學習。讓我們通過這些例題來熟悉一下這種技術吧。

5.7.1 — 引言：技巧的介紹

在計算總和或期望值時，如果不直接計算，而是思考「各部分被相加多少次」或「各部分對答案的影響有多大」，則計算有可能很快結束。例如，考慮以下情況。

> 求出將以下五個值全部相加的值。
>
> - **值 1**：1 + 10 + 100
> - **值 2**：1 + 100
> - **值 3**：1 + 10
> - **值 4**：10 + 100
> - **值 5**：1

這個問題可以通過以下簡單計算得出答案，但計算起來有點麻煩。

$(1 + 10 + 100) + (1 + 100) + (1 + 10) + (10 + 100) + 1$
$= 111 + 101 + 11 + 110 + 1$
$= 334$

所以，如果使用「1 被加了 4 次」、「10 被加了 3 次」、「100 被加了 3 次」等事實，可以簡單的將答案計算如下。

$(1 \times 4) + (10 \times 3) + (100 \times 3)$
$= 4 + 30 + 300$
$= 334$

沒有概念的人可以像下一頁的圖一樣，將橫向從縱向看。單純的方法是計算列的總和，而改良後的方法是計算行的總和[注 5.7.1]。

注 5.7.1　此外，在競技程式設計中，這種技巧被稱為**主客顛倒**。

	1	10	100		
值1	●	●	●	⇨	111
					+
值2	●		●	⇨	101
					+
值3	●	●		⇨	11
					+
值4		●	●	⇨	110
					+
值5	●			⇨	1
					‖

334

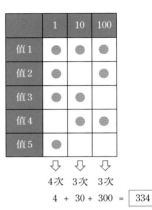

4次　3次　3次

4 + 30 + 300 = 334

5.7.2 例題 1：求差之和（Easy）

　　為了熟悉思考相加次數的技巧，至第 5.7.6 項前，會介紹幾個具體例子。第一個問題是看似簡單的計算問題。

> 請以手動計算求出 N = 10 時，下式的值。
>
> $$\sum_{i=1}^{N} \sum_{j=i+1}^{N} (j - i)$$

　　此問題若將求和符號（➡ 第 2.5.9 項）展開並直接計算即可解決。但是，總共需要 $_{10}C_2 = 45$ 次減法運算，如果不使用程式的話就麻煩了。

式	累計
2 − 1 = 1	1
3 − 1 = 2	3
4 − 1 = 3	6
5 − 1 = 4	10
6 − 1 = 5	15
7 − 1 = 6	21
8 − 1 = 7	28
9 − 1 = 8	36
10 − 1 = 9	45
3 − 2 = 1	46
4 − 2 = 2	48
5 − 2 = 3	51
6 − 2 = 4	55
7 − 2 = 5	60
8 − 2 = 6	66

式	累計
9 − 2 = 7	73
10 − 2 = 8	81
4 − 3 = 1	82
5 − 3 = 2	84
6 − 3 = 3	87
7 − 3 = 4	91
8 − 3 = 5	96
9 − 3 = 6	102
10 − 3 = 7	109
5 − 4 = 1	110
6 − 4 = 2	112
7 − 4 = 3	115
8 − 4 = 4	119
9 − 4 = 5	124
10 − 4 = 6	130

式	累計
6 − 5 = 1	131
7 − 5 = 2	133
8 − 5 = 3	136
9 − 5 = 4	140
10 − 5 = 5	145
7 − 6 = 1	146
8 − 6 = 2	148
9 − 6 = 3	151
10 − 6 = 4	155
8 − 7 = 1	156
9 − 7 = 2	158
10 − 7 = 3	161
9 − 8 = 1	162
10 − 8 = 2	164
10 − 9 = 1	165	← 答案

因此，將問題分解為多個部分，思考各部分被加了多少次。

- **部分 1**：1 加了多少次？
- **部分 2**：2 加了多少次？
- **部分 3**：3 加了多少次？
- ⋮
- **部分 10**：10 加了多少次？

如下圖所示，可知部分 1 為 –9 次、部分 2 為 –7 次、部分 3 為 –5 次、…、部分 10 為 9 次相加。另外，把減法當成 –1 次的加法。

1		2 – 1	3 – 1	4 – 1	5 – 1	6 – 1	7 – 1	8 – 1	9 – 1	10 – 1	▷ 相加 – 9 次
2	2 – 1		3 – 2	4 – 2	5 – 2	6 – 2	7 – 2	8 – 2	9 – 2	10 – 2	▷ 相加 – 7 次
3	3 – 1	3 – 2		4 – 3	5 – 3	6 – 3	7 – 3	8 – 3	9 – 3	10 – 3	▷ 相加 – 5 次
4	4 – 1	4 – 2	4 – 3		5 – 4	6 – 4	7 – 4	8 – 4	9 – 4	10 – 4	▷ 相加 – 3 次
5	5 – 1	5 – 2	5 – 3	5 – 4		6 – 5	7 – 5	8 – 5	9 – 5	10 – 5	▷ 相加 – 1 次
6	6 – 1	6 – 2	6 – 3	6 – 4	6 – 5		7 – 6	8 – 6	9 – 6	10 – 6	▷ 相加 + 1 次
7	7 – 1	7 – 2	7 – 3	7 – 4	7 – 5	7 – 6		8 – 7	9 – 7	10 – 7	▷ 相加 + 3 次
8	8 – 1	8 – 2	8 – 3	8 – 4	8 – 5	8 – 6	8 – 7		9 – 8	10 – 8	▷ 相加 + 5 次
9	9 – 1	9 – 2	9 – 3	9 – 4	9 – 5	9 – 6	9 – 7	9 – 8		10 – 9	▷ 相加 + 7 次
10	10 – 1	10 – 2	10 – 3	10 – 4	10 – 5	10 – 6	10 – 7	10 – 8	10 – 9		▷ 相加 + 9 次

接著來求出答案。答案為**（該數）×（相加多少次）**的總和，因此可以如下計算。

$$(1 \times (-9)) + (2 \times (-7)) + (3 \times (-5)) + (4 \times (-3)) + (5 \times (-1))$$
$$+ (6 \times 1) + (7 \times 3) + (8 \times 5) + (9 \times 7) + (10 \times 9)$$
$$=(-9) + (-14) + (-15) + (-12) + (-5) + 6 + 21 + 40 + 63 + 90$$
$$=165$$

此外，當 N 增加到 100 時，計算次數之間的差異會更大。直接計算的話需要進行 $_{100}C_2 = 4950$ 次的減法運算，但若考慮相加的次數而進行計算，則加法、乘法合計僅需進行 200 次左右的計算 注 5.7.2。

注 5.7.2　由於此問題的答案可以用整數 N 表示為 $(N^3 - N) / 6$，因此如果將 $N = 10$ 或 $N = 100$ 代入到式子中，則只需多次計算即可解決問題。但是，這種方法在一般化的例題 2 中無法通用。

5.7.3 — 例題 2：求差之和（Hard）

接著，思考將例題 1 一般化後的以下問題。

問題 ID：074

給定 N 個整數 A_1、A_2、$\cdots$、A_N。在此，滿足 $A_1 < A_2 < \cdots < A_N$。請計算下式的值。

$$\sum_{i=1}^{N} \sum_{j=i+1}^{N} (A_j - A_i)$$

條件：$2 \leq N \leq 200000, 1 \leq A_i \leq 10^6$

執行時間制限：2 秒

此問題也可考慮直接展開求和符號進行計算，但計算複雜度為 $O(N^2)$。不幸的是，$N = 200000$ 的狀況下，無法在 2 秒內求出答案。

因此，與例題 1 相同，思考一下各個值相加多少次。如下表所示。

值	A_1	A_2	A_3	$\cdots$	A_i	$\cdots$	A_N
藉由加法相加的次數	0	1	2	$\cdots$	$i-1$	$\cdots$	$N-1$
藉由減法相加的次數	$-N+1$	$-N+2$	$-N+3$	$\cdots$	$-N+i$	$\cdots$	0
整體相加的次數	$-N+1$	$-N+3$	$-N+5$	$\cdots$	$-N+2i-1$	$\cdots$	$N-1$

所求的答案 Answer 是**（該數）×（相加多少次）**的總和，因此可用下式表示。

$$\text{Answer} = \sum_{i=1}^{N} A_i(-N + 2i - 1)$$

此式可用計算複雜度 $O(N)$ 計算，比直接計算更有效率。此外，作為另解，使用累積和（➡ **4.2 節**）也可用計算複雜度 $O(N)$ 求解。

程式碼 5.7.1 解例題 2 的程式

```cpp
#include <iostream>
using namespace std;

long long N, A[200009], Answer = 0;

int main() {
    // 輸入
    cin >> N;
    for (int i = 1; i <= N; i++) cin >> A[i];

    // 求出答案→輸出答案
    for (int i = 1; i <= N; i++) Answer += A[i] * (-N + 2LL * i - 1LL);
    cout << Answer << endl;
    return 0;
}
```

例題 3：加法金字塔（Easy）

接下來要介紹的問題是稱為「加法金字塔」的著名問題。

如下圖所示，有 5 層的金字塔。最底層寫著整數 20、22、25、43、50。請以手動計算，求出反覆進行「將相鄰的 2 個數相加的答案寫到上一層」的操作時，最上層的整數。

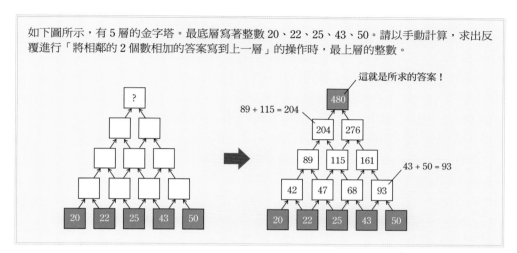

此題也可以像上圖一樣直接計算來解決，但是麻煩的是需要進行 10 次加法。因此，將問題分解為多個部分，思考各部分相加了多少次。

- **部分 1：**左起第 1 個數（此處為 20）加了多少次？
- **部分 2：**左起第 2 個數（此處為 22）加了多少次？
- **部分 3：**左起第 3 個數（此處為 25）加了多少次？
- **部分 4：**左起第 4 個數（此處為 43）加了多少次？
- **部分 5：**左起第 5 個數（此處為 50）加了多少次？

如下一頁的圖所示，將最下層的數字以 a、b、c、d、e 的文字置換，寫成以加法形式表示的式子。如此，最上層為 $a + 4b + 6c + 4d + e$，可知分別加了 1、4、6、4、1 次。

$(20 \times 1) + (22 \times 4) + (25 \times 6) + (43 \times 4) + (50 \times 1)$
$= 20 + 88 + 150 + 172 + 50$
$= 480$

即使不計算第 2 次、第 3 次等中間值，也能輕鬆地找到答案。此方法不限於最下層為 20、22、25、43、50 的情況，無論任何情況均通用。

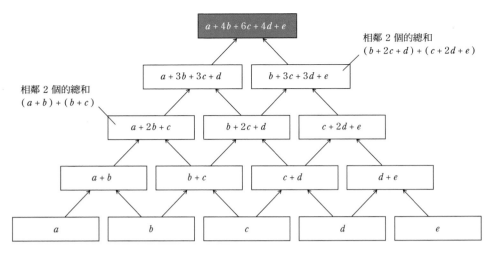

　　然後，思考相加次數為 1、4、6、4、1 的另一個原因。實際上、某個格子的數被相加的次數與「通過箭頭從該格子走到最上層的路徑數」一致。例如，從最下層的左起第2格到最上層的路徑有「左→右→右→右」、「右→左→右→右」、「右→右→左→右」、「右→右→右→左」這 4 種，左起第 2 格的數被加了 4 次注 5.7.3。

　　另外，為了從最下層的左數第 i 格走到最上層，在 4 次移動中必須選擇向左 $i-1$ 次，所以可能的路徑數為 $_4C_{i-1}$ 種，亦即，可得知以下事實。

- 左起第 1 個數被相加的次數：$_4C_0 = 1$ 次
- 左起第 2 個數被相加的次數：$_4C_1 = 4$ 次
- 左起第 3 個數被相加的次數：$_4C_2 = 6$ 次
- 左起第 4 個數被相加的次數：$_4C_3 = 4$ 次
- 左起第 5 個數被相加的次數：$_4C_4 = 1$ 次

這個想法在下一項介紹的「一般的加法金字塔」中使用。

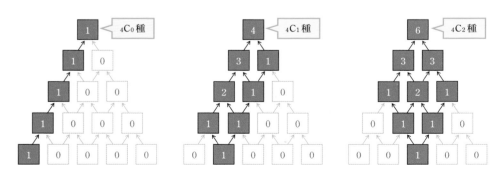

注 5.7.3　可以從動態規劃法的想法來導出。不知道的人請回到節末問題 3.7.2/ 節末問題 3.7.3 進行確認。

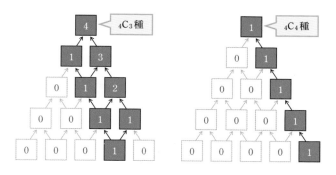

5.7.5 例題 4：加法金字塔（Hard）

接著將例題 3 一般化後的問題以程式來解決吧。會稍微有點困難。

有 N 層的金字塔，最下層從左到右依次寫上整數 A_1、A_2、$\cdots$、A_N。反覆進行「將相鄰的 2 個數相加的答案寫到上一層」的操作時，寫在最上層的整數是多少？請求出答案除以 1000000007 的餘數。

條件：$2 \leq N \leq 200000, 1 \leq A_i \leq 10^9$

執行時間制限：2 秒

直接計算時計算複雜度為 $O(N^2)$，效率不佳，因此思考「哪一格的數被加了多少次」吧。由於左起第 i 個數被加了 $_{N-1}C_{i-1}$ 次，因此答案 Answer 由下式表示。

$$\text{Answer} = \sum_{i=1}^{N} (A_i \times {}_{N-1}C_{i-1})$$

如果能理解到這個程度，幾乎是正確答案了。二項係數 $_nC_r$ 的值可使用模倒數進行計算（➡ **4.6.8 項**），因此若如**程式碼 5.7.2** 進行實作，則可用 $P = 1000000007$ 的計算複雜度 $O(N \log P)$ 求出正確的答案。另外，由於篇幅的原因，省略了將二項係數的值除以 1000000007 的餘數回傳的函式 ncr(n, r)。詳細的實作請參閱**程式碼 4.6.6**。

像這樣，透過思考哪個數加了多少次，即使不一一計算中間的值，也可能求出答案。

程式碼 5.7.2 解例題 4 的程式

```
#include <iostream>
using namespace std;

const long long mod = 1000000007;
long long N, A[200009], Answer = 0;

int main() {
    // 輸入
    cin >> N;
    for (int i = 1; i <= N; i++) cin >> A[i];

    // 求出答案→輸出答案
    // 省略函式 ncr(n, r)［回傳 nCr mod 1000000007 的函數］（參見程式碼 4.6.6）
```

下一頁

```
    for (int i = 1; i <= N; i++) {
        Answer += A[i] * ncr(N-1, i-1);
        Answer %= mod;
    }
    cout << Answer << endl;
    return 0;
}
```

5.7.6 — 例題 5：求獎金的期望值

到目前為止，只處理求總和的問題，但考慮相加次數的技巧也可以應用於期待值
（ ➡ **第 3.4 節** ）。用手動計算解看看以下問題。

太郎參加了連續丟 7 次硬幣的賭注，此硬幣有 50% 機率出現正面。這個賭注每連續出現 3 次正
面就能得到 1 萬日圓。例如，按照「正→正→正→正→反→正→正」的順序出現時，第 1～3 次、
第 2～4 次都是正面，因此獲得的獎金為 2 萬日圓。請求出他得到獎金的期望值。

將硬幣的正反面進行全搜尋需要調查 2^7 = 128 種，十分辛苦，所以試著將獲得的獎
金的期望值分解成多個部分吧。

- **部分 1**：根據第 1、2、3 次的結果，平均增加多少次（1 萬日圓）？
- **部分 2**：根據第 2、3、4 次的結果，平均增加多少次（1 萬日圓）？
- **部分 3**：根據第 3、4、5 次的結果，平均增加多少次（1 萬日圓）？
- **部分 4**：根據第 4、5、6 次的結果，平均增加多少次（1 萬日圓）？
- **部分 5**：根據第 5、6、7 次的結果，平均增加多少次（1 萬日圓）？

因此，由於連續三次出現正面的概率是 0.5 × 0.5 × 0.5 = 0.125，因此對於所有部分
皆為如下結果：

增加 1 萬日圓的機率： 0.125
不增加 1 萬日圓的機率： 0.875

可知相加次數的期望值為 0.125 次。因此，所求的答案如下。

$(10000 \times 0.125) + (10000 \times 0.125) + \ldots + (10000 \times 0.125)$
$= 1250 + 1250 + 1250 + 1250 + 1250$
$= 6250$

與全搜尋相比，計算起來非常輕鬆。

最後，可能也有人會抱持「真的可以用相加次數來思考期望值問題嗎」這樣的疑問，但由於期望值的線性關係（➡ **第 3.4.3 項**）在任何條件下都成立，所以可以使用此技巧。

節末問題

問題 5.7.1 ☆
請計算 2021 + 2021 + 1234 + 2021 + 1234 + 1234 + 1234 + 2021 + 1234。

問題 5.7.2 ☆☆
擲出幾個骰子時，將「優美程度」定義為兩個不同骰子的組合之中，出現相同點數的數量。例如，如果骰子的點數是 [1, 5, 1, 6, 6, 1]，因為第 1 個和第 3 個、第 1 個和第 6 個、第 3 個和第 6 個、第 4 個和第 5 個是相同點數，優美程度為4。請以手動計算求出當擲4個骰子，且每個骰子的點數1～6 會等機率出現時的優美程度期望值。

問題 5.7.3 ▶問題 ID：076 ☆☆☆
給定 N 個正整數 A_1、A_2、A_3、$\cdots$、A_N。請製作一個程式，用計算複雜度 $O(N \log N)$ 來計算以下的值（提示：陣列排序➡ **第 3.6 節**）。（出處：AtCoder Beginner Contest 186 D - Sum of difference）

$$\sum_{i=1}^{N} \sum_{j=i+1}^{N} |A_i - A_j|$$

問題 5.7.4 ▶問題 ID：077 ☆☆☆☆
二維座標上有 N 個點。第 i 個點的座標為 (X_i, Y_i)。設 $\text{dist}(i, j)$ 是第 i 點和第 j 點之間的曼哈頓距離時，請製作一個程式來求下式的值。其中，座標 (x_1, y_1) 和座標 (x_2, y_2) 之間的曼哈頓距離以 $|x_1 - x_2| + |y_1 - y_2|$ 來定義。

$$\sum_{i=1}^{N} \sum_{j=i+1}^{N} \text{dist}(i, j)$$

5.8 考慮上界

通常，在可能的解中求最佳解的問題稱為**最佳化問題**。在這種問題中，將用來表示有多接近最佳解的指標當作評估值時，可能會使用考慮評估值的上界，即「評估值絕對不可能超過某個值」的技巧。

例如，認為自己想出的解法為最佳但不確定時，可能可以藉由估計上界來證明最佳性。另外，即使不知道解決方法，像「其實所求的上界是否就是答案呢」這樣，成為解法的提示的情況也不少。在本節中，通過例題來熟悉一下這個技巧吧。

5.8.1 例題 1：砝碼重量

首先思考接下來的問題。由於本節重點在於最佳性的證明，因此與其他節相比，不使用程式的問題較多。

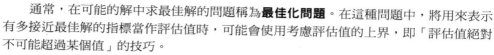

有 A、B、C、D 共 4 個砝碼，滿足以下條件

- 砝碼 A 和砝碼 B 中，較重的砝碼為 6kg 以下
- 砝碼 B 和砝碼 C 中，較重的砝碼為 3kg 以下
- 砝碼 C 和砝碼 D 中，較重的砝碼為 4kg 以下

求出 4 個砝碼合計重量的最大值。

馬上從答案開始寫吧。砝碼 A、B、C、D 的重量分別為 6kg、3kg、3kg、4kg 時，合計重量最大值為 16kg。那麼，為什麼不可能超過 17kg 呢？這可以藉由如下述估計上界來證明。

- 第 1 個條件可以改寫為「砝碼 A、B 都小於 6 kg」。
- 第 2 個條件可以改寫為「砝碼 B、C 都小於 3 kg」。
- 第 3 個條件可以改寫為「砝碼 C、D 都小於 4 kg」。
- 為了滿足這些條件，砝碼 A、B、C、D 依序為 6 kg、3 kg、3 kg、4 kg 以下。因此，最大只到 6 + 3 + 3 + 4 =16（kg）。

此外，即使自己沒有想到最佳解，也可將上界用於提示，例如「將上限值適用在所有砝碼時會滿足所有條件，因此這是最佳解」。

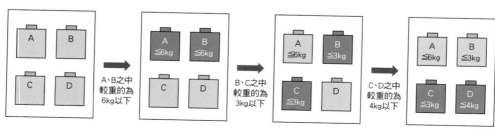

第 5 章 用以解決問題的數學思考

240

例題 2：年齡的最大值（Easy）

接著，作為較正式問題的例子，思考以下問題。

> ALGO 家為 6 人家庭，從 1 到 6 將各人編號。你知道人 1 的年齡是 0 歲，其他人的年齡也是 0
> 以上 120 以下的整數。此外，已滿足以下 7 項條件。
>
> - 人 1 和人 2 的年齡相差 0 歲或 1 歲
> - 人 1 和人 3 的年齡相差 0 歲或 1 歲
> - 人 2 和人 4 的年齡相差 0 歲或 1 歲
> - 人 2 和人 5 的年齡相差 0 歲或 1 歲
> - 人 3 和人 4 的年齡相差 0 歲或 1 歲
> - 人 4 和人 6 的年齡相差 0 歲或 1 歲
> - 人 5 和人 6 的年齡相差 0 歲或 1 歲
>
> 請求出人 1、2、3、4、5、6 的年齡的最大值。

首先，有將家庭年齡的組合進行全搜尋的方法。但是，如果不做任何手段的話，需
要調查 $121^5 = 25937424601$ 種。不用說手動計算了，即便使用程式也很困難。

因此，考慮用圖（➡ 第 4.5 節）來表示年齡差的關係。一般來說，在處理 2 個事物
關係的問題中，使用圖來表現時，可能會容易看見解法。

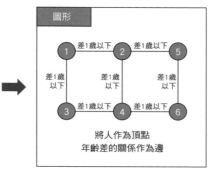

將人作為頂點
年齡差的關係作為邊

如果從知道的事實開始思考，如以下說明。

> 1. 根據問題句的條件，人 1 為 0 歲
> 2. 知道為「0 歲以下」的只有人 1。
>   - 人 1 和人 2 的年齡差為 1 以下，因此人 2 為 0 + 1 = 1 歲以下
>   - 人 1 和人 3 的年齡差為 1 以下，因此人 3 為 0 + 1 = 1 歲以下
> 3. 知道為「1 歲以下」的是人 2、人 3
>   - 人 3 和人 4 的年齡差為 1 以下，因此人 4 為 1 + 1 = 2 歲以下
>   - 人 2 和人 5 的年齡差為 1 以下，因此人 5 為 1 + 1 = 2 歲以下
> 4. 知道為「2 歲以下」的是人 4、人 5。

- 人 4 和人 6 的年齡差小於 1，因此人 6 為 2 + 1 = 3 歲以下
5. 可能的上限值（上界）是從人 1 起依序為 [0,1,1,2,2,3] 的年齡。另一方面，由於此組合滿足問題句的所有條件，因此答案是 [0,1,1,2,2,3] 歲

下圖為一系列過程的總結。0 歲以下的旁邊寫上 1 歲以下，1 歲以下的旁邊寫上 2 歲以下，2 歲以下的旁邊寫上 3 歲以下。此處重點，是對於 1 以上 N 以下的所有整數 i，人 i 的年齡與頂點 1 到頂點 i 的最短路徑長度（➡ **第 4.5.4 項**）一致。

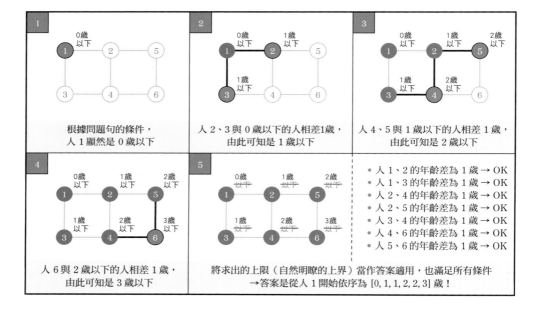

5.8.3 — 例題 3：年齡的最大值（Hard）

下面，試著以程式來解將例題 2 一般化的以下問題。

問題 ID：078

ALGO 家為 N 人家庭，從 1 到 N 將各人編號。你知道人 1 的年齡是 0 歲，其他人的年齡也是 0 以上 120 以下的整數。此外，已知滿足以下 M 項條件。

- 人 A_1 和人 B_1 的年齡相差 0 歲或 1 歲
- 人 A_2 和人 B_2 的年齡相差 0 歲或 1 歲
  ⋮
- 人 A_M 和人 B_M 的年齡相差 0 歲或 1 歲

請求出人 1、2、3、⋯、N 的年齡的最大值。另外，接下來的案例與例題 2 完全相同。

- $N = 6, M = 7$

242

- $(A_i, B_i) = (1, 2), (1, 3), (2, 4), (2, 5), (3, 4), (4, 6), (5, 6)$

條件： $2 \leq N \leq 100000, 1 \leq M \leq 100000, 1 \leq A_i < B_i \leq M$

執行時間制限： 1 秒

將年齡差的關係用圖來表現的話，在例題 2 的情況下，人 i 年齡的最大值與「頂點 1 到頂點 i 的最短路徑長度」一致。對此，在其他案例也是這樣嗎？事實上，如果忽略年齡為 120 歲以下，答案是 Yes。

證明方法有很多種。例如，可以用「假設寫了 x 歲以下的頂點的最短距離為 x，則寫了 $x + 1$ 歲以下的頂點的最短距離為 $x + 1$」這樣的流程來證明（這種證明方法稱為數學歸納法），在此介紹更簡單一點的方法。

---

〔1〕證明不可能有超過最短路徑長度的解

假設從頂點 1 到頂點 i 的最短路徑長度為 x。這代表存在一條路徑，是從頂點 1 通過 x 條邊走到頂點 i，但如果將人 i 的年齡設為 $x + 1$ 歲時，則路徑的某處可能會出現差 2 歲以上的地方。

例如，在例題 2 的情況下，假設人 6 為 4 歲。此處雖然存在「$1 \rightarrow 2 \rightarrow 5 \rightarrow 6$」的長度為 3 的路徑，但如下圖所示，人 1 和 2 的年齡差、人 2 和 5 的年齡差、人 5 和 6 的年齡差中一定有 2 歲以上的差異。

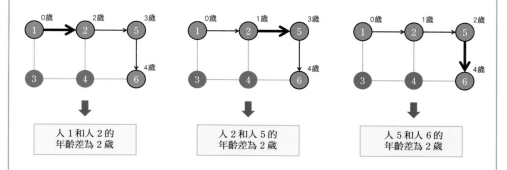

〔2〕證明最短路徑長度滿足所有 M 個條件

設從頂點 1 到頂點 i 的最短路徑長度為 dist[i]。假設一對頂點 (u, v) 彼此相鄰，但人 u 和 v 的年齡差為 2 歲以上，也就是滿足 dist[v] $\geq$ dist[u] + 2（使用反證法➡**第 3.1 節**）。

此時，為了從頂點 1 走到頂點 v 而通過 $1 \rightarrow \cdots \rightarrow u \rightarrow v$ 的路徑的話，可以移動長度 dist[u] + 1。因此，與假設矛盾，可證明〔2〕。

根據〔1〕、〔2〕，人 i 的可能年齡的最大值與圖中頂點 1 到頂點 i 的最短路徑長度一致。

再來，將 120 歲以下的條件加入的情況下，只要使最短路徑長度超過 120 的人的年齡全部為 120 歲即可。因此，如果使用廣度優先搜尋（➡**第 4.5.7 項**）計算頂點 1 到各頂點的最短路徑長度，則可以用計算複雜度 $O(N + M)$ 算出答案。以節末問題來實作，只需稍微變更**程式碼 4.5.3** 即可解決。

像這樣，在給定有關兩個值之差的條件時，求出最大值等的問題稱為**差分約束系統的最佳化問題**。另外，如果使用求出加權圖的最短路徑長度的 Dijkstra 法（➡ **第 4.5.8 項**），則混合有差值為 2 以下或 3 以下等條件時也可解決（➡ **節末問題 5.8.3**）。

▌節末問題

問題 5.8.1 ▶ 問題 ID：078 ★★★
請製作解例題 3（第 5.8.3 項）的程式。

問題 5.8.2 ▶ 問題 ID：079 ★★★
給定正整數 N。對於將從 1 到 N 的整數重新排列的序列 $(P_1 \cdot P_2 \cdot \cdots \cdot P_N)$，請製作程式，以計算複雜度 $O(1)$ 求出以下所定義的分數最大值。（出處：AtCoder Beginner Contest 139 D – ModSum）

$$\sum_{i=1}^{N} (i \bmod P_i) = (1 \bmod P_1) + \cdots + (N \bmod P_N)$$

問題 5.8.3 ▶ 問題 ID：080 ★★★★★
整數 $x_1 \cdot x_2 \cdot \cdots \cdot x_N$ 滿足以下所有條件。

- $x_1 = 0$。
- 對 $1 \leq i \leq M$，滿足 $|x_{A_i} - x_{B_i}| \leq C_i$。

請製作求出 x_N 值的最大值的程式。其中，當數值不論多大都有可能的狀況下，請輸出該內容。計算複雜度最好是 $O(M \log N)$。

5.9 只考慮下一步 ～貪婪法～

接下來要介紹的數學思考是「只考慮下一步時持續選擇最佳策略的技巧」，也被稱為**貪婪法**。以黑白棋[注5.9.1]的對戰為例，其概念是在目前自己能走的棋步中，選擇被翻轉的棋子數最多的走法的戰略。

當然，世上的所有問題不一定都能用貪婪法解決，例如判讀到 10 步之後才能得到最佳答案的情況也時有發生。因此，在使用貪婪法時，證明解法的正確性也很重要。本節中通過兩個例題來熟悉這個技巧。

5.9.1 例題 1：付款方式

問題 ID：081

想用 1000 日圓鈔、5000 日圓鈔、10000 日圓鈔支付 N 日圓。請求出最少可以用幾張鈔票來支付。其中，可以使用的紙幣數量夠多。

例如，N = 29000 時，可以使用 2 張 10000 日圓鈔、1 張 5000 日圓鈔和 4 張 1000 日圓鈔來支付最小張數共 7 張。

條件： $1000 \leq N \leq 200000$、N 為 1000 的倍數

執行時間限制： 1 秒

各位之中可能也有平常就在考慮這個問題的人，如以下的支付方式，總張數一定為最少。即「使用目前可支付的最大面額的紙幣」這樣的貪婪法。

- 到剩餘支付金額低於 10000 日圓前，使用 10000 日圓鈔。
- 到剩餘支付金額低於 5000 日圓前，使用 5000 日圓鈔。
- 最後以 1000 日圓鈔票支付剩餘金額。

因此，如果按照**程式碼 5.9.1** 所示來撰寫程式，可以得到正確的答案。需要注意的是，使用此方法時，5000 日圓鈔最多只能使用 1 張，1000 日圓鈔最多只能使用 4 張（這個事實在後面的正確性證明中很有用）。

程式碼 5.9.1 解例題 1 的程式

```cpp
#include <iostream>
using namespace std;

int main() {
    // 輸入
    long long N, Answer = 0;
    cin >> N;

    // 支付方式的模擬→輸出答案
```
下一頁

注 5.9.1　將對手的棋子夾住並翻轉，變做自己的棋子的遊戲。也叫奧賽羅。

```
while (N >= 10000) { N -= 10000; Answer += 1; }
while (N >= 5000) { N -= 5000; Answer += 1; }
while (N >= 1) { N -= 1000; Answer += 1; }
cout << Answer << endl;
return 0;
}
```

那麼，讓我們來證明一下這個演算法的正確性。在本次問題中，可以證明如下。除了透過貪婪法獲得的支付方式以外，所有支付方式都顯示存在有減少張數的改善方法。

首先，除了貪婪法得到的解（設為解 X）以外的解，滿足以下任一條件（這可以從使用 4 張以下的 1000 日圓鈔，1 張以下的 5000 日圓鈔來支付的方法只有解 X 的 1 種情況來說明）。

- 使用 5 張以上 1000 日圓鈔
- 使用 2 張以上 5000 日圓鈔

此時，5 張 1000 日圓鈔換成 1 張 5000 日圓鈔的話，可以減少 4 張。另外，2 張 5000 日圓鈔換成 1 張 10000 日圓鈔的話，可以減少 1 張。因此，由於除了解 X 以外的解法都還存在改善方法，因此可以知道解 X 是最佳的。

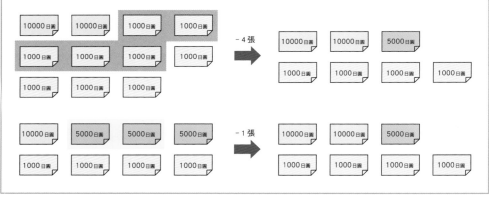

5.9.2 ─ 例題 2：區間排程問題 ─

接著，考慮以下問題。這是一個較正式的問題。

問題 ID：082

今天有 N 部電影上映。第 i 部電影在時間 L_i 開始，時間 R_i 結束。請求出最多能從頭到尾看完多少部電影。
其中，看完電影後可以馬上開始看下一部電影，但不能同時看多部電影。

條件 $1 \leq N \leq 2000, 0 \leq L_i < L_i \leq 86400$

執行時間制限： 1 秒

對於第一次得知這個問題的人來說可能很不直觀，但是透過持續選擇現在能看的電

影之中，結束時間最早的電影，可以看到最多部電影。以下是其一例。

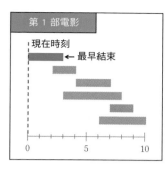
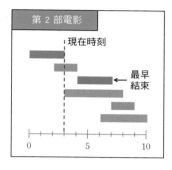
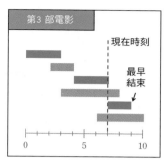

因此，如果撰寫一個程式，持續進行「選擇最早結束的電影」的操作直到沒有可以觀看的電影為止，就能得出正確的答案。

實作方法有很多種，如**程式碼 5.9.2** 所示，如果直接進行模擬，最差情況下的計算複雜度為 $O(N^2)$。另外，事先將電影按照結束時間的早晚進行排序（➡**第 3.6 節**）等，藉由施行此措施可將計算複雜度減低至 $O(N \log N)$（➡**節末問題 5.9.3**）。

程式碼 5.9.2 解例題 2 的程式

```cpp
#include <iostream>
#include <algorithm>
using namespace std;

int N, L[2009], R[2009];
int Current_Time = 0, Answer = 0; // Current_Time 為現在時間（之前看完的電影的結束時間）

int main() {
    // 輸入
    cin >> N;
    for (int i = 1; i <= N; i++) cin >> L[i] >> R[i];

    // 模擬電影的選擇方法
    // 可觀看電影的結束時間最小值 min_endtime 最初是設定成像 1000000 這樣不可能的值
    while (true) {
        int min_endtime = 1000000;
        for (int i = 1; i <= N; i++) {
            if (L[i] < Current_Time) continue;
            min_endtime = min(min_endtime, R[i]);
        }
        if (min_endtime == 1000000) break;
        Current_Time = min_endtime;
        Answer += 1;
    }

    // 輸出答案
    cout << Answer << endl;
    return 0;
}
```

那麼，來證明一下這個演算法的正確性吧。方針是利用前一個選擇越好，未來的選

項就越好這點。

首先，考慮依據上映時間較早的順序來選擇電影時，對於第 1 個選擇的電影，絕對不會因為選擇結束時間最早者（設為電影 A）而遭受損失。其理由可以說明如下。

- 假設問題的答案（可觀看的電影數量的最大值）為 k，並且按照電影 p_1、p_2、$\cdots$、p_k 的順序選擇是最佳解。此處設 p_1 不是電影 A。
- 此時，透過選擇電影 A 和電影 p_2、$\cdots$、p_k，可以同時觀看與最佳解相同的 k 部電影，而不需同時觀看多部電影。

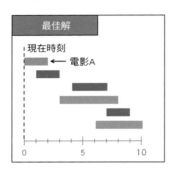 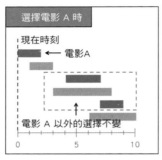

即使選擇電影 A 來取代，也可以選擇與最佳解相同的 3 部電影！

另外，第 2 個選擇的電影也絕對不會因為選擇結束時間最早（電影 B）而遭受損失。其理由可以說明如下。

- 假設問題的答案（可觀看的電影數量的最大值）為 k，並且按照電影 A、p_2、$\cdots$、p_k 的順序選擇是最佳解。此處設 p_2 不是電影 B。
- 此時，通過選擇電影 A、B 和電影 p_3、$\cdots$、p_k，可以同時觀看與最佳解相同的 k 部電影，而不需同時觀看多部電影。

第 3 個以後也一樣。因此，可知，持續選擇結束時間最早的為最佳。

如此，包括區間排程問題的部分問題可能僅透過考慮 1 步之後就能得出最佳解決方案。另一方面，用這種貪婪法無法解決的問題也不少。

例如，使用 1000 日圓鈔、3000 日圓鈔、4000 日圓鈔來支付 6000 日圓。從面額大的紙幣開始使用的話，使用 4000 日圓鈔和 2 張 1000 日圓鈔（合計 3 張），但使用 2 張 3000 日圓鈔比較有利。在這種情況下，有必要探討全搜尋（➡**第 2.4 節**）、動態規劃法（➡**第 3.7 節**）等其他方針。

節末問題

問題 5.9.1 問題 ID：081 ★★

請製作以計算複雜度 $O(1)$ 求解例題 1（第 5.9.1 項）的程式。另外，程式碼 5.9.1 大約計算 $N/10000$ 次，因此計算複雜度為 $O(N)$（提示：使用除法及其餘數）。

問題 5.9.2 問題 ID：083 ★★★

某條街上有 N 個小學生的家和 N 個小學。小學生的家建在位置 A_1、A_2、…、A_N，小學建在位置 B_1、B_2、…、B_N。這條街上的小學生關係不好，每個學生都要去個別的學校。

設位置 u 和位置 v 之間的距離為 $|u - v|$ 時，請製作程式，以計算複雜度 $O(N \log N)$ 求出家庭與學校之間的距離之和的最小值。（出處：競技程式設計典型 90 題 014 – We Used to Sing a Song Together）

問題 5.9.3 問題 ID：082 ★★★★

請製作程式，以計算複雜度 $O(N \log N)$ 解出例題 2（第 5.9.2 項）（由於是著名問題，關於這個問題，特別建議即使自己沒有想出來，也可以閱讀解說並理解解決方法）。

5.9

只考慮下一步～貪婪法～

5.10 其他的數學思考

第 5 章終於也進入了最後一節。本書從第 5.2 節到第 5.9 節，集中介紹了規律性、奇偶性、集合的處理方法、分成部分問題的思考方法等重要度較高的思考模式。但是，隨著解答問題的難度增加，至今為止的內容無法應對的也越來越多。因此，本節將列出 6 個尚未解說的數學思考，目標為增加解法的選項。

5.10.1 誤差和溢出

第一個要介紹的問題是乍看似乎很容易的判定問題。

問題 ID：084

給定整數 a、b、c。判斷是否 $\sqrt{a} + \sqrt{b} < \sqrt{c}$。

條件： $1 \leq a, b, c \leq 10^9$

執行時間制限： 2 秒

出處：松下程式設計大賽 2020 C – Sqrt Inequality

首先，可以使用 sqrt 函式（➡ **第 2.2.4 項**）。自然地實作時，會如程式碼 5.10.1。

程式碼 5.10.1 解 Sqrt Inequality 的程式（使用 sqrt 函式）

```cpp
#include <iostream>
#include <cmath>
using namespace std;

int main() {
    long long a, b, c;
    cin >> a >> b >> c;
    if (sqrt(a) + sqrt(b) < sqrt(c)) cout << "Yes" << endl;
    else cout << "No" << endl;
    return 0;
}
```

可能會非常令人震驚，但是這個程式在某些案例中輸出了錯誤的答案。例如，如果 $(a, b, c) = (249999999, 250000000, 999999998)$ 時，應該是如下。

$$\sqrt{249999999} + \sqrt{250000000} < \sqrt{999999998}$$

但不知為何錯誤地輸出 No。其原因是 sqrt 函式的計算有用到浮點數，因此對實數進行了近似處理[注 5.10.1]。因此，當實數 a 和 b 的值相差不大時，即使它們不相等也會被判定為「相等」。

注 5.10.1　實數與整數不同，由於實數可以無限細分，故無法精確處理。因此，必須在適當的時間點（例如：小數點後第○○位）進行近似。

第 5 章　用以解決問題的數學思考

例如，在實用上最常使用的雙精度浮點數的情況下，如果 a 和 b 的相對誤差（**第 2.5.7 項**）大約不到 10^{-15}，則可能會錯誤地判定為相等。在本例情況如下。

$$\sqrt{249999999} + \sqrt{250000000} = 31622.77657006101668\cdots$$
$$\sqrt{999999998} = 31622.77657006101670\cdots$$

相對誤差約為 10^{-18}，因此超出浮點數極限。如果連可在程式語言中使用的基本運算都無法依賴的話，到底該怎麼辦呢？

一個解決方案是，**全部用整數來處理**的方法。例如，對於此問題，可以透過進行以下的式變形，全部用整數進行處理。

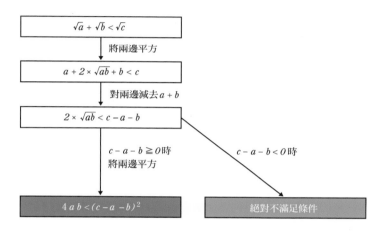

因此，進行如**程式碼 5.10.2** 的實作，可以算出正確的答案。

程式碼 5.10.2 解 Sqrt Inequality 的程式（以整數處理）

```cpp
#include <iostream>
using namespace std;

int main() {
    long long a, b, c;
    cin >> a >> b >> c;
    if (c - a - b < 0LL) cout << "No" << endl;
    else if (4LL * a * b < (c - a - b) * (c - a - b)) cout << "Yes" << endl;
    else cout << "No" << endl;
    return 0;
}
```

像這樣，對於因非常細微的誤差導致答案發生變化的問題，討論全部用整數計算是很重要的。

另一個導致錯誤答案的因素是溢出。這是指在計算過程中，該值會變得非常大，超出電腦所能處理的極限。

例如，對於 C++，不能如第 4.6 節中所述那樣表示 2^{64} 以上的整數。對於 Python，可以處理任何大的整數，但是如果處理大於 10^{19} 的數字會很耗時。因此，需要在實作中花心思，例如更改計算順序等。

接下來要介紹的問題是簡單的計算問題。

以下的 99 乘法表中寫有 81 個整數。請以手動計算求出那些數的總和。

	1	2	3	4	5	6	7	8	9
1 段	1	2	3	4	5	6	7	8	9
2 段	2	4	6	8	10	12	14	16	18
3 段	3	6	9	12	15	18	21	24	27
4 段	4	8	12	16	20	24	28	32	36
5 段	5	10	15	20	25	30	35	40	45
6 段	6	12	18	24	30	36	42	48	54
7 段	7	14	21	28	35	42	49	56	63
8 段	8	16	24	32	40	48	56	64	72
9 段	9	18	27	36	45	54	63	72	81

當然，81 個數全部相加就能知道答案，但是手動計算的話有點麻煩。

因此，為了快速計算，可以使用以下**分配律**。

對於實數 A、x_1、x_2、$\cdots$、x_n，下式成立。。

$$Ax_1 + Ax_2 + Ax_3 + \cdots + Ax_n = A(x_1 + x_2 + x_3 + \cdots + x_n)$$

例如，可以在進行以下計算時使用。

$$6 \times 3 + 6 \times 7 + 6 \times 10$$
$$= 6 \times (3 + 7 + 10)$$
$$= 6 \times 20$$
$$= 120$$

沒有概念的人可以想像計算以下長方形的面積。

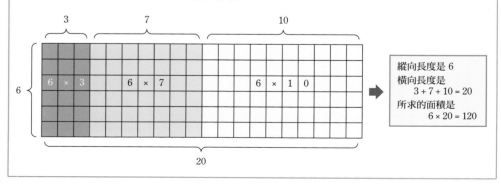

第 5 章 用以解決問題的數學思考

那麼，在這個問題上應用分配律吧。首先考慮各段的總和。

- 1 段的總和：$(1 \times 1) + (1 \times 2) + ... + (1 \times 9) = 1 \times (1 + 2 + ... + 9) = 1 \times 45$
- 2 段的總和：$(2 \times 1) + (2 \times 2) + ... + (2 \times 9) = 2 \times (1 + 2 + ... + 9) = 2 \times 45$
- 3 段的總和：$(3 \times 1) + (3 \times 2) + ... + (3 \times 9) = 3 \times (1 + 2 + ... + 9) = 3 \times 45$
  :
- 9 段的總和：$(9 \times 1) + (9 \times 2) + ... + (9 \times 9) = 9 \times (1 + 2 + ... + 9) = 9 \times 45$

然後，由於答案是將每段總和相加的值，因此可以如下計算。

$$(1 \times 45) + (2 \times 45) + (3 \times 45) + ... + (9 \times 45)$$
$$= (1 + 2 + 3 + ... + 9) \times 45$$
$$= 45 \times 45$$
$$= 2025$$

像這樣使用分配律的話，可能會有減少計算次數的狀況。沒有概念的人，思考下圖正方形面積的話就很容易理解。

整體面積：$45 \times 45 = 2025$

這次計算了到 9×9 為止的乘積總和，但即使是到 10×10 或 100×100 為止，都可

以使用同樣的方法。直接計算時，對於一般的 N，求得 $N \times N$ 為止的乘積總和時的計算複雜度為 $O(N^2)$，但使用分配律的話可以變為計算複雜度 $O(1)$（➡ **節末問題 5.10.2**）。

5.10.3 運用對稱性

接下來介紹的問題也是計算問題。雖然不斷出現不使用程式的問題，但筆者認為，為了熟悉技巧，用自己的頭腦進行計算也同樣重要。

以下 99 表中寫了 81 個整數，請求出其中被乘數大於乘數者（下圖用紅色表示的部分）的總和。

	1	2	3	4	5	6	7	8	9
1 段	1	2	3	4	5	6	7	8	9
2 段	2	4	6	8	10	12	14	16	18
3 段	3	6	9	12	15	18	21	24	27
4 段	4	8	12	16	20	24	28	32	36
5 段	5	10	15	20	25	30	35	40	45
6 段	6	12	18	24	30	36	42	48	54
7 段	7	14	21	28	35	42	49	56	63
8 段	8	16	24	32	40	48	56	64	72
9 段	9	18	27	36	45	54	63	72	81

因此使用對稱性。對於實數 a、b，$ab = ba$ 成立，故即使替換乘數和被乘數，答案也是相同的。即，下圖中以紅色表示的部分和以藍色表示的部分的總和相等。

	1	2	3	4	5	6	7	8	9
1 段	1	2	3	4	5	6	7	8	9
2 段	2	4	6	8	10	12	14	16	18
3 段	3	6	9	12	15	18	21	24	27
4 段	4	8	12	16	20	24	28	32	36
5 段	5	10	15	20	25	30	35	40	45
6 段	6	12	18	24	30	36	42	48	54
7 段	7	14	21	28	35	42	49	56	63
8 段	8	16	24	32	40	48	56	64	72
9 段	9	18	27	36	45	54	63	72	81

因此，下式會成立。

（上圖中的格子的整體總和）=（紅色部分的總和）+（藍色部分的總和）+（白色部分的總和）
 = 2×（紅色部分的總和）+（白色部分的總和）

整體格子的總和如第 5.10.2 項所述為 2025。白色部分的總和是 $1 + 4 + 9 + 16 + 25 + 36 + 49 + 64 + 81 = 285$。因此，如果將所求的答案（以紅色表示的部分的總和）設為 x，則如下所示。

$$2025 = 2x + 285$$

解開後，可知答案 x 為 870。像這樣，使用「兩個數相反也不會改變答案」等對稱性，可以減少計算次數。

5.10.4 不失一般性

接下來要介紹的問題，是用程式來解決的問題。

問題 ID：085

請判定是否存在 1 以上 N 以下的整數組合 (a, b, c, d) 滿足以下條件。

- $a + b + c + d = X$
- $abcd = Y$

條件： $1 \leq N \leq 300, 1 \leq X, Y \leq 10^9$

執行時間制限： 5 秒

首先，有將整數組合 (a, b, c, d) 進行全搜尋的方法。由於可能的整數組合全部有 N^4 種，當 $N = 300$ 時，要檢查 $300^4 = 8.1 \times 10^9$ 種。這樣在 5 秒內無法算出答案。

在此，重要的是「不失一般性」這個關鍵字。解答判定問題或進行事物的證明時，在只集中於某個特定的模式來調查也沒問題的狀況下，以「即使○○也不會失去一般性」的形式使用。

在此情況下，即使令 $a \leq b \leq c \leq d$，也不會失去一般性，因為即使替換了 a、b、c、d，總和及乘積也不會改變，如下圖所示。

	和 $a+b+c+d$	積 $abcd$
$(a, b, c, d) = (1, 3, 5, 6)$	$1 + 3 + 5 + 6 = 15$	$1 \times 3 \times 5 \times 6 = 90$
$(a, b, c, d) = (1, 3, 6, 5)$	$1 + 3 + 6 + 5 = 15$	$1 \times 3 \times 6 \times 5 = 90$
$(a, b, c, d) = (1, 5, 3, 6)$	$1 + 5 + 3 + 6 = 15$	$1 \times 5 \times 3 \times 6 = 90$
$(a, b, c, d) = (1, 5, 6, 3)$	$1 + 5 + 6 + 3 = 15$	$1 \times 5 \times 6 \times 3 = 90$
$(a, b, c, d) = (1, 6, 3, 5)$	$1 + 6 + 3 + 5 = 15$	$1 \times 6 \times 3 \times 5 = 90$
$(a, b, c, d) = (1, 6, 5, 3)$	$1 + 6 + 5 + 3 = 15$	$1 \times 6 \times 5 \times 3 = 90$
$(a, b, c, d) = (3, 1, 5, 6)$	$3 + 1 + 5 + 6 = 15$	$3 \times 1 \times 5 \times 6 = 90$
$(a, b, c, d) = (3, 1, 6, 5)$	$3 + 1 + 6 + 5 = 15$	$3 \times 1 \times 6 \times 5 = 90$
$(a, b, c, d) = (3, 5, 1, 6)$	$3 + 5 + 1 + 6 = 15$	$3 \times 5 \times 1 \times 6 = 90$
:	:	:

因此，不需要調查所有模式，只調查滿足 $1 \leq a \leq b \leq c \leq d \leq N$ 的整數組合 (a, b, c, d)，在不存在滿足條件的組合時，可斷定答案為 No。

如此，可以將調查的模式數量減少到 $_{N+3}C_4$ 種（$N = 300$ 時約為 3.4 億）。可考慮**程式碼 5.10.3**[注 5.10.2] 作為實作例。

程式碼 5.10.3　判定是否存在 N 以下的 4 個整數，使和為 X，積為 Y 的程式

```cpp
#include <iostream>
using namespace std;

long long N, X, Y;

int main() {
    // 輸入
    cin >> N >> X >> Y;

    // 4 個整數 (a, b, c, d) 的全搜尋→輸出答案
    for (int a = 1; a <= N; a++) {
        for (int b = a; b <= N; b++) {
            for (int c = b; c <= N; c++) {
                for (int d = c; d <= N; d++) {
                    if (a + b + c + d == X && 1LL * a * b * c * d == Y) {
                        cout << "Yes" << endl;
                        return 0; // 使程式結束執行
                    }
                }
            }
        }
    }
    cout << "No" << endl; // 如果連 1 組都沒發現的話為 No
    return 0;
}
```

5.10.5　條件的轉換

接著介紹的問題，是進行括號串是否正確的判定問題。

問題 ID：086

給定由 N 個字元 (,) 組成的括號串 S，請判定 S 是否為正確的括號串。其中，正確的括號串指的是滿足下列任一條件者。

- 空字串
- 存在非空字串且正確的括號串 A、B，並按此順序連接 A、B 的字串
- 存在某個正確的括號串 A，並按照 (, A ,) 的順序連接的字串

例如，(())()() 是正確的括號串，但))()((不是正確的括號串。

條件： $1 \leq N \leq 500000$

執行時間制限： 2 秒

注 5.10.2　本書中未探討，但也有以 $O(N)$ 等計算複雜度求解的方法。此外，對於如 Python 等執行速度較慢的語言，搜尋 $_{N+3}C_4$ 種的解法可能無法趕上執行時間限制，可能要尋求更佳階的解法。

256

可能會很令人震驚，但 S 為正確的括號串是等價於滿足以下所有條件。

- S 所包含的（的數量與）的數量相同
- S 的第 1 個字元之前，（的數量會大於或等於）的數量
- S 的第 2 個字元之前，（的數量會大於或等於）的數量
- S 的第 3 個字元之前，（的數量會大於或等於）的數量
  :
- S 的第 N 個字元之前，（的數量會大於或等於）的數量

例如，考慮括號串（()()）()。下圖顯示了從（的數量減去）的數量的值的變化，但一次都沒有變成負數，並且最後為零，因此這是一個正確的括號串。

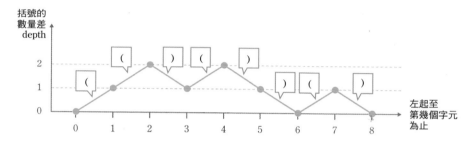

像這樣進行**條件的轉換**，將從（的數量減去）的數量的值 depth 從左開始累積計算的話，可以用計算複雜度 $O(N)$ 來進行判定。考慮**程式碼 5.10.4** 作為實作的一例。

程式碼 5.10.3　判定括號串是否正確的程式

```cpp
#include <iostream>
#include <string>
using namespace std;

int N, depth = 0;
string S;

int main() {
    // 輸入
    cin >> N >> S;

    // 令 '(' 的數量 -')' 的數量為 depth
    // 如果 depth 在過程中變為負的話，此時為 No
    for (int i = 0; i < N; i++) {
        if (S[i] == '(') depth += 1;
        if (S[i] == ')') depth -= 1;
        if (depth < 0) {
            cout << "No" << endl;
            return 0;
        }
    }

    // 最後，根據是否 depth=0['(' 和 ')' 的數量相同] 來區分情況
    if (depth == 0) cout << "Yes" << endl;
```

下一頁

```
      else cout << "No" << endl;
      return 0;
}
```

那麼，如何想出這種並非自然而然可以明瞭的轉換呢？由於這次探討的問題是有名的問題，所以趁這個機會將其作為自身的知識儲備也不錯。不過，在想要自行導出的狀況下，有將**必要條件**（➡**第 2.5.6 項**）列舉出來的方法。例如，在此次問題中，很容易想到以下幾點。

- 「第 1 個字元為 (」是正確括號串的必要條件
- 「前 3 個字元不是 ()」是正確括號串的必要條件
- 提取前 2 點的共通特徵，「處於前 3 個字元的時間點下，(比) 多」是正確括號串的必要條件

像這樣推進思考的話，列舉出的條件可能會成為解法的提示，運氣好的話，可能會變成「列舉出的條件實際上已經是充分條件（➡**第 2.5.6 項**）」的狀態^{注 5.10.3}。

5.10.6 ── 考慮「狀態數」

本書的最後例題，是將砝碼按從小到大的順序排列的問題。

桌子上放著 4 個砝碼。砝碼被命名為 A、B、C、D。你已知 1kg、2kg、3kg、4kg 的砝碼各有一個，但不知道每個砝碼的重量。請盡可能進行最少次「將 2 個砝碼置於天平上，比較哪個砝碼較重」的操作，藉此答出所有砝碼的重量。

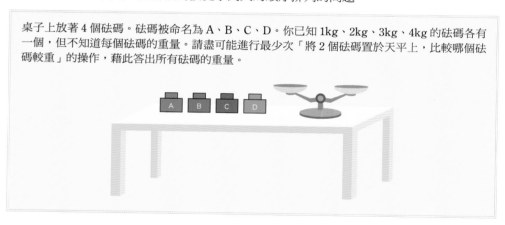

首先，考慮對所有砝碼進行比較。這時，每個砝碼各被放上天平 3 次，且可知以下結果。

- 3 次中有 3 次被判定為「較重」的是 4kg。
- 3 次中有 2 次被判定為「較重」的是 3kg。
- 3 次中有 1 次被判定為「較重」的是 2kg。
- 3 次中有 0 次被判定為「較重」的是 1kg

注 5.10.3　此外，在證明演算法的正確性時，還必須顯示滿足了充分性，也就是不存在一種括號串是即使滿足了列舉的全部條件也不會成為正確括號串。由於頁數的關係，本書不會進行探討，有興趣的人請透過網路來調查。

所以這個方法是可行的。總共需要 $_4C_2 = 6$ 次比較。下頁的圖是顯示猜砝碼重量的過程的一例。

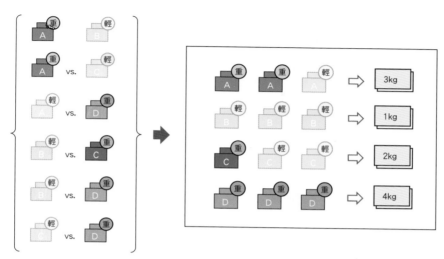

然後，可以在 5 次內猜對嗎？實際上，透過以下演算法進行比較，在 5 次比較中確實可以答對砝碼的重量。

- **步驟 1**：比較砝碼 A 和砝碼 B
- **步驟 2**：比較砝碼 C 和砝碼 D
- **步驟 3**：比較步驟 1 中較重者和步驟 2 中較重者，則較重者為 4kg
- **步驟 4**：比較步驟 1 中較輕者與步驟 2 中較輕者，則較輕者為 1kg
- **步驟 5**：比較步驟 3 中較輕者和步驟 4 中較重者，則較重者為 3kg

將一系列過程用淘汰賽表的形式來表示如下。

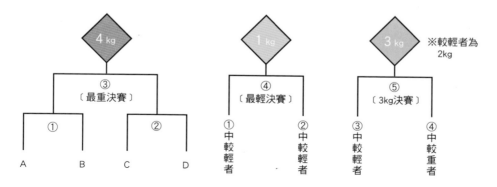

那麼來思考一下在 4 次內能否準確答對。答案是 No。此事實是透過考慮「最後的結果可能有幾種狀態」，而可以如下證明。

首先，砝碼重量的組合有 $4! = 24$ 種可能。另一方面，4 次比大小的結果可用以下組合表示。

- 在第 1 次的比大小中，左側的盤子和右側的盤子中哪一個較重
- 在第 2 次的比大小中，左側的盤子和右側的盤子中哪一個較重
- 在第 3 次的比大小中，左側的盤子和右側的盤子中哪一個較重
- 在第 4 次的比大小中，左側的盤子和右側的盤子中哪一個較重

這些組合有 $2^4 = 16$ 種，但會成為答案的模式數（= 砝碼重量的組合）較多。因此，如下圖所示，「即使結束 4 次比較，還沒有確定唯一結果的案例」一定會存在。這就是在 4 次內無法準確答對的原因。

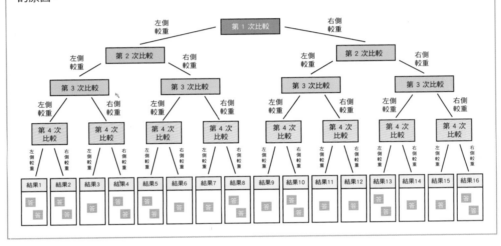

這樣一來，總算可知剛才介紹的在 5 次內答對的方法為最佳。像這樣，透過考慮會成為答案的模式數量，可以證明絕對不存在比現在更有效率的演算法。

最後，來思考砝碼不是 4 個而是 N 個的情況。首先，要會成為答案的模式數量是 $N!$ 種。另一方面，x 次的比大小結果有 2^x 種可能。因此，至少必須滿足下式，以確保在 x 次內答對。

$$2^x \geq N!$$
$$(\Leftrightarrow)\ x \geq \log_2 N!$$

因此，已知 $\log_2 N!$ 的值約為 $N \log_2 N$ [注 5.10.4]。這可以證明，為了確實答對 N 個砝碼的重量，必須至少進行 $O(N \log N)$ 次比較。

這次處理的「答對砝碼重量的問題」實質上與陣列排序問題（➡ **第 3.6 節**）相同。將 2 個數的比較重複 $O(N \log N)$ 次並進行排序，以這樣的演算法來說，第 3.6 節中提到的合併排序等非常有名，而根據上述討論，可以證明不存在計算複雜度比這些更好的基於比較的排序演算法。

注 5.10.4　稱為史特靈公式（Stirling's formula）。

問題 5.10.1 ★

請進行以下計算。

1. $37 \times 39 + 37 \times 61$
2. $2021 \times 333 + 2021 \times 333 + 2021 \times 334$

問題 5.10.2 問題 ID：087 ★★

給定正整數 N。請製作程式，輸出以下的值除以 1000000007 的餘數。計算複雜度最好是 $O(1)$（提示：➡ **第 2.5.10 項**）。

$$\sum_{i=1}^{N} \sum_{j=1}^{N} ij$$

問題 5.10.3 問題 ID：088 ★★

給定正整數 A、B 和 C。請製作程式，輸出以下的值除以 998244353 的餘數。計算複雜度最好是 $O(1)$。（出處：AtCoder Regular Contest 107 A – Simple Math）

$$\sum_{a=1}^{A} \sum_{b=1}^{B} \sum_{c=1}^{C} abc$$

問題 5.10.4 ★★

在第 2.4.7 項探討的問題（從 1~8 中猜出太郎想到的數的問題）中，請證明不存在確實在 2 次內猜對的方法。

問題 5.10.5 問題 ID：089 ★★★

給定正整數 a、b 和 c。請製作程式，判定 $\log_2 a < b \log_2 c$ 是否為真。最好可以在 $1 \le a, b, c \le 10^{18}$ 的條件下正確地進行判定。（出處：競技程式設計典型 90 題 020 – Log Inequality 改題）

問題 5.10.6 問題 ID：090 ★★★★★

令整數 x 的每位數字的乘積為 $f(x)$。例如，$f(352) = 3 \times 5 \times 2 = 30$。給定正整數 N 和 B，請製作程式，求出在 1 以上 N 以下的整數 m 之中，使 $m - f(m) = B$ 的個數。對於滿足 $N, B < 10^{11}$ 的案例，最好在 2 秒以內算出答案。（出處：競技程式設計典型 90 題 025 – Digit Product Equation）

問題 5.10.7 †

就第 5.10.6 項所探討的問題，請回答以下問題。

1. 請建構將 5 個砝碼的重量在 7 次比較內全部猜對的方法。
2. 請證明無法確實地在 6 次比較內全部猜對 5 個砝碼的重量。
3. 請建構將 16 個砝碼的重量以最小次數的比較來全部猜對的方法，並證明不可能以小於此的次數確實猜對。（截至 2021 年 9 月，這是未被解開的問題。）

專 欄 **6**

A* 演算法

求圖最短路徑的問題也是可以透過數學思考而減少計算次數的問題之一。在一般的廣度優先搜尋（➡ **第 4.5.7 項**）中，從離起點的最短距離較小的頂點開始依序進行調查，但使用以下的想法，可縮小調查範圍。

· 不調查雖然離起點很近，但明顯離終點很遠的頂點。
· 因此，令起點到頂點 v 的距離為 $f(v)$，頂點 v 到終點的距離的預測值為 $g(v)$ 時，從 $f(v) + g(v)$ 較小的頂點開始依序進行調查。
· 另外，$g(v)$ 稱為啟發成本。

這種方法稱為 **A***。演算法的示意圖如下。

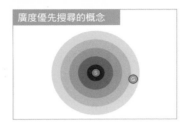

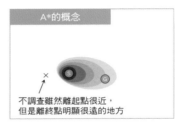

廣度優先搜尋的概念

A*的概念

不調查雖然離起點很近，但是離終點明顯很遠的地方

A* 演算法的具體例

例如，對於以下 6×6 迷宮，透過往上下左右相鄰的格子移動，求出最短可在幾步內從起點到達終點。令從上起第 i 列、左起第 j 行中的格子為 (i, j) 時，則至少需要 |5 - a| + |6 - b| 步才能從格子 (a, b) 走到終點 $(5, 6)$ 注 5.11.1。因此，假設每個格子的啟發成本為 $g(a,b)$ = |5 - a| + |6 - b|。

此時，A* 演算法會如下運作。在此圖中，將距離起點的最短距離記在格子中心，而啟發成本記在格子右下角的三角形中。在這種情況下，使用 A* 只須調查大約 1/3 左右的格子，很有效率。

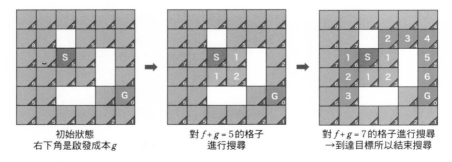

初始狀態
右下角是啟發成本 g

對 $f + g = 5$ 的格子
進行搜尋

對 $f + g = 7$ 的格子進行搜尋
→到達目標所以結束搜尋

此外，在實施 A* 演算法時，經常使用優先佇列的資料結構。本書不進行探討，有興趣的人請參考本卷末的推薦書籍等。

注 5.11.1　從格子 (a, b) 到格子 $(5, 6)$ 的曼哈頓距離（➡ **節末問題 5.7.4**）。

5.2　考慮規律性

技巧概要

不懂的時候就試試小的案例吧，
有時可以發現規律性或週期性。

週期性的例子

2 的 N 次方的個位是
$2 \to 4 \to 8 \to 6 \to 2 \to \cdots$這樣變化

5.3　熟練處理集合

餘事件

「某情況」以外的事件。當不滿足條件者較少時，
計算餘事件較快。

排容原理

對於集合 A、B，下式成立
$|A \cup B| = |A| + |B| - |A \cap B|$

5.4　著眼於奇偶

模式 1：按奇偶分類

如果分別考慮 N 等為奇數時和偶數時的狀況，有
時會成為解法的提示。

模式 2：奇偶交替變化

使用某些值會以「偶數→奇數→偶數…」交替變
化的性質。

5.5　考慮極限

技巧概要

在邊界值必定成為答案的情況下，如果只集中搜
尋邊界值，可使計算次數減少。

應用例

線性計劃問題、最小包含圓問題等。

5.6　分解成小問題

技巧步驟

1・將問題分成幾個容易解答的問題。
2・用有效率的計算複雜度解決小問題。
3・將小問題的答案全部加總等來合成。

5.7　考慮相加次數

技巧概要

考慮「什麼加了幾次」的話計算變更快。
將橫向視角以縱向觀看的思考方式。

應用例

加法金字塔等。

5.8　考慮答案的上界

技巧概要

將解的好壞作為評估值時，
表示不可能獲得更高評估
值的意思。

應用例

差分約束系統的問題等。

5.9　只考慮下一步

什麼是貪婪法？

只考慮下一步棋時持續選
擇最佳棋步的技巧。

應用例

支付紙幣的張數的最小
化、區間排程調度等。

5.10　其他數學思考的技巧

· 用整數處理誤差。
· 溢出是在計算順序上下工夫。
· 分配律
  $ax_1 + \cdots + ax_n = a(x_1 + \cdots + x_n)$
· 使用 $ab = ba$ 等對稱性。
· 透過「不失一般性」縮小搜尋範圍。
· 適當地轉換條件。
· 考慮狀態數來證明最佳性。

最終確認問題

　　本書的最後，提出 30 題最終確認問題。前 15 題是以手動計算解答的問題，後 15 題是實際撰寫程式的問題。難易度的範圍很大，從詢問數學基礎知識的簡單問題到需要 3～4 個階段的考證步驟的問題都有。請注意，最大的目的是幫助確認、複習本書中掌握的知識，而不是以全部問題回答正確為前提。另外，30 題中也包括未被解開的問題。有技術的人請務必挑戰一下。另外，如 **1.3 節**所述，解說會刊載在 GitHub 上。

問題 1 ★

令 $a = 12$，$b = 34$，$c = 56$，$d = 78$。請就此回答下列問題。

1. 請計算 $a + 2b + 3c + 4d$ 的值。
2. 請計算 $a^2 + b^2 + c^2 + d^2$ 的值。
3. 請計算 $abcd \bmod 10$ 的值。
4. 請計算 $\sqrt{b + d - a}$ 的值。

問題 2 ★

1. 請畫出 $y = x^2 - 2x + 1$ 的圖。
2. 請畫出 $y = 1.2^x$ 的圖
3. 請畫出 $y = \log_3 x + 2$ 的圖
4. 請畫出 $y = 2^{3x}$ 的圖

問題 3 ★

1. 請分別計算 $_4P_3$、$_{10}P_5$、$_{2021}P_1$ 的值。
2. 請分別計算 $_4C_3$、$_{10}C_5$、$_{2021}C_1$、$_{2021}C_{2020}$ 的值。
3. 資訊高中一年級有 160 人，二年級有 250 人，三年級有 300 人。從各年級選出一位代表的方法有幾種？
4. 有 5 張可以互相區別的卡片。在各卡片寫上 1 以上 4 以下的整數的方法有幾種？
5. 從 1 到 8 的整數各出現 1 次的長度為 8 的數列有幾種？

問題 4 ★

資訊大學籃球隊「ALGO-MASTER」有 10 名隊員。每個隊員的身高從低到高依序為 182、183、188、191、192、195、197、200、205、217cm。請求出隊員身高的平均值和標準差。

問題 5 ★

1. 請使用快速質數判定法，以手動計算求出 313 是否為質數。
2. 請使用輾轉相除法，以手動計算求出 723 和 207 的最大公因數。

1. 請計算定積分 $\int_1^{10000} \frac{1}{x}\,dx$ 的值，將小數第一位四捨五入後用整數表示。計算時可以使用計算機。
2. 請用大 O 符號來表示以下程式的計算複雜度。

```
for (int i = 1; i <= N; i++) {
    for (int j = 1; j <= (N / i) + 1000; j++) {
        cout << i << " " << j << endl;
    }
}
```

■ 問題 7 ★★

下表顯示各個函數的值首次達到 1 億、5 億和 10 億時的自然數 N 的值。請完成表格。

函數	N^2	N^3	2^N	3^N	$N!$
1 億	10000				
5 億	22361				
10 億	31623				

■ 問題 8 ★★

請就以下的矩陣 A、B 來回答下列問題：

1. 對於滿足遞迴式 $a_1 = 1$，$a_2 = 1$，$a_n = a_{n-1} + 4a_{n-2}$（$n \geq 3$）的數列，請計算從第 1 項至第 10 項的值。
2. 請計算 $A + B$ 的值、AB 的值。
3. 請計算 A^2、A^3、A^4、A^5 的值。
4. 在上一問題中求得的 A^2、A^3、A^4、A^5 的 (1, 1) 元素會是出現在 1. 中求得的數列中的值。請思考此原因。

$$A = \begin{bmatrix} 1 & 4 \\ 1 & 0 \end{bmatrix} \quad B = \begin{bmatrix} 5 & 8 \\ 10 & 20 \end{bmatrix}$$

■ 問題 9 ★★★

請計算 1 XOR 2 XOR 3 XOR ⋯ XOR 1000000007 的值。

問題 10 ★★★

請分別計算下表中所寫上的 64 個整數全部相加的值，以及由綠色所示之 32 個整數全部相加的值。其中，上起第 i 列、左起第 j 行中的格子寫有整數 $4i+j$。

5	6	7	8	9	10	11	12
9	10	11	12	13	14	15	16
13	14	15	16	17	18	19	20
17	18	19	20	21	22	23	24
21	22	23	24	25	26	27	28
25	26	27	28	29	30	31	32
29	30	31	32	33	34	35	36
33	34	35	36	37	38	39	40

問題 11 ★★★

如下所示有 8×8 個方格。太郎對每格獨立進行「以 50% 的機率畫白色圓形，50% 的概率畫黑色圓形」這樣的操作。對此，請回答以下問題：

1. 請求出第 1 列全部為白色圓形的機率。
2. 請求出〔白色圓形的個數〕× 2 +〔黑色圓形的個數〕的期望值。
3. 行、列和對角線總計有 8 + 8 + 2 = 18 條。請求出那之中全部為白色圓形的條數的期望值。
4. 白色圓形的個數為 24 個以上 40 個以下的機率約為百分之幾？

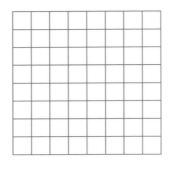 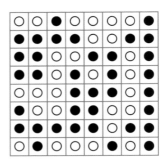

問題 12 ★★★

令不包含 123 的數叫做**幸運數**。例如 869120、112233 是幸運數，但 771237 不是幸運數。1 以上 99999 以下的整數中有幾個是幸運數？

問題 13 ★★★★

請用大 O 符號來表示呼叫以下遞迴函式 func(N) 時的計算複雜度。

```
long long func(int N) {
    if (N <= 3) return 1;
    return func(N - 1) + func(N - 2) + func(N - 3) + func(N - 3);
}
```

問題 14 ★★★★

A、B、C、D、E 共 5 名選手參加了 100 米賽跑。已知沒有同時抵達終點,但不知道誰是哪個名次。為了瞭解排名,可以進行以下形式的提問。

● 挑選3名選手,詢問其中誰最快。
● 挑選3名選手,詢問其中誰是第二快。
● 挑選3名選手,詢問其中誰最慢。

請就此回答下列問題:

1. 請證明沒有方法可以在合計 4 次的提問內,準確猜出所有人的排名。
2. 請建構在合計 5 次的提問內,準確猜出所有人排名的方法。

問題 15 ★★★★★

請證明所有平面圖(➡ **第 4.5.2 項**)都能夠以相鄰的頂點不為相同顏色的方式,用 5 種顏色將頂點著色。

另外,這種定理叫做**五色定理**。雖然相當困難,但在 1976 年證明出了可以用 4 種顏色區分著色。

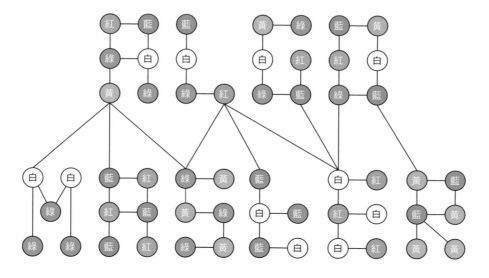

問題 16　問題 ID：091 ★★

給定整數 N、X。請製作程式，求出滿足 $1 \leq a < b < c \leq N$ 和 $a + b + c = X$ 的整數組合 (a, b, c) 的個數。滿足 $3 \leq N \leq 100$，$0 \leq X \leq 300$ 的情況下，最好在 1 秒內完成執行。（出處：AOJ ITP1_7_B – How many ways?）

問題 17　問題 ID：092 ★★

針對長和寬為整數，面積為 N 的長方形，請製作程式，求出周長的最小值。以滿足 $1 \leq N \leq 10^{12}$ 的輸入執行時，最好在 1 秒內完成。

問題 18　問題 ID：093 ★★★

給定整數 A、B，請製作程式，求出 A 和 B 的最小公倍數。但如果答案大於 10^{18}，請輸出 Large。以滿足 $1 \leq A$，$B \leq 10^{18}$ 的輸入執行時，最好在 2 秒內完成。（出處：競技程式設計典型 90 題 038 – Large LCM）

問題 19　問題 ID：094 ★★★

N 個正整數 A_1、A_2、$\cdots$、A_N 滿足下列所有 $N - 1$ 個條件。

- $\max(A_1, A_2) \leq B_1$
- $\max(A_2, A_3) \leq B_2$
  $\vdots$
- $\max(A_{N-1}, A_N) \leq B_{N-1}$

請製作程式，求出 $A_1 + A_2 + \cdots + A_N$ 可能的最大值。計算複雜度最好為 $O(N)$。（出處：AtCoder Beginner Contest 140 C – Maximal Value）

問題 20　問題 ID：095 ★★★

資訊大學在學的一年級學生有 N 名，且有兩個班級。學號第 i 號（$1 \leq i \leq N$）的學生為 C_i 班，期末考試分數是 P_i 分。

給定以下形式的 Q 個問題，請製作程式，分別對 $j = 1$、2、$\cdots$、Q 進行回答。

- 學號 L_j 到 R_j 的一班學生中，期末考試分數的總和
- 學號 L_j 到 R_j 的二班學生中，期末考試分數的總和

計算複雜度最好為 $O(N + Q)$。（出處：競技程式設計典型 90 題 010 – Score Sum Queries）

問題 21 ★★★

太郎想求出以 e 作為自然對數的底數（約 2.718281828）的 $\log_e 2$ 的值。對此，請回答以下問題。

1. 具有「即使對函數 $y = e^x$ 進行微分，仍保有 e^x」的性質。使用此性質，可以求出 $y = e^x$ 上點 $(1, e)$ 的切線方程式。
2. 請求出前一個問題中求得的切線與直線 $y = 2$ 交點的 x 座標。
3. 請使用牛頓法求出 $\log_e 2$ 的近似值。與實際值之間的絕對誤差最好小於 10^{-7}。

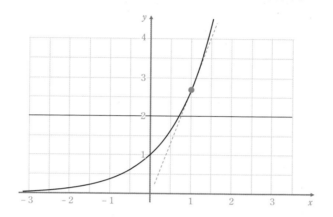

問題 22 　問題 ID：096 ★★★★

太郎想做從料理 1 到 N 的 N 道料理。料理 i 可以透過連續使用烤箱 T_i 分鐘來製作。一個烤箱不能同時用於兩道料理以上。

請製作程式，求出當使用兩個烤箱時，製作全部的 N 道料理最短需要幾分鐘。以滿足 $1 \leq N \leq 100$，$1 \leq T_i \leq 1000$ 的輸入執行時，最好在 2 秒內完成。（出處：AtCoder Beginner Contest 204 D– Cooking）

問題 23 　問題 ID：097 ★★★★

給定整數 L、R，請製作程式，求出 L 以上 R 以下的質數的個數。以滿足 $1 \leq L \leq R \leq 10^{12}$，$R - L \leq 500000$ 的輸入執行時，最好在 1 秒內完成執行。

問題 24 　問題 ID：098 ★★★★

有一個多邊形，頂點為 N 個點 P_1、P_2、$\cdots$、P_N。點 P_i 的座標是 (X_i, Y_i)，對所有 i（$1 \leq i \leq N - 1$），連接 P_i 與 P_{i+1} 的線段為多邊形的邊。另外，連接 P_N 和 P_1 的線段也是多邊形的邊。

請製作程式，判定座標 (A, B) 是否包含在多邊形的內部。計算複雜度最好是 $O(N)$。
（出處：AOJ CGL_3_C – Polygon-Point Containment 改題）

問題 25 ▶問題 ID：099 ★★★★

給定 N 個頂點，$N-1$ 條邊的連通無權重圖。頂點編號為 1 到 N，第 i 條邊是將頂點 A_i 和 B_i 雙向連接。請製作程式，對於所有頂點的配對，以計算複雜度 $O(N)$ 求出最短路徑長度相加的值。(出處：競技程式設計典型 90 題 – Tree Distance)

問題 26 ▶問題 ID：100 ★★★★

當 3 個物質 A、B、C 分別裝入 a、b、c 克時，1 秒後會分別變為 $a(1-X)+bY$、$b(1-Y)+cZ$、$c(1-Z)+aX$ 克。給定整數 T 和實數 X、Y、Z，請製作程式，以計算複雜度 $O(\log T)$ 求出在試管中分別裝入物質 A、B、C 各 1 克時，T 秒後將分別為多少克。

問題 27 ▶問題 ID：101 ★★★★★

有 N 個球，分別寫有從 1 到 N 的整數。給定整數 N，請製作程式，對 $k = 1$、2、3、⋯、N 分別回答以下問題。

● 從 N 個球中選擇 1 個以上的球的方法有 $2^N - 1$ 種，其中滿足以下條件的選擇方法有幾種呢？求出其除以 1000000007 的餘數。
● 條件：對於任意兩個選定的球，所寫的整數之差為 k 以上。

以滿足 $1 \leq N \leq 100000$ 的輸入執行時，最好在 2 秒內完成。(出處：競技程式設計典型 90 題 015 – Don't be too close)

問題 28 ▶問題 ID：102 ★★★★★

有 N 層的金字塔如下圖。最下層的方塊一開始就已著色，左起第 i 個方塊的顏色用字母 c_i 表示，B 對應藍色，W 對應白色，R 對應紅色。

按照以下規則，從下面的方塊開始依序塗上藍色、白色、紅色的任意一種顏色時，最上層的積木會是什麼顏色呢？

● 正下方的兩個方塊具有相同顏色時：使用相同的顏色著色
● 正下方的兩個方塊具有不同顏色時：用兩者皆非的顏色著色

給定整數 N、字母 c_1、c_2、⋯、c_N，請製作求出答案的程式。以滿足 $2 \leq N \leq 400000$ 的輸入執行時，最好在 2 秒內完成。(出處：AtCoder Regular Contest 117 C – Tricolor Pyramid)

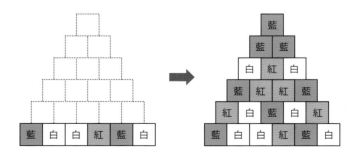

在中心座標為 (0, 0) 且半徑為 1 的圓上鋪上等半徑的 $N = 100$ 個圓的方法之中，求出使圓的半徑儘可能大的方法。另外，在進入 21 世紀後，紀錄仍在更新，是至今仍未解決的難題。

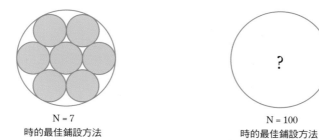

N = 7
時的最佳鋪設方法

N = 100
時的最佳鋪設方法

在滿足以下條件的無權重無方向圖之中，請構成頂點數儘可能多的圖形。算出解時，可以使用程式。

    1. 所有頂點的度皆為 4 以下
    2. 所有 2 個頂點間的最短路徑長度皆為 4 以下（其中，最短路徑長度為通過的邊數的最小值）

例如，以下 22 個頂點的圖會滿足這兩個條件。另外，截至 2021 年 9 月，已知有最多 98 個頂點的構成圖，但尚未證明這是否為最大值。

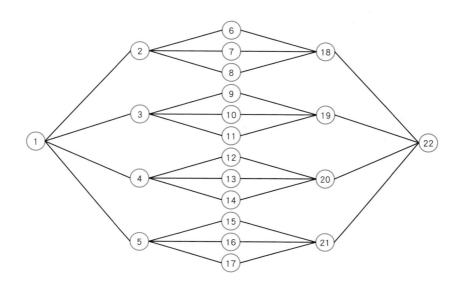

最終確認問題

271

結　語

　　長達 280 頁的本書也終於迎來了盛大的終結。雖然也有節末問題等難懂的內容，但您仍將本書讀到最後，真的十分感謝。

　　通過本書，筆者最想傳達的是用更少的計算處理來解決問題也是很重要的。近年來，IT 相關領域不斷發展，以 Google 搜尋和導航等為首，使用電腦的便利服務也在增加。另外，人工智能（AI）的發展也非常猛烈，例如在圍棋和將棋中已經達到了徹底打敗頂級選手們的程度。

　　因此，可能有些人認為依靠電腦就能解決所有問題。但是，如第一章所述，電腦的計算速度有限，依據情況，有時需要尋求演算法的改善。另外，先前提到的便利服務和人工智能實際上也受到了演算法的恩惠。

　　另一方面，在演算法的理解和應用上，數學是必要的，因此本書採取了可以同時學習演算法和數學的方針。回想起來，第二章探討了作為前提的數學知識。第三章、第四章介紹了著名的演算法，同時學習了相關的數學知識。第五章探討為了解答各種問題的數學思考。

　　雖然其中有些章節可能不好理解，但如果大家能夠通過這本書得到任何收穫，身為筆者會非常高興。

　　最後，本書將演算法和數學歸納成約 280 頁，因此未探討的演算法和資料結構也不少。特別是在實施高階的演算法時，能夠良好地管理資料集合的資料結構是必不可少的。在閱讀完本書後，希望能閱讀卷末所揭載的推薦書籍等，進一步擴展知識。為了幫助學習，記載以下 10 個本書未探討的重要演算法和資料結構。

- 堆疊（Stack）
- 雜湊表（Hash Table）
- 連結串列（Linked List）
- 並查集（Union-Find）
- 堆（Heap）
- 插入排序（Insertion Sort）
- 快速排序（Quick Sort）
- Dijkstra 法
- Kruskal 法
- 聚類（例如 k-means 法等）

現在，讓我們開始下一步吧。

致　謝

首先，感謝技術評論社的鷹見成一郎先生。閱讀投稿在 Qiita 上的文章後，向實際成績不多的 19 歲筆者我連繫。然後，非常感謝河原林健一教授在百忙之中還給予本書推薦語。

接著，感謝以下各位從多種角度對原稿給予意見，並協助製作自動評分系統。多虧如此，本書的品質和易讀性獲得了大幅改善（姓名按五十音順序刊載）。

青山昂生	揚妻慶斗	尼丁祥伍
井上誠大	小倉拳	塚本祥太
中村聰志	平木康傑	山口勇太郎
米田寬峻	kaede2020	kirimin

另外，筆者以「日本資訊奧林匹克」大會為契機，正式開始學習演算法，透過參加程式設計比賽網站「AtCoder」來磨練自己的技能，並藉由參加國立資訊學研究所（NII）主辦的「資訊科學的專家計畫」的講習，一下子擴展了對計算機科學的世界觀。我將在這樣的環境所獲得的知識直接活用在本書的寫作上。非常感謝。

最後，向在經濟上、身心上給予支援的家人致上深深的感謝。

2021 年 12 月 2 日　米田優峻

推薦書籍

　　本書最後，為了今後想要更深入學習演算法等的人列出推薦的參考書。歡迎運用。

「攻克程式設計比賽用的演算法和資料結構」（プログラミングコンテスト攻略のためのアルゴリズムとデータ構造）

渡部有隆〔著〕／Ozy、秋葉拓哉〔協作〕／ISBN：978-4-8399-5295-2／邁那比／2015 年

這是由會津大學的渡部有隆先生所執筆的入門書，可以系統地學習演算法和資料結構的基礎。除了圖很豐富外，書中記載的所有例題都登錄在「AIZU ONLINE JUDGE」的自動評分系統中，具有易於進行練習等特徵。這也是我在開始競技程式設計的中學 1 年級時，最先拿到的演算法的書。

「鍛鍊問題解決力！演算法和資料結構應用全圖解」（問題解決力を鍛える！アルゴリズムとデータ構造）

大槻兼資〔著〕／秋葉拓哉〔監修〕／ISBN：978-4-06-512844-2／講談社／2020 年（中文版由臉譜出版）

2021 年當下，在日本最暢銷的演算法入門書之一。與其他演算法書籍不同，將重點放在全搜尋、二元搜尋、動態規劃法、貪婪法等的設計技法上，因此最適合想把演算法當作自己的工具的人。部分大學也當成教科書。

「演算法實際技能檢定 官方教材〔入門～中級篇〕」（アルゴリズム実技検定 公式テキスト〔エントリー～中級編〕）

岩下真也、中村謙弘〔著〕／AtCoder 股份有限公司、高橋直大〔監修〕／ISBN：978-4-8399-7277-6／邁那比出版／2021 年

作為 AtCoder 所主辦的檢定考試「演算法實際技能檢定（PAST）」的對策用教材而出版的書。詳細說明了 Python 的安裝方法，對想以 Python 學習演算法的人而言很推薦。另外，數學式不多，即使不擅長數學也能輕鬆閱讀。

「程式設計比賽挑戰書 第 2 版」～鍛鍊解決問題的演算法活用能力和撰寫程式技術～（「プログラミングコンテストチャレンジブック 第 2 版」～問題解決のアルゴリズム活用力とコーディングテクニックを鍛える～）

秋葉拓哉、岩田陽一、北川宜稔〔著〕／ISBN：978-4-8399-4106-2／邁那比／2012 年

由世界頂級的競技程式設計參加者們執筆的書。有系統地整理了競技程式設計所需的知識。內容非常紮實，涉及到難度較高的內容，所以對演算法高段的人也值得一讀。

「演算法圖鑑：33 種演算法 + 7 種資料結構，人工智慧、數據分析、邏輯思考的原理和應用全圖解」（アルゴリズム図鑑 絵で見てわかる 26 のアルゴリズム）

石田保輝、宮崎修一〔著〕／ISBN：978-4-7981-4977-6／翔泳社／2017 年（中文版由臉譜出版）

針對各種演算法的步驟，使用全彩插圖解說的書。除了容易掌握概念之外，是共 200 頁左右的簡短易讀構成。雖然也探討了本書中沒有記載的演算法，但是幾乎沒有使用數學式等，在

推薦書籍所刊載的書中是最簡單的。

「演算法導論第 3 版綜合版」（アルゴリズムイントロダクション 第 3 版総合版／ *Introduction to Algorithms*）

Thomas H. Cormen、Charles E. Leiserson、Ronald L. Rivest、Clifford Stein〔著〕／淺野哲夫、岩野和生、梅尾博司、山下雅史、和田幸一〔譯〕／ISBN：978-4-7649-0408-8／近代科學社／2013 年（第 4 版中文版由碁峰出版）

在世界各地作為演算法和資料結構的教科書使用的世界名著。重點放在演算法的原理和正確性，總頁數超過 1000 頁。

參考文獻

以下統整撰寫本書時參考的書籍

[1] 「攻克程式設計比賽用的演算法和資料結構」（プログラミングコンテスト攻略のためのアルゴリズムとデータ構造）

渡部有隆〔著〕／Ozy、秋葉拓哉〔協作〕／ISBN：978-4-8399-5295-2／邁那比／2015 年

[2] 「鍛鍊問題解決力！演算法和資料結構應用全圖解」（問題解決力を鍛える！アルゴリズムとデータ構造）

大槻兼資〔著〕／秋葉拓哉〔監修〕／ISBN：978-4-06-512844-2／講談社／2020 年（中文版由臉譜出版）

[3] 「演算法實際技能檢定 官方教材〔入門～中級篇〕」（アルゴリズム実技検定 公式テキスト〔エントリー～中級編〕）

岩下真也、中村謙弘〔著〕／AtCoder 股份有限公司、高橋直大〔監修〕／ISBN：978-4-8399-7277-6／邁那比出版／2021 年

[4] 「程式設計比賽挑戰書 第 2 版」～鍛鍊解決問題的演算法活用能力和撰寫程式技術～（「プログラミングコンテストチャレンジブック 第 2 版」～問題解決のアルゴリズム活用力とコーディングテクニックを鍛える～）

秋葉拓哉、岩田陽一、北川宜稔〔著〕／ISBN：978-4-8399-4106-2／邁那比／2012 年

[5] 「演算法圖鑑：33 種演算法＋7 種資料結構，人工智慧、數據分析、邏輯思考的原理和應用全圖解」（アルゴリズム図鑑 絵で見てわかる 26 のアルゴリズム）

石田保輝、宮崎修一〔著〕／ISBN：978-4-7981-4977-6／翔泳社／2017 年（中文版由臉譜出版）

[6] 「演算法導論 第 3 版綜合版」（アルゴリズムイントロダクション 第 3 版総合版／*Introduction to Algorithms*）

Thomas H. Cormen、Charles E. Leiserson、Ronald L. Rivest、Clifford Stein〔著〕／淺野哲夫、岩野和生、梅尾博司、山下雅史、和田幸一〔譯〕／ISBN：978-4-7649-0408-8／近代科學社／2013 年（第 4 版中文版由碁峰出版）

[7] 「演算法設計」（アルゴリズムデザイン／*Algorithm Design*）

Jon Kleinberg、Eva Tardos〔著〕／淺野孝夫、淺野泰仁、小野孝男、平田富夫〔譯〕／ISBN：978-4-320-12217-8／共立出版／2008 年

[8] 「資料結構和演算法」（データ構造とアルゴリズム）

杉原厚吉〔著〕／ISBN：978-4-320-12034-1／共立出版／2001 年

[9] 「演算法和資料結構 基礎的工具箱」（アルゴリズムとデータ構造 基礎のツールボックス／*Sequential and Parallel Algorithms and Data Structures: The Basic Toolbox*）

Kurt Mehlhorn、Peter Sanders〔著〕／淺野哲夫〔譯〕／ISBN：978-4-621-06187-9／丸善出版／2012 年

[10] 「撰寫程式的寶箱 演算法和資料結構 第 2 版」（プログラミングの宝箱 アルゴリズムとデータ構造 第 2 版）

紀平拓男、春日伸彌〔著〕／ISBN：978-4-7973-6328-9／SB 創意／2011 年

[11] 「白話演算法！培養程式設計的邏輯思考」（なっとく！アルゴリズム／*Grokking Algorithms*）

Aditya Y.Bhargava〔著〕／QUIPU 股份有限公司〔監譯〕／ISBN：978-4-7981-4335-4／翔泳社／2017 年（中文版由旗標出版）

[12] 「會動的演算法：61 個演算法動畫＋全圖解逐步拆解，人工智慧、資料分析必備」（アルゴリズム ビジュアル大事典 〜図解でよくわかるアルゴリズムとデータ構造〜）
渡部有隆、Mirenkov Nikolay〔著〕／ISBN：978-4-8399-6827-4／邁那比出版／2020 年（中文版由旗標出版）

[13] 「最強最快演算法培養講座 程式設計比賽 TopCoder 攻略指南」（最強最速アルゴリズマー養成講座 プログラミングコンテスト TopCoder 攻略ガイド）
高橋直大〔著〕／ISBN：978-4-7973-6717-1／SB 創意／2012 年

[14] 「大家的資料結構」（みんなのデータ構造／Open Data Structures: An Introduction）
Pat Morin〔著〕／堀江慧、陣內佑、田中康隆〔譯〕／ISBN：978-4-908686-06-1／Lambda Note／2018 年

[15] 「程式設計必修的數學課 第 2 版」（プログラマの数学 第 2 版）
結城浩〔著〕／ISBN：978-4-7973-9545-7／SB 創意／2018 年（中文版由世茂出版）

[16] 「確實學習的數理最佳化 從模型到演算法」（しっかり学ぶ数理最適化 モデルからアルゴリズムまで）
梅谷俊治〔著〕／ISBN：978-4-06-521270-7／講談社／2020

[17] 「密碼理論入門 原著第 3 版」（暗号理論入門／Introduction to Cryptography）
Johannes Buchmann〔著〕／林芳樹〔譯〕／ISBN：978-4-621-06186-2／丸善出版／2012 年

[18] 「計算機幾何學：演算法和應用」（計算幾何学：アルゴリズムと応用／Computational Geometry: Algorithms and Applications）
Mark De Berg、Otfried Cheong、Mark van Kreveld、Mark Overmars〔著〕／淺野哲夫〔譯〕／ISBN：978-4-7649-0388-3／近代科學社／2010 年

[19] 「數學 II 改訂版」（数学 II 改訂版）
數研出版／ISBN： 978-4-410-80133-4／2018 年

[20] 「數學 B 改訂版」（数学 B 改訂版）
數研出版／ISBN： 978-4-410-80148-8／2018 年

[21] 「數學 III 改訂版」（数学 III 改訂版）
數研出版／ISBN： 978-4-410-80163-1／2020 年

[22] 「大學數學入門：給新生」（大学数学ことはじめ：新入生のために）
松尾厚〔著〕／東京大學數學部會〔彙編〕／ISBN：978-4-13-062923-2／東京大學出版會／2019 年

撰寫本書時作為參考的網站上的文章等整理如下（最後瀏覽日：2021 年 11 月 27 日）。

[23] 「AtCoder」
https://atcoder.jp/

[24] 「AIZU ONLINE JUDGE（AOJ）」
https://onlinejudge.u-aizu.ac.jp/home

[25] 「高中數學的美麗故事」
https://manabitimes.jp/math

[26] 「IT 趨勢」
https://it-trend.jp/

[27] 「統計 WEB- 統計學，調查、學習，BellCurve（鐘形曲線）」
https://bellcurve.jp/statistics/

[28] 「什麼是微分？- 連中學生都能看懂的微分印象」／Sci-pursuit）
https://sci-pursuit.com/math/differential-1.html

[29] 「超高速！多倍長整數的計算方法【前篇：以壓倒性的速度進行大數的四則運算！】」／Qiita

https://qiita.com/square1001/items/1aa12e04934b6e749962

[30] 「超高速！多倍長整數的計算方法【後篇：從 N! 的計算到挑戰圓周率 100 萬位數】」／Qiita

https://qiita.com/square1001/items/def73e29dd46b156c248

[31] 「除以 1000000007 的餘數求法總特輯！～從反元素到離散對數～」／Qiita

https://qiita.com/drken/items/3b4fdf0a78e7a138cd9a

[32] COMBINATORICS WIKI, The Degree Diameter Problem for General Graphs

http://combinatoricswiki.org/wiki/The_Degree_Diameter_Problem_for_General_Graphs

[33] Grosso et al. (2008). "Solving the problem of packing equal and unequal circles in a circular container"

http://www.optimization-online.org/DB_HTML/2008/06/1999.html

[34] Peczarski, Marcin (2011). "Towards Optimal Sorting of 16 Elements". Acta Universitatis Sapientiae. 4 (2): 215 – 224 .

https://arxiv.org/pdf/1108.0866.pdf

[35] 68 — 95 — 99.7 法則

https://artsandculture.google.com/entity/m02plm6g?hl=ja

科普漫遊　FQ1085

「演算法×數學」全彩圖解學習全指南
從基礎開始，一次學會24種必學演算法與背後的關鍵數學知識及應用
問題解決のための「アルゴリズム×数学」が基礎からしっかり身につく本

作　　　者	米田優峻
譯　　　者	馬毓晴
責 任 編 輯	謝至平
行 銷 企 畫	陳彩玉、林詩玟、李振東、林佩瑜
封 面 設 計	陳文德
內 頁 排 版	薛美惠
副 總 編 輯	陳雨柔
編 輯 總 監	劉麗真
事業群總經理	謝至平
發 行 人	何飛鵬
出　　　版	臉譜出版
	台北市南港區昆陽街16號4樓
	電話：886-2-2500-0888　傳真：886-2-2500-1951
發　　　行	英屬蓋曼群島商家庭傳媒股份有限公司城邦分公司
	台北市南港區昆陽街16號8樓
	客服專線：02-25007718；02-25007719
	24小時傳真專線：886-2-25001990；25001991
	服務時間：週一至週五上午09:30-12:00；下午13:30-17:00
	劃撥帳號：19863813　戶名：書虫股份有限公司
	讀者服務信箱：service@readingclub.com.tw
香港發行所	城邦（香港）出版集團有限公司
	香港九龍土瓜灣土瓜灣道86號順聯工業大廈6樓A室
	電話：852-25086231　傳真：852-25789337
	電子信箱：hkcite@biznetvigator.com
新馬發行所	城邦（馬新）出版集團
	Cite（M）Sdn. Bhd.（458372U）
	41, Jalan Radin Anum, Bandar Baru Seri Petaling, 57000 Kuala Lumpur, Malaysia.
	電話：603-90563833　傳真：603-90576622
	E-mail: services@cite.my

初 版 一 刷　2024年9月
ISBN 978-626-315-528-2（紙本書）
EISBN 978-626-315-526-8（EPUB）

城邦讀書花園
www.cite.com.tw

版權所有・翻印必究（Printed in Taiwan）
（本書如有缺頁、破損、倒裝，請寄回更換）

售價：650元

國家圖書館出版品預行編目資料

「演算法×數學」全彩圖解學習全指南：從基礎開始，一次學
會24種必學演算法與背後的關鍵數學知識及應用 / 米田優
峻著；馬毓晴譯. -- 一版. -- 臺北市：臉譜出版：英屬蓋曼
群島商家庭傳媒股份有限公司城邦分公司發行, 2024.09
288 面；21.4×17公分. -- (科普漫遊；FQ1085)

譯自：問題解決のための「アルゴリズム×数学」が基礎から
しっかり身につく本

ISBN 978-626-315-528-2（平裝）

1.CST: 演算法 2.CST: 數學

318.1   113009786